高职高专电气及电子信息专业技能型规划教材

高频电子技术

刘 骋 主编

清华大学出版社
北 京

内 容 简 介

本书以调幅收音机的安装与调试和小功率调频发射机的设计与调试两个实训项目为主线,介绍高频电子线路的基本概念、分析方法和主要的实际应用。

本书的参考学时为 60 学时,主要内容包括:调幅收音机的频率选择,调幅收音机的信号放大,调幅电路与检波电路,调幅收音机中的混频电路,调幅收音机中的自动增益控制电路,发射机中的功率放大器,调频电路与鉴频电路等。本书还介绍了常用的仿真软件 EWB 的使用,并对主要的高频电子线路进行了仿真。

本书的内容设计以具体项目为依托,将必须掌握的基本知识与项目组织和实施建立联系,将能力和技能的培养贯穿其中,强调基础性、应用性、技能性和先进性。

本书可用作高等职业技术学院电子类、通信类专业的专业基础课教材,也可供相关专业的大中专学生、工程技术人员参考。

本书封面贴有清华大学出版社防伪标签,无标签者不得销售。
版权所有,侵权必究。举报:010-62782989,beiqinquan@tup.tsinghua.edu.cn。

图书在版编目(CIP)数据

高频电子技术/刘骋主编. --北京:清华大学出版社,2011.9(2023.8重印)
(高职高专电气及电子信息专业技能型规划教材)
ISBN 978-7-302-26113-1

Ⅰ.①高… Ⅱ.①刘… Ⅲ.①高频—电子电路—高等职业教育—教材 Ⅳ.①TN710.2

中国版本图书馆 CIP 数据核字(2011)第 134178 号

责任编辑:石 伟 郑期彤
封面设计:山鹰工作室
版式设计:杨玉兰
责任校对:周剑云
责任印制:杨 艳

出版发行:清华大学出版社 地　址:北京清华大学学研大厦 A 座
　　　　http://www.tup.com.cn 邮　编:100084
　　　　社 总 机:010-83470000 邮　购:010-62786544
　　　　投稿与读者服务:010-62776969,c-service@tup.tsinghua.edu.cn
　　　　质量反馈:010-62772015,zhiliang@tup.tsinghua.edu.cn
印 装 者:三河市人民印务有限公司
经　　销:全国新华书店
开　　本:185mm×260mm　印　张:17.25　字　数:413 千字
版　　次:2011 年 9 月第 1 版　印　次:2023 年 8 月第 8 次印刷
定　　价:49.00 元

产品编号:038354-02

前　言

本书是根据高职高专培养目标和教育部制定的对本课程的教学基本要求，总结多年教学经验，吸取国内外同类教材的优点，并结合21世纪教育改革的实际需要而编写的。

高频电子技术是一门理论与实践并重的专业基础课程，本书的设计思路是采用项目课程模式。项目课程的开发，是当前课程改革的热点之一，项目课程强调不仅要给学生知识，而且要通过训练，让学生能够在知识与工作任务之间建立联系。项目课程的实施将课程的知识点、能力培养和技能训练的要素均在对工作任务的认识和体验、工作任务的实施过程及对任务实施过程的考核中加以体现和完成。在项目课程实施和推广应用过程中，项目课程教材的作用很重要。项目课程教材贯彻了项目课程开发的总体思路，对推进项目的实施、保证项目的顺利完成、考核学生的项目成果、引导学生从项目实施中获取相应的知识和技能，起着举足轻重的作用。

本书的内容设计以具体项目为依托，将必须掌握的基本知识与项目组织和实施建立联系，将能力和技能的培养贯穿其中。本书根据课程对知识和技能的要求，设计了两个项目：调幅收音机的安装与调试和小功率调频发射机的设计与调试。书中通过项目的实现过程，将项目分解为多个教学单元，将知识点和技能训练贯穿其中，使学生能够在较短的时间内达到高频电子技术课程的目标。本书从结构上根据项目目标和课程的教学目标，将任务分解为多个学习情景，并在学习情景的实施中达成项目目标和教学目标的一致。

本书的参考学时为60学时，主要内容包括：调幅收音机的频率选择，调幅收音机的信号放大，调幅电路与检波电路，调幅收音机中的混频电路，调幅收音机中的自动增益控制电路，发射机中的功率放大器，调频电路与鉴频电路等。最后，介绍了常用的仿真软件EWB的使用，并对主要的高频电子线路进行了仿真。

本书强调基础性、应用性、技能性和先进性。即强调基础概念的理解，基础知识与实际项目设计相融合；强调对实际电路的理解和应用，尽可能提供来自实际的应用实例；强调技能的训练，将技能训练的内容融进知识的理解和应用中；在强调基础知识的同时，尽可能引入代表本学科发展先进性的知识和内容。

全书的图形、符号和术语尽可能采用现行国标；国标中没有明确规定的，则参照通行教材中的通用写法。

本书由刘骋任主编，徐雪慧参编。其中1.4、3.5、4.3节由徐雪慧编写，其余章节由刘骋编写。

本书可以作为高职高专院校信息类专业的教材，也可供工程技术人员参考及其他人员自学。

　　本书注重对学生综合应用能力方面的培养和训练，并注意理论联系实际，尽可能地做到深入浅出。本书在内容的组织和编写方法上力求创新，在语言上力求通俗易懂，但由于编者水平有限，书中难免存在不妥和错误之处，恳请读者不吝赐教。

编者

目　　录

绪论 1
　0.1　无线电信号的基本分析 1
　0.2　无线电通信系统概述 6
　小结 8
　思考与练习 9

项目一　调幅收音机的安装及调试 11

任务1　调幅收音机中的选频电路 13
　1.1　任务导入：收音机是如何选台的 13
　1.2　并联谐振回路及其选频特性 15
　　1.2.1　并联谐振回路及其特点 16
　　1.2.2　并联谐振回路的频率特性
　　　　　及通频带 17
　1.3　部分接入的并联谐振回路 20
　1.4　技能训练：LC并联谐振回路
　　　的调谐 22
　小结 25
　思考与练习 26

任务2　调幅收音机中的中频放大器 27
　2.1　任务导入：收音机采用什么放大器
　　　放大信号 27
　2.2　单调谐回路放大器 30
　　2.2.1　晶体管高频Y参数等效电路 30
　　2.2.2　单级共射单调谐回路放大器的
　　　　　工作原理和等效电路 32
　　2.2.3　单级单调谐回路放大器的
　　　　　主要技术指标 35
　　2.2.4　收音机中频放大器实际电路 37

　　2.2.5　多级单调谐回路放大器 38
　2.3　双调谐回路放大器 40
　　2.3.1　双调谐回路放大器的分析 40
　　2.3.2　双调谐回路放大器的主要性能
　　　　　指标 42
　2.4　小信号谐振放大器的稳定性 43
　　2.4.1　引起小信号谐振放大器不稳定
　　　　　的因素 44
　　2.4.2　提高放大器稳定性的措施 45
　2.5　集中选频放大器 48
　　2.5.1　集中选频放大器的基本组成与
　　　　　特点 48
　　2.5.2　集成宽带放大器 49
　　2.5.3　集中选频滤波器 50
　　2.5.4　集中选频放大器实例 54
　2.6　技能训练：中频放大器的调试 55
　小结 57
　思考与练习 58

任务3　调幅电路与检波电路 61
　3.1　任务导入：为什么收音机接收的是
　　　已调信号 61
　3.2　调幅信号分析 62
　　3.2.1　调幅信号的波形及表达式 62
　　3.2.2　调幅信号的频谱 64
　　3.2.3　调幅信号的功率分配 65
　　3.2.4　双边带信号 66
　3.3　调幅电路 67
　　3.3.1　调幅电路的实现模型 68

3.3.2 普通调幅电路 71
3.3.3 双边带调幅电路 74
3.3.4 单边带调幅 78
3.4 检波电路 81
 3.4.1 收音机中的检波过程 81
 3.4.2 大信号包络检波器 82
 3.4.3 小信号平方律检波器 87
 3.4.4 同步检波 88
3.5 技能训练：大信号包络检波器的测试 91
小 结 93
思考与练习 93

任务 4 调幅收音机中的混频电路 97

4.1 任务导入：混频器在收音机中有什么作用 97
4.2 晶体管混频器 100
4.3 收音机中的本振电路——LC 正弦波振荡器 103
 4.3.1 互感反馈振荡器 103
 4.3.2 电容反馈三点式振荡器 104
 4.3.3 电感反馈三点式振荡器 107
4.4 晶体管混频器实际电路举例 107
4.5 集成模拟相乘器混频电路 110
4.6 混频器的干扰 112
 4.6.1 组合频率干扰 112
 4.6.2 副波道干扰 114
 4.6.3 交叉调制干扰 116
 4.6.4 互相调制干扰 117
 4.6.5 阻塞干扰 118
4.7 技能训练：晶体管混频器的调试 118
小 结 120
思考与练习 120

任务 5 收音机中的自动增益控制电路 123

5.1 任务导入：为什么听收音机时不会感觉声音忽大忽小 123
5.2 自动增益控制电路的工作原理 123
5.3 控制放大器增益的方法 126
5.4 调幅收音机中的实用自动增益控制电路 128
 5.4.1 AGC 控制电压的获取 128
 5.4.2 六管超外差式收音机中的自动增益控制电路 128
小 结 129
思考与练习 130

任务 6 项目实训：调幅接收机的安装与调试 131

6.1 任务导入：调幅接收机的原理 131
 6.1.1 超外差式调幅接收机原理框图 131
 6.1.2 主要技术指标 132
6.2 整机电路分析 133
6.3 收音机的装配 134
 6.3.1 印刷电路板的检查 135
 6.3.2 元器件的检查 135
 6.3.3 焊接与安装 136
6.4 收音机的调试 136
 6.4.1 静态工作点的调整 137
 6.4.2 中频调整 137
 6.4.3 频率覆盖 138
 6.4.4 三点跟踪 138
6.5 收音机的故障判断及检修 139
 6.5.1 故障判断方法 139

6.5.2 判断故障位置 139
6.5.3 完全无声故障检修 140
6.5.4 杂音较大故障检修 140
小 结 140
思考与练习 141

项目二 小功率调频发射机的设计与调试 143

任务7 发射机中的功率放大器 145

7.1 任务导入：高频功率放大器与其他放大器有何区别 145
    7.1.1 高频功率放大器中晶体管的工作状态 145
    7.1.2 高频功率放大器与低频功率放大器的区别 146
    7.1.3 高频功率放大器与小信号调谐放大器的区别 147
    7.1.4 高频功率放大器的主要性能指标 147
7.2 高频功率放大器的工作原理 147
    7.2.1 高频功率放大器的电路组成 147
    7.2.2 高频功率放大器的工作原理与工作波形 148
7.3 高频功率放大器的分析 150
    7.3.1 折线分析法 150
    7.3.2 集电极余弦脉冲电流的分析 151
    7.3.3 高频功率放大器的功率和效率 153
    7.3.4 提高功率放大器效率的途径 154
7.4 高频功率放大器的动态分析和外部特性 154
    7.4.1 高频功率放大器的动态分析 154
    7.4.2 高频功率放大器的负载特性 156
    7.4.3 高频功率放大器的振幅特性 ... 158
    7.4.4 高频功率放大器的调制特性 ... 158
7.5 高频功率放大器的馈电电路和输出回路 161
    7.5.1 高频功率放大器的馈电电路 ... 161
    7.5.2 高频功率放大器的输出回路 ... 164
7.6 高频功率放大器实际电路举例 168
7.7 高频功率放大器的其他功能 170
    7.7.1 利用高频功率放大器实现调幅——高电平调幅 170
    7.7.2 利用高频功率放大器实现倍频——丙类倍频器 172
7.8 技能训练：高频功率放大器的调谐 ... 175
小 结 176
思考与练习 177

任务8 调频电路与鉴频电路 181

8.1 任务导入：调频发射机有何优势 181
8.2 调频信号与调相信号的分析 182
    8.2.1 调频信号 182
    8.2.2 调相信号 185
    8.2.3 调频信号与调相信号的比较 186
    8.2.4 调频波的频谱和频带宽度 187
8.3 调频原理及调频电路 190
    8.3.1 调频的实现方法 190
    8.3.2 调频电路 191
8.4 鉴频原理及鉴频电路 199
    8.4.1 鉴频概述 199
    8.4.2 振幅鉴频器 201
    8.4.3 相位鉴频器 204
8.5 技能训练：变容二极管调频电路的测试 214

小 结 216

思考与练习 217

任务 9 项目实训：小功率调频发射机的设计与调试 219

9.1 任务导入：调频发射机的原理 219

9.2 主要单元电路设计 220

9.3 整机电路的安装与调试 223

小 结 225

思考与练习 226

任务 10 扩展知识：锁相环路 227

10.1 锁相环路的组成和工作原理及性能分析 227

  10.1.1 锁相环路的基本组成 227

  10.1.2 锁相环路的相位模型 232

10.2 锁相环路的性能分析 232

  10.2.1 锁相环路的捕捉与锁定 232

  10.2.2 锁相环路的跟踪 235

  10.2.3 锁相环路的窄带特性 236

10.3 锁相环路的应用 236

  10.3.1 锁相 FM(PM)调制器 236

  10.3.2 锁相鉴频(鉴相)器 236

  10.3.3 同步检波器 237

  10.3.4 锁相频率合成 238

  10.3.5 锁相接收机 239

10.4 集成锁相环简介 240

小 结 242

思考与练习 242

附录 仿真软件 EWB 的使用及高频电子线路的仿真 245

常用符号表 261

参考文献 264

绪　　论

　　电子线路是由有源器件和无源器件组成的网络。按照不同方式连接而成的电子线路能够完成各种功能，如信号的产生、放大、调制、解调、混频、倍频等。

　　电子线路的分类有很多种，按工作频率可分为低频电子线路、高频电子线路和微波电子线路等。低频信号一般指语言信号、生物电信号、机械振动的电信号等。对这些信号进行放大、变换的电路一般是低频电子线路。高频信号是指 300kHz～300MHz 范围的信号。广播、电视、短波电台、移动通信等大都工作在这个范围。微波信号是泛指 300MHz 以上的信号。卫星、电视、雷达、导航信号大都工作在这个范围。但近年来，所谓高频信号与微波信号的区分越来越不明显，无线通信频率越来越高。例如手机信号实际工作在 900MHz 和 1800MHz，已进入微波段，但我们仍说手机工作在高频段。

　　按照流通的信号形式，电子线路可以分成模拟电子线路和数字电子线路。所有完成模拟信号产生、放大、变换、处理和传输的电子线路统称为模拟电子线路。所有完成数字信号产生、放大、变换、处理和传输的电子线路统称为数字电子线路。

　　根据包含的元件性质分类，电子线路可以分为线性电路和非线性电路。完全由线性元件组成的电子线路叫线性电路；包含非线性元件的电子线路叫非线性线路。线性电路具有线性特性，即叠加性和均匀性，适用叠加定理，可用线性代数方程、线性微分方程或线性差分方程来描述。非线性电路则不具有叠加性和均匀性，不适用叠加定理。

　　电子线路还可根据集成度的高低分为分立电路和集成电路。随着微电子技术的发展，电子线路的集成度越来越高，集成电路已成为电子线路发展的方向。集成电路与分立电路相比，具有体积小、性能稳定、可靠性高、维修使用方便等优点。但由于频率响应和功率容量的限制，目前高频、大功率电子线路还是以分立电路为主。

0.1　无线电信号的基本分析

　　无线电波即无线电信号，简称信号。它是原始信号和已调信号的总称。声音、图像、文字等要传送的消息，经过转换设备后，转换成相应变化的电压或电流，这种变化的电压或电流称为原始信号。在发射机中原始信号被装载在高频振荡信号上发射出去，这个过程称为调制。经过调制的信号，称为已调信号。

1. 无线电信号的表示方法

（1）波形：波形就是将电流、电压随时间变化的规律直接用曲线表现出来。它是无线电信号的时域表示方法，特点是直观、简单。无线电信号的波形如图 0-1 所示。

（2）频谱：频谱就是将无线电信号频率成分的分布在频率轴上表示出来。它是无线电信号的频域表示方法。无线电信号的频谱如图 0-2 所示。

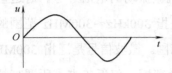
图 0-1　无线电信号的波形

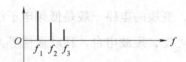
图 0-2　无线电信号的频谱

（3）数学表达式：无线电信号除了用波形和频谱来表示外，还可以用数学表达式来表示。例如无线电余弦信号可以表示为

$$u(t) = U\cos\omega t \tag{0-1}$$

2. 无线电信号的基本分析

无线电信号按其波形分，可分为正弦信号和非正弦信号。正弦信号是频率成分最为单一的一种信号，因其波形是数学上的正弦曲线而得名。

无线电信号按其波形变化的规律还可以分为周期信号和非周期信号。周期信号是指其波形的变化规律每隔相同的时间就会重复的信号。显然，正弦信号就是一种周期信号。当然，也存在非正弦的周期信号。

由高等数学的知识我们知道，如果非正弦周期函数满足狄里赫利条件，则可以分解为一系列周期性正弦函数之和。一般来说，无线电信号中的非正弦周期信号均可满足狄里赫利条件，因此，任何的非正弦周期信号均可分解成许多不同频率的正弦信号之和。也就是说，任何非正弦周期信号都能由正弦信号来合成，且合成的项数越多，则准确度越高。

非正弦周期信号的分解，可以利用傅里叶级数的展开来完成。

设非一正弦周期性信号为 $f(t)$，则其傅里叶级数的展开式为

$$f(t) = \frac{a_0}{2} + \sum_{n=1}^{\infty}(a_n \cos n\Omega t + b_n \sin n\Omega t) \tag{0-2}$$

式中，$\Omega = 2\pi f = \frac{2\pi}{T}$，$T$ 为周期信号重复周期，Ω 为基波角频率，f 为基波频率；a_0 为常数项；a_n 为余弦项的振幅；b_n 为正弦项的振幅。a_0，a_n 和 b_n 可由下式求得：

$$a_n = \frac{2}{T}\int_{-T/2}^{T/2} f(t)\cos n\Omega t \, dt \qquad (n=1,2,3,\cdots) \tag{0-3}$$

$$b_n = \frac{2}{T}\int_{-T/2}^{T/2} f(t)\sin n\Omega t \, dt \qquad (n=1,2,3,\cdots) \tag{0-4}$$

$$a_0 = \frac{2}{T}\int_{-T/2}^{T/2} f(t) \, dt \tag{0-5}$$

可以证明，如果函数 $f(t)$ 为奇函数，即函数 $f(t)$ 对原点对称，此时有 $f(t) = -f(t)$，则函数的傅里叶级数可以表示为

$$f(t) = \sum_{n=1}^{\infty} b_n \sin n\Omega t \tag{0-6}$$

如果该函数是偶函数，即函数 $f(t)$ 对 Y 轴对称，此时有 $f(t) = f(-t)$，则函数的傅里叶级数可以表示为

$$f(t) = \frac{a_0}{2} + \sum_{n=1}^{\infty} a_n \cos n\Omega t \tag{0-7}$$

任何信号都占据一定的带宽，带宽就是信号能量主要部分所占据的频带。不同信号的带宽不同，高频频率越高，可利用的频带宽度就越宽，从而可以容纳更多信号。这就是无线电通信采用高频的原因之一。

由于非正弦周期信号可以分解为若干个正弦信号之和，因此可以利用具有滤波特性的网络从中选出某一个或几个频率成分，这个过程称为选频，完成这个过程的网络也可称为选频网络，最典型的选频网络就是 LC 并联谐振回路。

3. 无线电波的频段划分和传播方式

无线电信号以电磁波的形式在空中传播，电磁波按照其波长不同，可以分为长波、中波、短波、超短波等类型，它们对应的频率分别为低频、中频、高频、超高频等。不同频率的无线电信号具有不同的传播方式和用途，表 0-1 给出了无线电波的波段划分情况和主要用途。

表 0-1 无线电波的波段划分

波段名称	波长范围	频率范围	主要传播方式和用途
长波	1000～10000m	30～300kHz	地表波,远距离通信导航
中波	100～1000m	300～3000kHz	地表波,调幅广播、船舶通信
短波	10～100m	3～30MHz	电离层反射波,调幅广播
超短波	1～10m	30～300MHz	直射波,调频通信、电视雷达
分米波	10～100cm	300～3000MHz	直射波,对流层散射波、卫星通信
厘米波	1～10cm	3～30GHz	直射波,卫星通信与雷达接力通信
毫米波	1～10mm	30～300GHz	直射波,卫星通信与雷达接力通信

在无线电频率分配上还有一点需要特别注意,就是干扰问题。如果两个电台在同一地区、同一时段用相同的频率或频率过于接近,工作中必然会产生干扰。因此,无线电频率不能无秩序地随意占用,而需要仔细规划并加以利用。即将频率根据不同的业务加以分配,以避免频率使用方面的混乱。例如,我国将 88～108MHz 分配为调频广播使用,525～1605kHz 分配为中波调幅广播使用等。

从频谱利用的观点来看,无线电波总的频谱范围是有限的,每个无线设备所占的频带宽度应尽可能小,以便容纳更多的无线设备,减少干扰。现代通信系统都力求压缩每个无线设备的带宽,减小信道间的间隔和杂散干扰,以提高频谱利用率。

电磁波是在全球传播的,进行频率分配工作的世界组织是国际电信联盟(ITU),其总部设在瑞士日内瓦。其下设机构有:国际无线电咨询委员会(CCIR),研究有关的技术问题并提出建议;国际频率登记局(IFRB),负责国际上使用频率的登记管理工作。中华人民共和国信息产业部无线电管理局为我国无线电管理方面的职能部门,负责全国无线电频率、台站管理等工作。

不同频率的无线电波对于电子元件和电子器件的影响也是不同的。例如,在放大低频信号时,放大器的晶体管在工作时可以不考虑其内部结电容的影响,因为当信号频率很低时,晶体管内部结电容的容抗很大,可以近似地视为开路,故对放大器的影响可以忽略。而在放大高频信号时,放大器晶体管的结电容则不能忽略,因为信号的频率越高,晶体管结电容的容抗越小。所以,在高频工作条件下,器件的分布参数、印刷电路板结构、工艺、电路多极馈电、屏蔽等都比低频电子线路中的要求高得多。

不同频率的无线电信号具有不同的传播方式,其传播距离、传播特点都不相同。

无线电波的传播途径大致有三种,如图 0-3 所示。

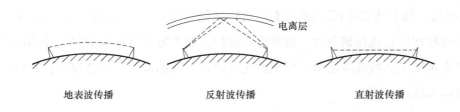

图 0-3 无线电波的传播途径

1) 地表波传播

地表波传播指无线电波沿地球表面传播的方式。在地表波传播过程中，无线电波不断被地面吸收而迅速衰减，工作波长越短，衰减越大，传播距离也越短。长波、超长波、极长波沿地面传播能力最强，可达数千至数万公里。中波可沿地面传播数百公里。短波最多可沿地面传播一百多公里。超短波和微波沿地面传播能力最差，故一般不采用这种方式。地表波沿水面传播时衰减最小，故长波通信常用来进行船舶通信。

2) 反射波传播

反射波传播指无线电波向天空辐射进入大气层后被电离层反射回到地面的传播方式。长波、中波、短波都可以经电离层反射传播。超短波频率过高，会穿透电离层而不被反射回地面，故一般不采用这种传播方式。由于气候、季节、昼夜等因素变化的影响，使得电离层的电子密度及高度不断变化。因此，反射波传播一般来说是不稳定的。但只要掌握了电离层运动的变化规律，就能使反射波传播更好地为通信服务。

3) 直射波传播

直射波传播(或称空间波传播)是指发射天线辐射电波通过空间直接到达接收天线的传播方式。超短波(如电视信号)的波长不超过 10 米，由于波长短(频率高)，不能用反射波来传播；如用地表波传播，衰减又较严重，仅适用于很短的距离。所以，超短波在绝大多数情况下采用直射波传播方式。

此外，无线电波的传播还有散射传播(对流层散射传播和电离层散射传播)、地下传播、磁层传播等方式。

4. 无线电信号的调制

为避免各种信号频率重叠、相互干扰，要求不同的无线发射设备工作在不同的发射频率下，采用调制的方法把要传送的信号装载到这些不同频率的高频信号上，再经天线发射出去，这样就可以避免相互干扰。要通过载波传递信息，就必须使载波信号的某一个(或几个)参数(振幅、频率或相位)随信息改变,这一过程称为调制。调制的方式有调幅、调频和调相。当用数字信息进行调制时,通常称为键控。键控方式有振幅键控、频率键控和相位键控。通常情况下高频载波为单一频率的正弦波,对应的调制为正弦调制。若载波为脉冲信号,则称为脉冲调制。

用低频调制信号控制载波的振幅称为调幅。假设调制信号和载波均为正弦信号,则已调幅信号的波形如图 0-4 所示。

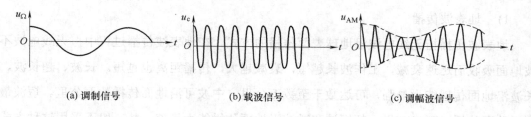

(a) 调制信号　　　　　　(b) 载波信号　　　　　　(c) 调幅波信号

图 0-4　调幅波波形图

0.2　无线电通信系统概述

无线电技术可以说是当今时代发展最迅速、应用最广泛的一门学科。尽管无线电技术的发展和应用已经渗透到生产和生活的各个领域,但信息的传输和处理始终是其主要内容。

实际上,在很早以前,人们已开始不断寻求各种方法进行信息的传递。如用烽火台的火光传递敌人入侵的消息就是史料记载的最早的信息传递方式。其后又出现了旗语、驿站、信鸽等传递消息的方式。

19 世纪初,人们开始研究如何利用沿导线传输的电信号来传递消息,即所谓的有线电通信。1937 年莫尔斯发明了电报,他用点、划、空适当组合的代码代表数字和字母,这种代码被称为莫尔斯代码。1876 年贝尔发明了电话,可直接将声信号转变为电信号沿导线传播。

无论是原始的传递信息方式还是早期的有线通信方式,其准确性和可靠性均较差,且易受自然环境和自然条件等诸多约束,远远不能满足人们日益增长的对信息传输的要求。

直到 1873 年,英国物理学家麦克斯韦发表了关于电磁波的著名论文,人们便开始尝试来用空中高速传播的电磁波传递信息。1895 年,意大利的马可尼和俄国的波波夫发明了无线电,实现了无线电通信,从而进入了无线电通信应用和发展的新时代。

无线电通信的基本原理就是利用无线电通信系统将声音信号转变成电信号,然后经过处理,通过天线发射出去,再由接收端接收并还原成电信号。

1. 无线电通信系统的组成和原理

无线电通信就是利用电磁波来远距离传送信息。实现信息传递所需的设备总和称为通信系统。一个完整的通信系统包括信号源、发送设备、传输信道、接收设备和终端装置。其组成方框图如图 0-5 所示。

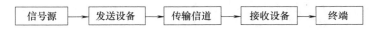

图 0-5　通信系统组成方框图

(1) 信号源：将要传递的声音、图像、文字等信息变换为电信号，即待传送信号。

(2) 发送设备：其作用是调制和放大。调制就是用待传送信号去控制信息载体高频振荡的某一参数(幅度、频率或相位)，使之随待传送信号的变化规律而作线性变化的过程。用待传送信号去控制高频振荡的振幅，称为调幅。用待传送信号去控制高频振荡的频率或相位，称为调频或调相。通常将待传送信号称为调制信号；经过调制后的高频振荡信号(携带有要传送的信息)称为已调信号或已调波；而未被调制的高频振荡，即运载信息的工具，称为载波。

(3) 传输信道：又称传输媒介。通信系统中的传输信道可分为两类：有线传输信道(如架空线、电缆、波导、光缆等)和无线传输信道(如海水、地球表面、自由空间等)。不同的传输信道有不同的传输特性，同一信道对不同频率的信号其传输特性也不相同。传输信道的作用就是将发送设备发出的信号传送到接收设备。

(4) 接收设备：其作用是选频、放大和解调。将传输信道传送过来的已调信号进行处理，恢复出与发送端相一致的调制信号，这一过程称为解调。由于信道的衰减特性，经远距离传送到达接收端的信号电平很微弱(微伏数量级)，因此需要放大后才能解调。同时，由于传输信道中存在许多干扰信号，接收设备还必须具有从众多的干扰信号中选择有用信号并抑制干扰信号的能力。

(5) 终端设备：终端设备多种多样，其作用是将接收设备送来的电信号还原再现为原来待传送的声音、图像、文字等。如常用的扬声器、显示屏、打印机等都属终端设备的范畴。

2. 无线电发送设备和接收设备的组成及原理

发送设备和接收设备是现代通信系统的核心部件。现以无线电调幅广播发射和接收设备为例说明它们的组成。图 0-6 所示为调幅发射机组成方框图。

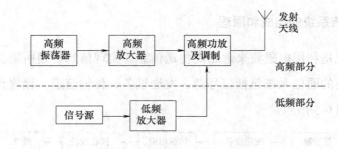

图 0-6　调幅发射机组成方框图

高频部分由高频振荡器、高频放大器和高频功率放大器及调制组成。高频振荡器的作用是产生频率稳定的高频载波信号。高频放大器的作用是将高频振荡载波放大到足够大的强度。高频功率放大器及调制的作用是将高频放大后的高频振荡进一步放大，同时把低频放大器输出的信号调制到载波上，完成末级高频功率放大，最后发射天线将已调波辐射出去。

图 0-7 所示为超外差式接收机组成方框图。接收天线将接收到的无线电波转变为已调幅电信号，然后从这些已调波信号中选择所需的信号，并对其进行放大。放大后的有用信号送入混频器，与本机振荡器产生的正弦振荡信号在混频器中混频，产生一个频率固定的中频已调信号。此中频已调信号经中频放大器放大后，再经解调还原为原来的待传送信号，最后经低频功率放大器输出。

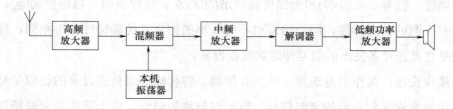

图 0-7　超外差式接收机组成方框图

小　　结

电子线路是由有源器件和无源器件组成的网络。按照不同方式连接而成的电子线路能够完成各种功能，如信号的产生、放大、调制、解调、混频、倍频等。

无线电信号可以用波形、频谱、数学表达式三种方法来表示，三种表示方法各有特点。

无线电信号按其波形分，可分为正弦信号和非正弦信号。正弦信号是频率成分最为单一的一种信号，因其波形是数学上的正弦曲线而得名。

无线电信号按其波形变化的规律还可以分为周期信号和非周期信号。周期信号是指其波形的变化规律每隔相同的时间就会重复的信号，显然，正弦信号就是一种周期信号。此外，也存在非正弦的周期信号。

任何形式的非正弦周期信号都可以分解为许多不同频率、不同幅度的正弦信号之和。谐波次数越高，幅度越小。由于非正弦周期信号可以分解为若干个正弦信号之和，因此可以利用具有滤波特性的网络从中选出某一个或几个频率成分，这个过程称为选频，完成这个过程的网络也可称为选频网络，最典型的选频网络就是LC并联谐振回路。

无线电信号以电磁波的形式在空中传播，电磁波按照其波长不同，可以分为长波、中波、短波、超短波等类型，它们对应的频率分别为低频、中频、高频、超高频等。不同频率的无线电信号具有不同的传播方式和应用。主要的传播方式有地表波传播、反射波传播和直射波传播等，不同传播方式的传播距离、传播特点都不相同。

无线电通信就是利用电磁波来远距离传送信息。实现信息传递所需的设备总和称为通信系统。一个完整的通信系统包括信号源、发送设备、传输信道、接收设备和终端装置。发送设备和接收设备是现代通信系统的核心部件。发送设备的主要作用是调制和放大。接收设备的主要作用是选频、放大和解调。发送设备和接收设备的性能对无线电通信的质量起着极其重要的作用。

思考与练习

1. 无线电信号有哪几种表示方法，各有何特点？
2. 非正弦周期信号有何特点？滤波器对非正弦周期信号有何作用？
3. 电磁波有几种传播方式？无线电中波广播和短波广播的电信号传播分别采用什么方式？
4. 画出无线通信发射机的原理框图，并说出各部分的功用。
5. 画出无线通信接收机的原理框图，并说出各部分的功用。
6. 无线通信为什么要用高频信号？"高频"信号指的是什么？
7. 无线通信为什么要进行调制？如何进行调制？

项目一

调幅收音机的安装及调试

项目描述

收音机是接收无线电广播发送的信号,并将其还原成声音的机器。无线电广播有调幅广播(AM)和调频广播(FM),接收信号的收音机亦有调频收音机和调幅收音机。

调幅收音机的基本功能就是由天线将空中传播的无线电调幅波接收下来,并从中选出所需要收听的电台频率的信号,然后对其进行各种处理(包括放大、混频,检波等)。检波就是把调制在高频载波上的音频信号从已调幅高频信号上还原出来,然后用检波出来的音频信号推动扬声器或耳机,使声音恢复。

本项目的实施过程包括:识别调幅收音机的整机电路图和装配图;掌握组成收音机的各主要功能电路的工作原理和分析方法;焊接和组装调幅收音机,形成可展示的产品;选择合适的电子测量仪器,与收音机连接成合理的测量和调试系统,完成收音机的调试;对安装和调试过程中出现的问题和故障进行处理,并分析其原因;对项目的实施过程进行总结和交流。

学习目标

本项目的工作任务是根据电路图组装调幅收音机,利用万用表、示波器、扫频仪等电子测量仪器独立对其进行调试。对制作、分析和测试过程中出现的问题进行初步的分析和处理,查找并排除故障。

通过实施本项目，应完成如下学习目标。

- 熟悉调幅收音机的组成与结构，熟悉和理解组成调幅收音机的各个功能电路的工作原理和分析方法。
- 能对组成收音机的各功能电路进行制作、分析。
- 能够使用万用表、示波器、扫频仪等电子测量仪器对收音机进行调试。
- 能分析和查找问题，并排除故障。

理论知识要点

- LC并联谐振回路及其选频特性，选频电路在收音机中的作用。
- 小信号谐振放大器的工作原理和分析方法，在实际应用中提高放大器稳定性的方法，中频放大器在收音机中的作用和地位。
- 调幅信号的表示方法，调幅电路、检波电路的工作原理，检波器在收音机中的作用。
- 混频器的工作原理，对混频干扰的认识和处理，混频器在收音机中的作用。
- 自动增益控制电路的组成和控制原理。

技能训练要点

- 会使用常用的电子测量仪器；能够正确地将测量仪器与收音机连接，完成调试过程，熟悉收音机调试中应达到的主要技术指标；能够保证收音机安装过程中的焊接质量，能够对收音机安装过程中的元件好坏进行判断。
- 能对信号通过选频电路的工作情况进行判断，知道如何对选频电路进行调谐，以选择正确的频率。
- 知道如何对收音机的中频放大器进行调试，能对放大器工作过程中出现的诸如波形失真、增益或通频带不能达到技术指标、工作不稳定等现象进行判断和处理。
- 能对检波器在工作中出现的信号失真和其他故障进行判断和处理。
- 能够对混频器进行调试，能够正确地调节收音机本振电路中的双连电容。

任务 1　调幅收音机中的选频电路

学习目标

- 了解 LC 并联谐振电路在收音机中的作用以及收音机调台的原理。
- 掌握 LC 并联谐振电路的选频原理。
- 会对 LC 并联谐振电路进行调谐，并选出所需频率。
- 能对 LC 并联谐振电路的谐振状态和失谐状态进行判断。

1.1　任务导入：收音机是如何选台的

我们每个人在听收音机时，打开电源开关后要做的第一件事就是选择自己想听的广播电台，这个过程称为调台，而调台的过程实际上是选择频率的过程。

收音机可以收听多个广播电台的节目，每一个广播电台都会选择一个固定的频率作为自己的载波频率。在中波调幅广播中，广播电台的载频范围限制在 535kHz 到 1605kHz 之间，即单个广播电台的载频最大不能超过 1605kHz，最小不能低于 535kHz。在发射前，通常要将需要传送的节目信号装载在高频载波信号上，这个过程就是调制，经过调制的信号称为已调信号。已调信号从天线辐射出去，在空中传播，可以被收音机的天线接收下来。实际上，收音机天线可以接收在附近传播的所有广播电台信号，因此需要有专门的选择电路来选择我们需要的电台信号，并滤除我们不需要的电台信号，这个过程称为选频，而这个专门的选择电路也称为选频电路。

调幅收音机用来选台的选频电路是 LC 并联谐振回路。LC 并联谐振回路是原理最简单、应用最广泛的选频电路。LC 并联谐振回路由电感和电容并联而成，回路的固有谐振频率由电感和电容共同决定。改变回路的电感或电容，可以改变谐振回路的谐振频率。当输入到谐振回路的信号频率与谐振回路的固有谐振频率相等时，回路发生并联谐振，该信号可以获得最大的电压输出。但其他频率的信号通过谐振回路时，只能获得很小的电压输出。这样，选频电路就从众多频率的信号中选出了频率与并联谐振回路的谐振频率相等的信号。

以上就是并联谐振回路的选频原理。图 1-1 所示为收音机的选频原图。

在调幅收音机中，为了选出所需要的信号，常常要调节回路电容的值，以改变谐振回路的固有谐振频率，使之与所选信号的频率相等，这个过程称为调谐，即收音机的调台过程就是谐振回路的调谐过程。由图 1-1 可以看出，为了从众多的电台信号中选出某广播电台的信号，需要拨动收音机的调台旋钮，这时实际上就是在调节并联谐振回路中的可调电容 C。当电容 C 的大小使谐振回路的谐振频率与某广播电台的载波频率相等时，电台信号即被选出来了。

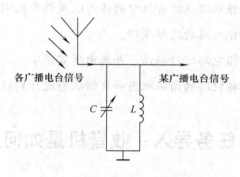

图 1-1　收音机的选频原图

在实际的收音机电路中，选频电路也被称为收音机的输入回路，它由双连电容和天线线圈并联而成。

目前大多使用超外差式收音机。超外差式收音机除输入回路接收电台信号外，还要同时改变本机振荡信号频率，与电台信号产生一个固定的中频信号。这实际上是改变两个 LC 回路的频率，需要利用两个容量同时可变的电容器，即做成双连可变电容器。图 1-2 所示为超外差式调幅收音机的方框图。

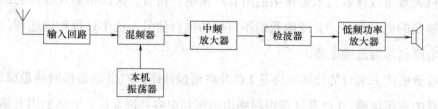

图 1-2　超外差式调幅收音机的方框图

图 1-3(a)所示为收音机天线输入回路的实际电路图，T_1 是中波段输入调谐回路高频变压器，其初级线圈和次级线圈均绕在磁棒上。C_{1a} 是双连可变电容器，C_2 是补偿电容。补偿电容采用小型半可变电容器，调整其电容量时，可以使输入回路和 C_{1b} 所在的振荡回路的高端

频率同步,从而提高频率高端的灵敏度。磁性天线结构图如图 1-3(b)所示。

C_{1a} 与 T_1 的初级线圈组成并联谐振回路,C_{1a} 的容量从大到小变化,可使谐振频率在从最低的 535kHz 到最高的 1605kHz 范围内连续变化。当外来某一电台频率的信号与谐振频率一致时,调谐电路发生谐振,此时 T_1 初级线圈两端某一电台频率的信号电压最高,并同时衰减了其他频率信号,这样就达到了选台的目的。调谐电路选出的信号电压通过次级线圈耦合到下一级。

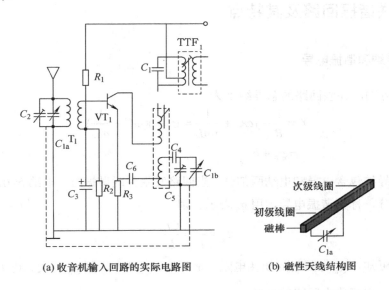

图 1-3 收音机的输入回路

1.2 并联谐振回路及其选频特性

并联谐振回路是最简单且使用最广泛的选频电路。并联谐振回路由电感线圈 L、电容器 C 和外接信号源相互并联而成,其电路如图 1-4 所示。电路中的实际元件在工作中会有一定的损耗,不过一般电容器损耗很小,可以忽略,可以认为电容支路只有纯电容。电感支路中,线圈的损耗用电阻 r 表示。通常认为线圈的损耗就是回路的损耗。在分析电路时,往往将电感与电阻串联支路转换成电感与电阻并联的回路形式。当 $\omega L \gg r$ 时,其换算公式可近似如图 1-4 中所示。

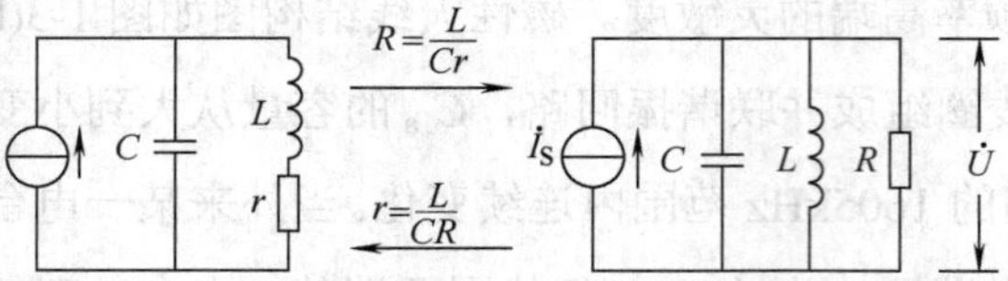

图 1-4 并联谐振回路

1.2.1 并联谐振回路及其特点

1. 回路导纳和谐振电导

由图 1-4 可知，并联回路的总导纳 Y 为

$$Y = \frac{1}{R} + j\omega C + \frac{1}{j\omega L} = g_0 + j(\omega C - \frac{1}{\omega L}) \quad (1\text{-}1)$$
$$= g_0 + b$$

回路的总导纳包含电导和电纳两部分，当回路发生并联谐振时，电纳 $b=0$。此时，总导纳只有电导部分，称为谐振电导，用 g_0 表示。则

$$g_0 = \frac{1}{R} = \frac{Cr}{L} \quad (1\text{-}2)$$

由式(1-2)可知，g_0 与回路的损耗电阻 r 成正比，r 越大，则 g_0 越大。可见，g_0 也反映了回路的损耗，亦可称为回路的损耗电导。

2. 并联谐振频率

当并联回路总导纳中的电纳部分 $b=0$ 时，回路电压 $\dot{U}$ 与总电流 $\dot{I}_S$ 同相，称为并联谐振。这时，回路感抗与容抗相等，由此可得并联谐振频率为

$$f_0 = \frac{1}{2\pi\sqrt{LC}} \quad (1\text{-}3)$$

由式(1-3)可知，并联谐振频率是回路本身所固有的，仅由回路的元件参数决定，而与其他因素无关。当外加信号的频率与回路的并联谐振频率相等时，回路发生并联谐振。

3. 品质因数 Q_0

当回路谐振时，回路感抗与容抗相等。将回路的感抗值(或容抗值)与回路的损耗电阻 r 的比值称为品质因数，用 Q_0 表示，简称 Q 值。有

$$Q_0 = \frac{\omega_0 L}{r} = \frac{1}{\omega_0 Cr} \tag{1-4}$$

将式(1-2)代入上式，可得

$$Q_0 = \frac{\omega_0 C}{g_0} = \frac{1}{\omega_0 L g_0} \tag{1-5}$$

可见，品质因数也能反映回路的损耗，回路的损耗越小，品质因数越高。

4. 并联谐振回路的特点

并联谐振回路谐振时的特点如下。

(1) 谐振时回路呈纯阻性，且阻抗最大，此时，谐振阻抗 $Z = \dfrac{1}{g_0} = \dfrac{L}{Cr}$。

(2) 当 $Q_0 \gg 1$ 时，回路感抗与容抗相等。

(3) 回路端电压最大，且电流与电压同相。

1.2.2 并联谐振回路的频率特性及通频带

1. 频率特性

并联谐振回路的频率特性指回路端电压随输入信号频率变化的特性，包含幅频特性和相频特性两方面的内容。幅频特性是指并联回路端电压的幅度与频率变化的关系；相频特性是指并联回路端电压的相位与频率变化的关系。

设并联回路的输入电流为 $\dot{I}_s$，则回路端电压可表示为

$$\dot{U} = \frac{\dot{I}_s}{Y} = \frac{\dot{I}_s}{g_0 + j\omega C + \dfrac{1}{j\omega L}} = \frac{\dot{I}_s}{g_0\left[1 + j\left(\dfrac{\omega C}{g_0} - \dfrac{1}{\omega L g_0}\right)\right]}$$

$$= \frac{\dot{I}_s}{g_0\left[1 + jQ_0\left(\dfrac{\omega}{\omega_0} - \dfrac{\omega_0}{\omega}\right)\right]} \tag{1-6}$$

当 $\omega = \omega_0$ 时，回路端电压最大，为

$$U_0 = \frac{I_s}{g_0} \tag{1-7}$$

并联回路的频率特性表达式为

$$\frac{\dot{U}}{U_0} = \frac{1}{1 + jQ_0(\frac{\omega}{\omega_0} - \frac{\omega_0}{\omega})} \tag{1-8}$$

频率特性的模即为幅频特性，其表达式为

$$\left|\frac{U}{U_0}\right| = \frac{1}{\sqrt{1 + Q_0^2(\frac{\omega}{\omega_0} - \frac{\omega_0}{\omega})^2}} \tag{1-9}$$

当 ω 与 ω_0 接近时，可以认为 $\omega + \omega_0 = 2\omega_0$，故

$$\frac{\omega}{\omega_0} - \frac{\omega_0}{\omega} = \frac{\omega^2 - \omega_0^2}{\omega_0 \omega} = \frac{2\omega(\omega - \omega_0)}{\omega_0 \omega} = \frac{2\Delta\omega}{\omega_0} = \frac{2\Delta f}{f_0} \tag{1-10}$$

式中，$\Delta f = f - f_0$，为绝对失谐，即频率离开谐振点的绝对值。而 $\frac{2\Delta f}{f_0}$ 为相对失谐，故幅频特性也可表示为

$$\left|\frac{U}{U_0}\right| = \frac{1}{\sqrt{1 + (Q_0 \frac{2\Delta\omega}{\omega_0})^2}} = \frac{1}{\sqrt{1 + (Q_0 \frac{2\Delta f}{f_0})^2}} \tag{1-11}$$

由式(1-11)可以得到如图 1-5(a)所示的幅频特性曲线。

由式(1-8)可得相频特性表达式为

$$\varphi = -\arctan Q_0(\frac{\omega}{\omega_0} - \frac{\omega_0}{\omega}) \tag{1-12}$$

由式(1-12)可以得到如图 1-5(b)所示的相频特性曲线。

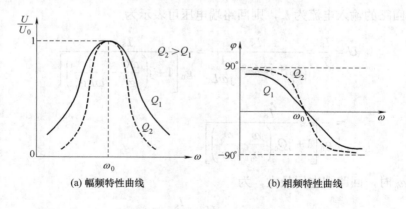

(a) 幅频特性曲线　　　　　　　(b) 相频特性曲线

图 1-5　并联回路频率特性曲线

由式(1-9)和式(1-12)可以看出，品质因数 Q 的值越大，则并联回路的频率特性曲线就越尖锐。

2. 通频带

1) 通频带的概念

无线电信号占有一定的频带宽度。在中波调幅广播中，为了将声音信号发射出去，需要对其进行调幅。声音信号的频率范围约为300～3400Hz，经调幅后的已调信号所占据的频带宽度约为 8kHz。

无线电信号通过谐振回路时不产生失真的条件是其幅频特性为一常数，相频特性正比于角频率 ω。因此，研究谐振回路的幅频曲线在哪个频率范围内能满足上述要求十分重要。

在无线电技术中，常把 $\dfrac{U}{U_0} = \dfrac{1}{\sqrt{2}}$ 所对应的频率范围称为该回路的通频带，并以 BW 表示。如图1-6所示，通频带的边界频率 f_1 和 f_2 分别称为通频带的下边界频率和上边界频率。因此，回路通频带为

$$BW = f_2 - f_1 \tag{1-13}$$

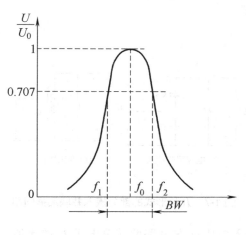

图 1-6 通频带

只要选择回路的通频带 BW 大于或等于无线电信号的通频带，无线电信号通过谐振回路后产生的失真就是允许的。

2) 通频带与回路参数的关系

由通频带的定义可知，在通频带的边界上有 $\dfrac{U}{U_0} = \dfrac{1}{\sqrt{2}}$。由并联谐振曲线表达式可知

$$\dfrac{U}{U_0} = \dfrac{1}{\sqrt{1 + Q_0^2 \left(\dfrac{\omega}{\omega_0} - \dfrac{\omega_0}{\omega}\right)^2}} = \dfrac{1}{\sqrt{1 + \left(Q_0 \dfrac{2\Delta f}{f_0}\right)^2}} = \dfrac{1}{\sqrt{2}} \tag{1-14}$$

故有

$$BW = 2\Delta f_{0.7} = \frac{f_0}{Q_0} \quad (1\text{-}15)$$

上式说明，回路通频带与回路品质因数 Q_0 成反比，Q 值越高，幅频曲线越尖锐，通频带越窄，因而回路选择能力就越强。从回路选择性观点出发，希望 Q 值尽可能高；从回路通过一个无线电信号应尽可能减小幅度失真的观点出发，要求 Q 值不能太大。因此，回路 Q 值的选择应在保证无线电信号通过回路的幅度失真不超过允许范围的前提条件下，尽可能提高回路的 Q 值，以保证选择性。

1.3 部分接入的并联谐振回路

部分接入的并联谐振回路指的是在保证简单并联谐振回路的元件数值 L 和 C 不变，即回路谐振频率不变的情况下，可通过改变接入系数 p 来调节谐振阻抗的大小，以便与信号源内阻或负载匹配的电路。

1. 接入系数 p

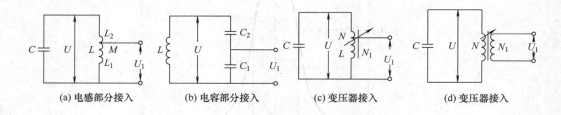

图 1-7 几种形式的部分接入并联谐振回路

接入系数 p 定义为接入电压 U_1 与回路两端总电压 U 的比值。则图 1-7(a)所示电路的接入系数 p 为

$$p = \frac{U_1}{U} = \frac{I_K \omega(L_1 + M)}{I_K \omega(L_1 + L_2 + 2M)} = \frac{L_1 + M}{L} \quad (1\text{-}16)$$

式中，M 为 L_1 与 L_2 间的互感，回路的总电感 $L = L_1 + L_2 + 2M$。

如果 L_1 与 L_2 间没有互感，即 $M=0$，则 $p = \dfrac{L_1}{L}$。

同理，图 1-7(b)所示电路的接入系数 p 为

$$p = \frac{U_1}{U} = \frac{C}{C_1} \quad (1\text{-}17)$$

式中，$C = \dfrac{C_1 C_2}{C_1 + C_2}$ 为回路总电容。

在晶体管放大电路中，线圈大都绕在磁芯上，耦合得很紧，可作为理想的变压器，如图 1-7(c)和(d)所示。这种电路的接入系数等于线圈匝数比，即

$$p = \dfrac{U_1}{U} = \dfrac{N_1}{N} \tag{1-18}$$

式中，N_1 为次级线圈匝数；N 为初级线圈匝数。

2. 负载电阻部分接入的并联谐振回路

负载电阻部分接入有两种情况：一是负载电阻 R_L 接在电感线圈抽头上，如图 1-8(a)所示；二是 R_L 接在容抗的一部分 C_1 上，如图 1-8(b)所示。在分析电路时，通常将负载部分接入的电路折合成如图 1-8(c)所示的等效电路来进行分析。

根据能量守恒的原理，图 1-8(a)或(b)与图 1-8(c)中的电路等效的条件是负载电阻吸收的功率相等。即

$$\dfrac{U_1^2}{R_L} = \dfrac{U^2}{R_L'} \tag{1-19}$$

由此可得

$$R_L' = \left(\dfrac{U}{U_1}\right)^2 \cdot R_L = \dfrac{1}{p^2} \cdot R_L \tag{1-20}$$

在图 1-7(a)中，$p = \dfrac{L_1 + M}{L}$；在图 1-7(b)中，$p = \dfrac{C}{C_1}$。

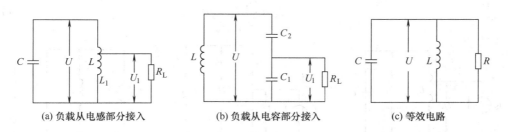

(a) 负载从电感部分接入　　(b) 负载从电容部分接入　　(c) 等效电路

图 1-8　负载电阻部分接入的并联谐振回路

当外接负载不是纯电阻而含有电抗成分时，上述方法仍然适用。如图 1-9 所示，图中 $R_L' = \dfrac{1}{p^2} R_L$，$C_L' = p^2 C_L$。

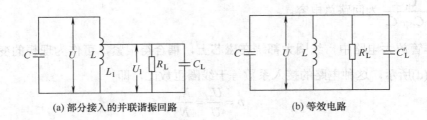

(a) 部分接入的并联谐振回路   (b) 等效电路

图 1-9 含有电抗成分的负载电阻部分接入的并联谐振回路及等效电路

当并联谐振回路接有负载时，其品质因数会随之而改变，此时的品质因数称为有载品质因数，用 Q_L 表示。有

$$Q_L = \frac{\omega_0 C}{g_0 + g_L} = \frac{\omega_0 C}{g_\Sigma} \tag{1-21}$$

或

$$Q_L = \frac{1}{\omega_0 L(g_0 + g_L)} = \frac{1}{\omega_0 L g_\Sigma} \tag{1-22}$$

3. 电源部分接入并联谐振回路

如果有恒流源 I_s 接到部分电抗上，如图 1-10(a)或(b)所示，前面所述的等效折合方法也完全适用。即若将图 1-10(a)或(b)转换为图 1-10(c)所示的等效电路，则要求图 1-10(a)或(b)所示的电路中电源产生的功率与图 1-10(c)中电源产生的功率相等。即

$$U_1 I_s = U I'_s \tag{1-23}$$

$$I'_s = \frac{U_1}{U} I_s = p I_s \tag{1-24}$$

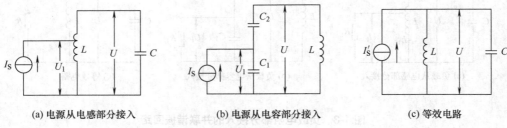

(a) 电源从电感部分接入   (b) 电源从电容部分接入   (c) 等效电路

图 1-10 电源部分接入并联谐振回路

1.4 技能训练：LC 并联谐振回路的调谐

LC 并联谐振回路通常由电感线圈 L 和电容 C 并联组成，回路的谐振频率由电容和线圈

电感决定，通过调节 LC 并联谐振回路中的电容或电感，可改变并联谐振回路的谐振频率，从而选择通过不同频率的输入信号。并联谐振回路电路的组成如图 1-11 所示。

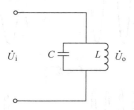

图 1-11 并联谐振回路

在调谐输入 LC 并联谐振回路时，通常选择高、中、低端频率点各一个进行调谐。调谐的方法有两种，即点频法和扫频法。

1. 点频法

点频法中，利用信号发生器产生的一定频率的正余弦振荡信号作为 LC 并联谐振回路的输入信号，并将 LC 并联谐振回路的输出端与示波器垂直通道相连，连接图如图 1-12 所示。

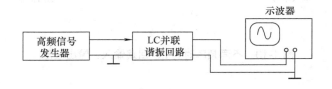

图 1-12 点频法电路与仪器连接图

LC 并联谐振回路输入不同频率信号时输出信号的情况如下。

(1) 输入信号频率低于谐振回路谐振频率时，信号被衰减，输出信号幅度小于输入信号幅度，如图 1-13(a) 所示。

(2) 输入信号频率等于谐振回路谐振频率时，信号正常通过，且输出信号幅度等于输入信号幅度，如图 1-13(b) 所示。此时输入信号的频率即为 LC 并联谐振回路的谐振频率。

(3) 输入信号频率高于谐振回路谐振频率时，信号被衰减，且输出信号幅度小于输入信号幅度，如图 1-13(c) 所示。

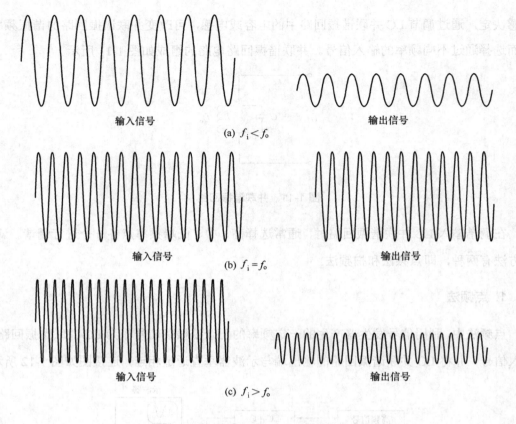

图 1-13 不同频率时的 LC 回路输入、输出波形

2. 扫频法

扫频法中，利用扫频仪产生的扫频信号作为 LC 并联谐振回路的输入，并将 LC 并联谐振回路的输出与扫频仪输入端相连接，连接图如图 1-14 所示。

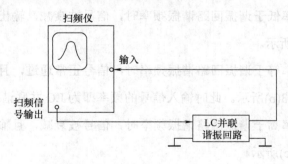

图 1-14 扫频法电路与仪器连接图

扫频仪显示 LC 并联谐振回路的幅频特性曲线如图 1-15 所示，LC 并联谐振回路的幅频

特性曲线在最高点时，LC 并联谐振回路输出最大电压，该频率即为 LC 并联谐振回路的谐振频率。

接收机前端高频放大器以 LC 并联谐振回路为负载，此放大器主要用于选频。因此很多实际应用中直接用 LC 并联谐振回路作为整机的输入回路。通常输入 LC 并联谐振回路由双连可变电容器和磁性天线线圈的初级线圈组成。整机中的 LC 并联谐振回路如图 1-16 所示。

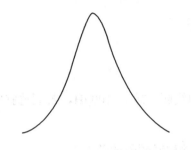

图 1-15　并联谐振回路幅频特性曲线

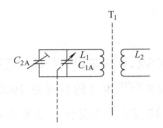

图 1-16　整机中的 LC 并联谐振回路

小　结

调幅收音机用来选台的选频电路是 LC 并联谐振回路。LC 并联谐振回路是原理最简单、应用最广泛的选频电路。LC 并联谐振回路由电感和电容并联而成，回路的固有谐振频率由电感和电容共同决定，改变回路的电感或电容，即可改变谐振回路的谐振频率。当输入谐振回路的信号频率与谐振回路的固有谐振频率相等时，回路发生并联谐振，该信号可以获得最大的电压输出。而其他频率的信号通过谐振回路，只能获得很小的电压输出。这样，选频电路就从众多频率的信号中选出了频率与并联谐振回路的谐振频率相等的信号。

并联谐振回路有三个主要参数：谐振频率、谐振电导和品质因数。在谐振时，并联谐振回路主要有三个特点。

(1) 谐振时回路呈纯阻性，且阻抗最大，此时，谐振阻抗 $Z = \dfrac{1}{g_0} = \dfrac{L}{Cr}$。

(2) 当 $Q_0 \gg 1$ 时，回路感抗与容抗相等。

(3) 回路端电压最大，且电流与电压同相。

并联谐振电路的频率具有窄带特性，其频率特性曲线表明并联谐振回路具有良好的选频和滤波作用。

无线电信号占有一定的频带宽度。只要选择回路的通频带 BW 大于或等于无线电信号的通频带，无线电信号通过谐振回路后产生的失真就是允许的。

部分接入的并联谐振回路指的是在保证简单并联谐振回路的元件数值 L 和 C 不变，即回路谐振频率不变的情况下，可通过改变接入系数 p 来调节谐振阻抗的大小，以便与信号源内阻或负载匹配的电路。

思考与练习

1. 收音机调台采用的是什么电路？
2. 设某广播电台的载频为 1000kHz，天线回路的线圈电感为 100μH，若要选择收听这个电台，应调节什么元件，数值为多少？
3. LC 并联谐振回路有哪些特点？如何理解选择性和通频带的关系？
4. 设某广播电台的载频为 1000kHz，收音机的调谐回路的品质因数为 100，若选择收听这个电台，这个电台的信号能否不失真地被调谐回路选出？
5. 假设调幅收音机天线回路的线圈电感为 100μH，则回路可调电容的最大电容值和最小电容值应达到多少？如果达不到，可以采用什么方法补偿？
6. 图 1-17 所示电路中，已知用于调频波段的中频调谐回路的谐振频率 f_0=10.7MHz，$C_1=C_2=15\text{pF}$，空载 Q 值为 100，R_L=1kΩ，R_S=3kΩ。试求回路电感 L、谐振阻抗 R_0、有载 Q_L 值和通频带 BW。

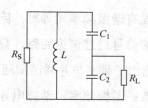

图 1-17 题 6 图

7. 已知谐振回路的谐振频率 f_0=465kHz，空载 Q_0 值为 100，初级线圈为 160 匝，次级线圈为 10 匝，初级中心抽头至下端圈数为 40 匝，C=200PF，R_L=1kΩ，R_S=16kΩ，试求回路电感 L、有载 Q_L 值和通频带 BW。

任务 2　调幅收音机中的中频放大器

学习目标

- 了解小信号谐振放大器在收音机中的作用。
- 掌握小信号谐振放大器的原理。
- 会计算放大器的增益和通频带。
- 会根据放大器的频率特性曲线对放大器的工作情况进行判断。
- 能识读中频放大器的电路图，能正确安装和调试中频放大器。
- 能对放大器在实际应用中出现的波形失真、工作不稳定、增益或通频带不满足要求等现象进行判断和处理。

2.1　任务导入：收音机采用什么放大器放大信号

收音机要想高质量地接收信号，必须要有放大器对信号进行放大。那么，在各种放大器中，调幅收音机应采用哪一种呢？由于调幅收音机接收的信号是广播调幅信号，其中心频率较高，信号的频谱宽度约为 8kHz，故采用小信号谐振放大器对其放大较为合适。在收音机中，这个小信号谐振放大器也称为中频放大器。

由图 1-2 所示的收音机的方框图可见，中频放大器位于混频器的后面，其主要作用是放大经过混频后的中频信号，其工作频率是固定的，中波调幅收音机的中频频率固定为 465kHz。收音机整机的增益主要由中频放大器提供，中频放大器的增益决定了收音机的灵敏度。由于输入信号经过混频后，频率有所下降，且负载回路的频率固定，因此放大器在满足稳定性的前提下可以获得较高的增益，能很好地满足收音机对增益的要求。

在有些接收机中，为了提高整机的增益和选择性，有时会在混频器前面接一个可调谐的谐振放大器，通常称此为高频放大器。高频放大器的主要作用是选择有用信号、滤除干扰信号，其负载回路是可调谐的。高频放大器的输入信号为高频已调信号，频率通常较高，考虑到放大器的稳定性，高频放大器的增益通常设计得较低，仅占整机总增益的一小部分。

在小信号调谐放大器中，所谓的"小信号"，主要是强调输入信号的幅度较小，以保证放大器的晶体管工作在线性范围内；所谓"调谐"，则是指放大器的负载为调谐回路(如 LC 调谐回路等)。

高频小信号谐振放大器广泛应用于广播、电视、通信、测量等设备中。高频小信号谐振放大器可分为两类：一类是以谐振回路为负载的调谐放大器；另一类是以滤波器为负载的集中选频放大器。调谐放大器主要由晶体管与调谐回路两部分组成。集中选频放大器把放大和选频两种功能分开，放大作用由多级非谐振宽频带放大器承担，选频作用则由 LC 带通滤波器、晶体滤波器、陶瓷滤波器和声表面波滤波器等承担。不同的通信设备对高频小信号调谐放大器的要求可能不同。在分析时，主要用如下参数来衡量电路的技术指标。

1. 工作稳定性

放大器的性能应尽量不受外界因素(如温度、电源电压)变化的影响，保持稳定的工作状态。放大器不稳定的极端状态是因产生自激振荡而不能正常工作。

2. 增益

增益是指放大器输出信号幅度与输入信号幅度之比，也称为放大器的放大倍数。放大器的增益要求是根据输出信号必须达到的幅度与输入信号幅度的大小来确定的。用在各种通用接收机中的中频放大器的增益通常为 80～100dB。

3. 通频带

因为放大器所放大的信号一般都是已调信号，含有一定的边频，因此，为了使信号不失真地传输，放大器须有一定的通频带，允许主要边频通过。电压增益下降 3dB 时所对应的频带宽度，称为放大器的通频带。一般调幅收音机的通频带约为 8kHz，调频广播接收机的通频带约为 200kHz，电视接收机的通频带约为 6～8MHz。

4. 选择性

选择性是指对通频带以外干扰信号的衰减能力，或指放大器从各种不同频率的信号中选出有用信号、抑制干扰信号的能力。衡量选择性有两种基本方法。

1) 矩形系数

矩形系数定义为电压增益下降到最大值的 0.1 倍时的带宽与下降到最大值的 0.7 倍时的带宽之比，用 K_r 表示。显然矩形系数总是大于 1 的。实际矩形系数越趋近于 1，则谐振曲线越接近于矩形，曲线边沿下降越陡直，表明其抑制干扰信号的能力越强，选择性越好，如图2-1所示。

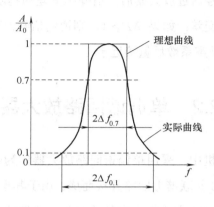

图 2-1　矩形系数

2) 抑制比

通常用信道中心频率 f_0 对应的增益 A_0 与某干扰频率 f_n 对应的干扰增益 A_{n0} 之比表示放大器的抑制能力，称为抑制比，常用分贝表示，如图2-2所示。中波收音机抑制比一般大于20dB。

通频带与抑制比是设计高频小信号谐振放大器时确定选频器件的主要依据。

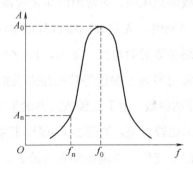

图 2-2　抑制比

5. 噪声系数 NF

放大器工作时，由于种种原因产生的载流子不规则运动将会在电路内部形成噪声，从而使信号质量受到影响。噪声对信号质量的影响程度通常用信号功率 P_s 与噪声功率 P_n 之比，即信噪比来说明。噪声系数是指放大器输入端信噪比 P_{si}/P_{ni} 与输出端信噪比 P_{so}/P_{no} 的比值，即

$$NF = \frac{P_{si}/P_{ni}}{P_{so}/P_{no}} \tag{2-1}$$

噪声系数也可理解为信号通过放大器后，信噪比变差的程度。如果 $NF=1$，说明信号通过放大器后，信噪比没有变差；如果 $NF>1$，则说明信噪比变差了。通常噪声系数都大于 1，因此，要求放大器的噪声系数尽量接近于 1。

2.2　单调谐回路放大器

在一般的中波调幅收音机中，采用单调谐回路放大器作为中频放大器较为常见。单调谐回路放大器由晶体管和 LC 并联谐振回路并接而成。由于其电路形式简单，调谐方便，普通的调幅收音机通常采用这种放大器作为中频放大器。线性状态的晶体管放大器的分析方法通常都采用等效电路法，小信号谐振放大器通常采用高频 Y 参数等效电路来分析。

2.2.1　晶体管高频 Y 参数等效电路

在对工作在线性状态下的晶体管电路进行分析时，通常采用等效电路来模拟晶体管的内部工作过程。晶体管高频等效电路的建立有两种方法：一是根据晶体管内部发生的物理过程拟定模型而建立的物理参数等效电路，如常用的晶体管混合Π型参数等效电路；另一种是把晶体管看作一个有源二端口网络，先从外部端口列出电流和电压的方程，然后拟定满足方程的网络模型而建立的网络参数等效电路，如 H、Y、Z 和 G 参数等效电路。分析高频小信号谐振放大器的性能时，常用高频 Y 参数等效电路来模拟晶体管进行电路分析。

Y 参数具有导纳量纲，是导纳参数。由于高频放大器的谐振回路以及下一级负载大都与晶体管并联，因此用 Y 参数计算比较方便。如图 2-3 所示，把共发射极连接的晶体管视为二端口网络，可见，二端口共有四个变量，即基极输入电流 $\dot{I}_b$、基极输入电压 $\dot{U}_b$、集电极输出电流 $\dot{I}_c$ 和集电极输出电压 $\dot{U}_c$。若选 $\dot{U}_b$ 和 $\dot{U}_c$ 为自变量，$\dot{I}_b$ 和 $\dot{I}_c$ 为因变量，则可列出二端口网络的 Y 参数方程为

$$\begin{aligned} \dot{I}_b &= Y_{ie}\dot{U}_b + Y_{re}\dot{U}_c \\ \dot{I}_c &= Y_{fe}\dot{U}_b + Y_{oe}\dot{U}_c \end{aligned} \tag{2-2}$$

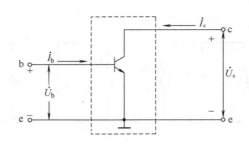

图 2-3 共射晶体管等效为二端口网络

式(2-2)中有四个 Y 参数，其下标 e 表示晶体管为共射组态。

其中：

$Y_{ie} = \dfrac{\dot{I}_b}{\dot{U}_b}\bigg|_{\dot{U}_c=0}$ 定义为放大器输出端短路时的输入导纳。它反映了放大器输入电压对输入电流的控制作用，其倒数就是放大器的输入阻抗。

$Y_{fe} = \dfrac{\dot{I}_c}{\dot{U}_b}\bigg|_{\dot{U}_c=0}$ 定义为放大器输出端短路时的正向传输导纳。它反映了放大器输入电压对输出电流的控制作用，或者说电路的放大作用。Y_{fe} 越大，放大能力越强。

$Y_{re} = \dfrac{\dot{I}_b}{\dot{U}_c}\bigg|_{\dot{U}_b=0}$ 定义为放大器输入端短路时的反向传输导纳。它反映了放大器输出电压对输入电流的影响，即放大器内部的反向传输作用或称放大器内部反馈作用。Y_{re} 越大，内部反馈越强。它的存在给放大器的工作带来很大危害，应尽可能减小这个值，以削弱其影响。

$Y_{oe} = \dfrac{\dot{I}_c}{\dot{U}_c}\bigg|_{\dot{U}_b=0}$ 定义为放大器输入端短路时的输出导纳。它反映了放大器输出电压对输出电流的影响，其倒数就是放大器的输出阻抗。

根据 Y 参数的定义，可以实际测量放大器的 Y 参数。晶体管手册一般都给出了晶体管在一定测试条件下的 Y 参数。

由式(2-2)的晶体管 Y 参数方程可画出其等效电路如图 2-4 所示。其中受控电流源 $Y_{fe}\dot{U}_b$ 反映了输入信号对输出端的控制作用，受控电流源 $Y_{re}\dot{U}_c$ 反映了输出端对输入端的反馈作用。为保证放大器的正常工作，受控源 $Y_{re}\dot{U}_c$ 的电流应尽可能小。

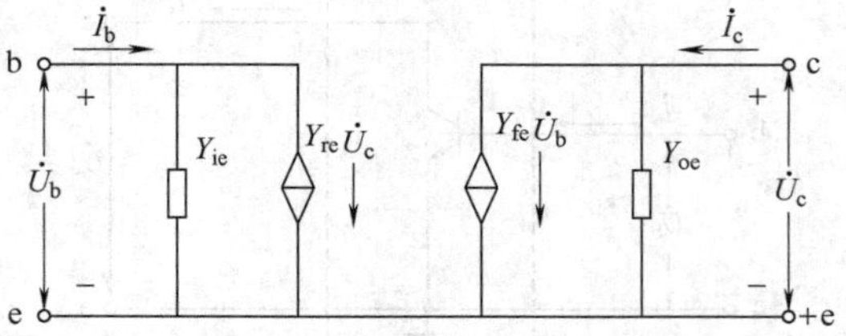

图 2-4　共射晶体管 Y 参数等效电路

晶体管的 Y 参数与频率有关，当工作频率在较宽的范围内变化时，晶体管的 Y 参数亦会随之变化。因此，获取 Y 参数时，应注意工作条件和工作频率。Y 参数还是一个复数，在分析和计算时，通常可以表示为

$$Y_{ie} = g_{ie} + j\omega C_{ie} \tag{2-3}$$

$$Y_{oe} = g_{io} + j\omega C_{oe} \tag{2-4}$$

$$Y_{re} = |Y_{re}|\angle\varphi_{re} \tag{2-5}$$

$$Y_{fe} = |Y_{fe}|\angle\varphi_{fe} \tag{2-6}$$

2.2.2　单级共射单调谐回路放大器的工作原理和等效电路

1. 单调谐放大器的工作原理

单调谐放大器是由单调谐回路作为交流负载的放大器。图 2-5 所示为一个单级共射单调谐放大器的原理电路。图中 R_{b1}、R_{b2} 是放大器的偏置电阻；R_e 是直流负反馈电阻；C_b、C_e 是旁路电容，起稳定放大器静态工作点的作用。LC 并联谐振回路与晶体管之间采用部分接入。这种接入方式的好处是，只需改变接入系数，而不需改变元件参数就可以调节晶体管和 LC 谐振回路之间的耦合程度，从而实现晶体管输出阻抗与负载之间的阻抗匹配，减小晶体管输出阻抗对 LC 谐振回路品质因数的影响，也可通过调节接入系数来调节放大器的增益和通频带。当直流工作点选定以后，图 2-5 可以简化成只包括交流通路的交流等效电路，如图 2-6 所示。在收音机中，LC 谐振放大器作为中频放大器，输入信号来自其前一级电路，即混频器，输入信号经过两级放大后，送入检波器进行检波。

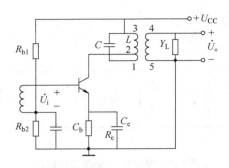

图 2-5 共射单调谐回路放大器原理电路

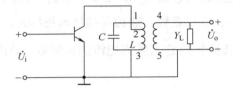

图 2-6 交流等效电路

2. 放大器的 Y 参数等效电路

根据图 2-6 所示的交流等效电路,用高频 Y 参数等效电路来代替晶体管就可得到单调谐放大器的 Y 参数等效电路,如图 2-7 所示。图中 LC 调谐回路的 L 和 C 用理想元件代替,而其损耗用 g_0 代替。

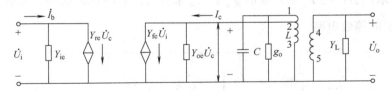

图 2-7 单调谐回路放大器的 Y 参数等效电路

晶体管与谐振回路之间采用部分接入的方式,晶体管接入回路的接入系数为

$$p_1 = \frac{N_{2-3}}{N_{1-3}} \tag{2-7}$$

负载接入回路的接入系数为

$$p_2 = \frac{N_{4-5}}{N_{1-3}} \tag{2-8}$$

将图 2-7 进行简化,即将晶体管等效受控源 $Y_{fe}\dot{U}_i$、输出导纳 Y_{oe}、负载导纳 Y_L 等均折合到 LC 回路两端,就可得到如图 2-8 所示简化的 Y 参数等效电路。图中,$I'_c = p_1 Y_{fe} \dot{U}_i$,

$Y'_{oe} = p_1^2 \cdot Y_{oe}$, $Y'_L = p_2^2 Y_L$, $\dot{U}'_o = \dfrac{\dot{U}_o}{p_2}$ 。

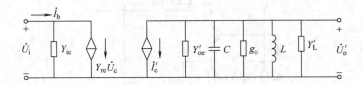

图 2-8　简化的 Y 参数等效电路

进一步简化的 Y 参数电路还可以画成如图 2-9 所示的形式。在图 2-9 中，忽略了 $Y_{re}\dot{U}_c$，是由于在分析放大器的增益、矩形系数、通频带等技术指标时，Y_{re} 影响不大，可以忽略。忽略输出电压 $\dot{U}_o$。通过反向传输导纳 Y_{re} 对输入电流的影响后，晶体管成为单向化器件，从而使分析过程大为简化。

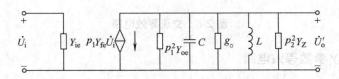

图 2-9　单向化的简化 Y 参数等效电路

假设负载为下一级晶体管，且型号与本级晶体管相同，则 Y_L 可表示为 Y_{ie}。若将 Y_{ie} 用并联的 g_{ie} 和 C_{ie} 来代替，将 Y_{oe} 用并联的 g_{oe} 和 C_{oe} 来代替，并将相应的同类项合并，则可得到如图 2-10 所示的等效电路。

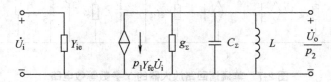

图 2-10　并项后的等效电路

图 2-10 中，有

$$g_\Sigma = p_1^2 g_{oe} + p_2^2 g_{ie} + g_0 \tag{2-9}$$

$$C_\Sigma = p_1^2 C_{oe} + p_2^2 C_{ie} + C \tag{2-10}$$

显然，单级单调谐回路放大器的 Y 参数等效电路的最简形式是一个典型的并联谐振回路。这说明，谐振放大器对信号的放大作用依赖于晶体管的放大特性，而其频率特性则主要由作为晶体管负载的调谐回路决定。

图 2-10 所示的谐振回路的谐振频率为

$$f_0 = \frac{1}{2\pi\sqrt{LC_\Sigma}} \tag{2-11}$$

此频率即为谐振放大器的工作频率,可见,放大器的工作频率与晶体管的负载谐振回路的固有谐振频率略有偏差。

谐振回路的空载和有载品质因数分别为

$$Q_0 = \frac{\omega_0 C_\Sigma}{g_0} = \frac{1}{\omega_0 L g_0} \tag{2-12}$$

$$Q_L = \frac{\omega_0 C_\Sigma}{g_\Sigma} = \frac{1}{\omega_0 L g_\Sigma} \tag{2-13}$$

由以上各式可以看出,本级晶体管的输出电容和下级晶体管的输入电容会降低放大器的工作频率,增大其与负载谐振回路固有谐振频率的差距。而本级晶体管的输出电导和下级晶体管的输入电导则会降低回路的有载品质因数,这对放大器是十分不利的。因此,设计时应尽可能选择 Y_{ie} 和 Y_{oe} 均较小的晶体管。

2.2.3 单级单调谐回路放大器的主要技术指标

1. 电压增益

电压增益定义为

$$\dot{A}_u = \frac{\dot{U}_o}{\dot{U}_i} \tag{2-14}$$

由图 2-10 可见

$$p_1 Y_{fe} \dot{U}_i = -\frac{\dot{U}_o}{p_2} Y \tag{2-15}$$

所以

$$\dot{A}_u = \frac{\dot{U}_o}{\dot{U}_i} = -\frac{p_1 p_2 Y_{fe}}{Y} \tag{2-16}$$

式中,$Y = g_\Sigma + j\omega C_\Sigma + \frac{1}{j\omega L} = g_\Sigma(1 + jQ_L \frac{2\Delta f}{f_0})$,回路谐振时,$Y = g_\Sigma$;负号表示输出电压和输入电压反相。

电压增益的模为

$$A_u = \frac{p_1 p_2 |Y_{fe}|}{\sqrt{g_\Sigma^2 + (\omega C_\Sigma - \frac{1}{\omega L})^2}} = \frac{p_1 p_2 |Y_{fe}|}{g_\Sigma \sqrt{1 + (Q_L \frac{2\Delta f}{f_0})^2}}$$

$$= \frac{A_{u0}}{\sqrt{1 + (Q_L \frac{2\Delta f}{f_0})^2}} \tag{2-17}$$

式中

$$A_{u0} = \frac{p_1 p_2 |Y_{fe}|}{g_\Sigma} \tag{2-18}$$

表示放大器在谐振时的电压增益。

由式(2-18)可知,若要放大器获得较高的电压增益,应尽可能选择 Y_{fe} 大的晶体管,且保证谐振回路的损耗电导较小。同时,在不改变电路参数的条件下,改变回路的接入系数,可适当调节放大器的增益。

2. 通频带

单调谐放大器的谐振曲线如图 2-11 所示。由放大器通频带的定义可知,当 $\frac{A_u}{A_{u0}} = \frac{1}{\sqrt{2}}$ 时,可得通频带

$$BW = 2\Delta f_{0.7} = \frac{f_0}{Q_L} \tag{2-19}$$

上式说明,单调谐放大器的通频带取决于回路的谐振频率 f_0 和有载品质因数 Q_L。当 f_0 已选定时,Q_L 越高,通频带越窄;Q_L 越低,通频带越宽。在调幅收音机中,中频放大器的通频带至少要达到 8kHz 以上。

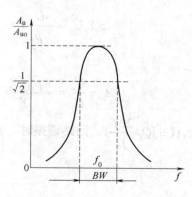

图 2-11 单调谐放大器的谐振曲线

3. 矩形系数

根据矩形系数的定义，令

$$\frac{A_u}{A_{u0}} = \frac{1}{\sqrt{1+(Q_L\frac{2\Delta f_{0.1}}{f_0})^2}} = 0.1 \tag{2-20}$$

则

$$2\Delta f_{0.1} = \sqrt{10^2-1}\frac{f_0}{Q_L} \tag{2-21}$$

而

$$2\Delta f_{0.7} = \frac{f_0}{Q_L} \tag{2-22}$$

所以，矩形系数 K_r 为

$$K_r = \frac{2\Delta f_{0.1}}{2\Delta f_{0.7}} = \sqrt{10^2-1} \approx 9.96 \tag{2-23}$$

上式表明，单调谐放大器的矩形系数 K_r 远大于 1。也就是说，它的谐振曲线和矩形相差较远，即选择性较差。

例 2-1 设有一单级单调谐放大器，已知工作频率为 465kHz。晶体管参数为：g_{ie}=1.0ms，C_{ie}=400pF，g_{oe}=110μS，C_{oe}=62pF，$|Y_{fe}|$=28ms。L=560μH，Q_0=100。接入系数为：p_1=0.28，p_2=0.08。试计算放大器在谐振时的电压增益和通频带。

解： 由 $Q_0 = \frac{1}{g_0\omega_0 L}$

可得 $g_0 = \frac{1}{2\pi f_0 L Q_0} = \frac{1}{2\pi \times 465 \times 10^3 \times 560 \times 10^{-6} \times 100} = 6.12 \times 10^{-6}\text{S}$

$$A_{u0} = \frac{p_1 p_2 |Y_{fe}|}{g_\Sigma} = \frac{p_1 p_2 |Y_{fe}|}{g_0 + p_1^2 g_{oe} + p_2^2 g_{ie}}$$

$$= \frac{0.28 \times 0.08 \times 28 \times 10^{-3}}{6.12\times 10^{-6} + 0.28^2 \times 110 \times 10^{-6} + 0.08^2 \times 1 \times 10^{-3}} = 30$$

由 $Q_L = \frac{1}{g_\Sigma \omega_0 L} = \frac{1}{21\times 10^{-6} \times 2\pi \times 465 \times 10^3 \times 560 \times 10^{-6}} = 29$

可得 $BW = \frac{f_0}{Q_L} = \frac{465\times 10^3}{29} = 16\text{kHz}$

2.2.4 收音机中频放大器实际电路

图 2-12 所示为一般半导体收音机常用的中频放大电路。混频电路产生的 465kHz 中频已调幅信号由中频变压器 T_2 的次级送往 VT_1 进行放大，放大后的信号再由 T_3 中频变压器送至 VT_2 再一次放大，然后由 T_4 中频变压器送到检波器进行检波，检波后的信号送往低频放

大级进行放大。为了提高放大器的稳定性，同时保证较高的整机增益，收音机的中频放大器采用两级放大器级联而成。

电路中的 C_N 为中和电容，用来提高放大器的稳定性，抑制可能发生的中频寄生振荡。

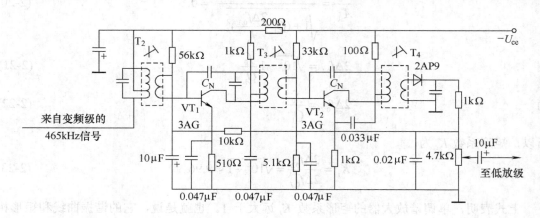

图 2-12 收音机中频放大器实际电路

收音机中频放大器在正常工作前需要对 LC 谐振回路调谐，这个过程称为中频放大器的调整，就是调整收音机中频放大电路中的中频变压器(简称中周)，使各中频变压器组成的调谐放大器都谐振在规定的 465kHz 的中频频率上，从而使收音机达到最高的灵敏度和最好的选择性。由此可知，中频调得好不好，对收音机的影响是很大的。

新的中频变压器在出厂时都经过调整。但是，当这些中频变压器被安装在收音机上以后，还是需要重新调整的。这是由于它所并联的谐振电容的容量总存在误差，同时安装后存在分布电容，这些都会使新的中频变压器失谐。另外，一些使用已久的收音机，其中频变压器的磁芯也会老化，元件也有可能变质。这些也会使原来调整好的中频变压器失谐。因此，仔细调整中频变压器是装配新收音机和维修旧收音机时不可缺少的一项工作。

一般超外差式收音机使用的都是通用的调感式中频变压器。中频变压器的调整主要是调节磁帽的相对位置，以改变其电感量，从而使中频变压器组成的振荡回路谐振在 465kHz 上。

2.2.5 多级单调谐回路放大器

在实际应用中，往往需要把极微弱的信号放到足够大，这就要求放大器有较高的增益。如雷达或通信接收机对微弱信号的放大主要依靠中频放大器，且要求中频放大器有 $10^4 \sim 10^6$ 的放大倍数。显然，单级放大器无法达到如此高的增益。因此，高频放大器，尤其是中频放大器常采用多级单调谐放大器级联而成。如电视接收机中的中频放大器一般有3~4级，雷达接收机中的中频放大器有6级等。图2-13所示为一个两级单调谐回路放大器的电路图。

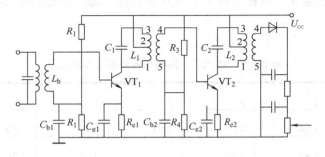

图2-13 两级单调谐放大器电路图

下面讨论多级单调谐放大器的总增益、通频带、矩形系数等性能指标同单级单调谐放大器的关系。

1. 多级单调谐放大器的增益

如放大器有 n 级，各级电压增益分别为 $A_1, A_2, \cdots, A_n$，级联后总的增益为各级电压增益的乘积，即

$$A_\Sigma = A_1 \cdot A_2 \cdots A_n \tag{2-24}$$

如各级放大器的增益相同，则 $A_\Sigma = A_1^n$。

若增益的单位为 dB，则多级放大器的总增益分贝数为单级放大器的增益分贝数之和，即

$$A_\Sigma = A_1 + A_2 + \cdots A_n (\text{dB}) \tag{2-25}$$

2. 多级单调谐放大器的通频带

n 级相同的单调谐放大器级联时，总通频带为

$$BW_\Sigma = \sqrt{2^{\frac{1}{n}}-1} \cdot \frac{f_0}{Q_L} \tag{2-26}$$

上式表明，n 级单调谐放大器的总通频带 BW_Σ 为单级调谐放大器通频带的 $\sqrt{2^{\frac{1}{n}}-1}$ 倍。因为 $\sqrt{2^{\frac{1}{n}}-1}$ 是小于 1 的数，所以，n 级总通频带比单级小。级数越多(n 越大)，总通频带越窄。因此，将 $\sqrt{2^{\frac{1}{n}}-1}$ 叫做带宽缩减因子。表2-1列出了级数与带宽的关系。

3. 多级单调谐放大器的矩形系数

根据矩形系数的定义,同样可求出 n 级单调谐放大器的矩形系数与级数 n 的关系,如表 2-1 所示。

表 2-1　缩减因子、矩形系数与级数 n 的关系

级数	1	2	3	4	5	6
缩减因子	1.00	0.64	0.51	0.43	0.39	0.35
矩形系数	9.96	4.80	3.76	3.40	3.20	3.10

由此可见,多级单调谐放大器电路的电压增益随 n 的增加明显增加,矩形系数有所改善,选择性提高,但通频带变窄。为了满足总通频带的要求,势必要增宽单级放大器的通频带,这就要降低回路 Q_L 值,导致放大器增益的下降。因此,对于多级单调谐放大器来说,选择性、通频带、增益之间的矛盾比较突出。

2.3　双调谐回路放大器

为了克服单调谐回路放大器选择性差的缺点,有些调幅收音机采用双调谐回路放大器来进行中频放大。双调谐回路放大器采用两个互相耦合的谐振回路作为放大器负载来改善矩形系数,如图 2-14 所示,双调谐回路放大器两个调谐回路的谐振频率都调谐在同一个中心频率上。

2.3.1　双调谐回路放大器的分析

如图 2-14 所示,两个调谐回路之间采用互感耦合。和单调谐回路放大器相似,本级晶体管与下级晶体管都是部分接入回路的,接入系数分别为 p_1 和 p_2。图中 L_1 和 L_2 分别表示初、次级回路线圈的总电感。

图 2-14(a)是双调谐回路放大器的原理电路图。图 2-14(b)是放大器的 Y 参数等效电路图,图中晶体管已用 Y 参数等效电路来代替,且没有考虑反向传输导纳 Y_{re} 的影响。假设前后级两晶体管型号相同,则两管的等效参数相同。图中 g_{01} 和 g_{02} 分别代表初级和次级回路的空载电导。

将所有的参数折合到回路两端,如图 2-14(c)所示。再分别把初、次级回路电导和电容合并并假设初、次级元件参数相同,可进一步简化成如图 2-14(d)所示电路。

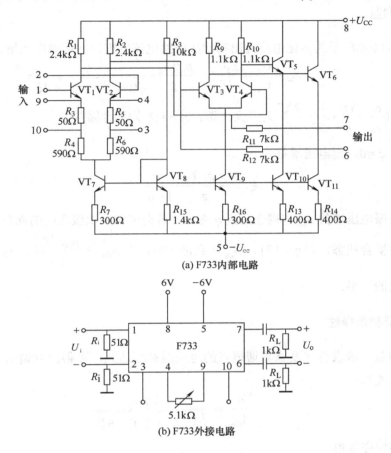

图 2-14　电感耦合双调谐回路的放大器及其等效电路

改变互感耦合的双调谐回路的互感 M,就可以改变两个单调谐回路之间的耦合程度。耦合程度通常用耦合系数 k 来表征,其定义为:耦合元件电抗的绝对值与初次级回路中同性质元件电抗值的几何中项之比。k 是无量纲的常数,它对双调谐回路放大器的频率特性有着直接的影响。

互感耦合双调谐回路的耦合系数为

$$k = \frac{M}{\sqrt{L_1 L_2}} = \frac{M}{L} \tag{2-27}$$

2.3.2 双调谐回路放大器的主要性能指标

1. 电压增益

根据图 2-14(d)所示的简化电路列出初次级回路电流方程,并解得电压增益为

$$A_u = \frac{U_o}{U_i} = \frac{p_2 U'_o}{U_i} = \frac{p_1 p_2 Y_{fe}}{g} \cdot \frac{\eta}{\sqrt{(1-\xi^2+\eta^2)^2+4\xi^2}} \quad (2\text{-}28)$$

式中,$\xi = Q_L(\frac{\omega}{\omega_0} - \frac{\omega_0}{\omega}) = Q_L \frac{2\Delta f}{f_0}$ 为广义失谐;$\eta = kQ_L$ 为耦合因数。

谐振时,$\xi = 0$,则电压增益为

$$A_{u0} = \frac{p_1 p_2 |Y_{fe}|}{g} \cdot \frac{\eta}{1+\eta^2} \quad (2\text{-}29)$$

可见,谐振电压增益 A_{u0} 与耦合因素 η 有关。若调节初、次级之间的耦合系数 k,使放大器处于临界耦合状态,即 $\eta = 1$ 时,A_{u0} 达到最大值,为 $A_{u0m} = \frac{p_1 p_2 |Y_{fe}|}{2g}$,刚好为单级单调谐放大器增益的一半。

2. 通频带和选择性

由电压增益一般表达式及临界谐振点的电压增益表达式,可得出双调谐器回路放大器谐振曲线表达式为

$$\frac{A_u}{A_{u0m}} = \frac{2\eta}{\sqrt{(1-\xi^2+\eta^2)^2+4\xi^2}} \quad (2\text{-}30)$$

将上式进行变换得

$$\frac{A_u}{A_{u0m}} = \frac{2\eta}{\sqrt{\xi^4+2(1-\eta^2)\xi^2+(1+\eta^2)^2}} \quad (2\text{-}31)$$

根据上式,可画出双调谐回路放大器的谐振曲线,如图 2-15 所示。

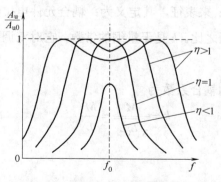

图 2-15 双调谐回路放大器谐振曲线

现分三种情况讨论如下。

(1) 当 $\eta < 1$ 时为弱耦合，此时谐振曲线为单峰，电压增益较小，通频带较窄。

(2) 当 $\eta > 1$ 时为强耦合，此时谐振曲线为双峰，在中心频率($f = f_0$)处出现谷点，η 值越大，双峰离得越远，谷点下陷越深。

(3) 当 $\eta = 1$ 时为临界耦合，此时谐振曲线仍为单峰，且与强耦合的峰值相等，顶部较为平坦，通频带较宽，频率特性曲线下降较快，选择性较好。

双调谐回路放大器通常应用在临界耦合状态，以 $\eta = 1$ 代入式(2-3)中，且令 $\dfrac{A_u}{A_{u0m}} = \dfrac{1}{\sqrt{2}}$，可求得临界耦合时双调谐回路放大器的通频带为

$$BW = \sqrt{2}\dfrac{f_0}{Q_L} \tag{2-32}$$

上式表明，在有载品质因数 Q_L 相同的情况下，双调谐回路放大器的通频带为单调谐回路放大器的 1.4 倍，即增宽了 40%。

再令 $\dfrac{A_u}{A_{u0m}} = \dfrac{1}{10}$，可得

$$\dfrac{2}{\sqrt{4 + \left(\dfrac{2Q_L \Delta f_{0.1}}{f_0}\right)^4}} = 0.1 \tag{2-33}$$

解上式得双调谐回路放大器的矩形系数为

$$K_r = \dfrac{2\Delta f_{0.1}}{2\Delta f_{0.7}} = \sqrt[4]{100 - 1} = 3.16 \tag{2-34}$$

综上所述，同单调谐回路放大器相比，双调谐回路放大器具有较好的选择性、较宽的通频带，并能较好地解决增益与通频带之间的矛盾，因而被广泛用于高增益、宽频带及对选择性要求较高的场合。但双调谐回路放大器的调整较为困难。

2.4 小信号谐振放大器的稳定性

在高频小信号谐振放大器中，稳定性是其重要指标之一。放大器的工作稳定性指的是放大器的工作状态(直流偏置)、器件参数、电路元件参数等发生变化以及一些不可避免的外界干扰存在时，放大器主要特性的稳定程度。不稳定现象包括中心频率偏移、通频带变窄、谐振曲线变形等。极端不稳定情况是指放大器的自激(或寄生振荡)。放大器的工作稳定性是最基本的，特别是在整个工作频段内，必须使放大器远离自激。

2.4.1 引起小信号谐振放大器不稳定的因素

高频小信号放大器的工作稳定性是一项重要的质量指标。前述讨论的放大器都假定工作于稳定状态,即放大器的输出端对输入端无影响($Y_{re}=0$),或者说晶体管单向工作,输入可以控制输出,而输出不影响输入。但在实际中,晶体管存在着反向传输导纳Y_{re},输出电压可以反馈到输入端,从而引起输入电流$\dot{I}_i$的变化,这种反馈恰是导致放大器工作不稳定的主要因数。

1. 晶体管的内部反馈对放大器的有害影响

Y_{re}的反馈作用可由式(2-35)所示的放大器输入导纳Y_i来表示

$$Y_i = Y_{ie} - \frac{Y_{fe}Y_{re}}{Y_{oe}+Y'_L} = Y_{ie} + Y_F \tag{2-35}$$

式中,Y_{ie}是输出端短路时晶体管(共发连接时)本身的输入导纳;Y_F是通过Y_{re}的反馈引起的反馈导纳,它反映了负载导纳Y'_L的影响。

由式(2-35)可知,当$Y_{re}=0$时,没有反馈导纳Y_F,晶体管为单向器件,放大器的输入导纳只与晶体管的输入导纳Y_{ie}有关;当$Y_{re}\neq 0$时,放大器的输入导纳中引入了反馈导纳Y_F,而它的存在会对放大器的工作产生较大影响。

反馈导纳Y_F与晶体管的反向传输导纳Y_{re}成正比,它的作用主要表现在两个方面:一是由于内部反馈作用使放大器的输入回路与输出回路之间互相牵连,但这种牵连即电路的双向性给电路调试、综合调整带来了许多麻烦;二是使放大器工作不稳定,由于放大后的输出电压通过反馈导纳Y_{re}将一部分输出信号反馈到输入端后又经晶体管再次放大,然后通过Y_{re}又反馈到输入端,如此循环往复,往往产生寄生振荡(或自激),从而破坏放大器的正常工作。

由此可见,晶体管内部反馈所产生的有害影响主要与反向传输导纳Y_{re}有关。Y_{re}越大,反馈越强,对放大器工作稳定性影响越大。

2. 外部干扰产生的反馈对放大器稳定性的影响

在实用装置中,放大器外部的寄生反馈均是以电磁耦合的方式出现的。电磁干扰的耦合途径有以下几种。

(1) 电容耦合。导线与导线之间、导线与器件之间、器件与器件之间均存在着分布电容。频率越高,容抗越小,当工作频率高到一定程度时,这些电容可能会起作用,将信号从后级耦合到前级。

(2) 互感耦合。导线与导线之间、导线与电感之间、电感与电感之间,除分布电容外,在高频情况下还存在互感。流经导线或电感的后级高频电流产生的交变磁场,可能与前级回路产生不必要的耦合。

(3) 电阻耦合。当前后级信号电流流经同一导线时,由于导线存在电阻,后级电流在导线上产生的电压会对前级产生影响。

(4) 电磁辐射耦合。当工作频率达到射频(150kHz 以上)时,后级高频信号可以通过电磁辐射的方式耦合到前级。

2.4.2 提高放大器稳定性的措施

为了削弱和消除 Y_{re} 的有害影响,需设法从电路上消除晶体管内部反馈作用,即将晶体管单向化是提高放大器稳定性的主要措施,常用方法有中和法和失配法。

1. 中和法

中和法是在晶体管的输出端与输入端之间引入一个附加的反馈电路(中和电路),以抵消晶体管内部 Y_{re} 的反馈作用,如图 2-16(a)所示为收音机中常见的中和电路。图中,$C_{b'c}$ 为晶体管的集电结电容,它跨接在晶体管的输入端和输出端之间,引起晶体管的内部反馈;C_N 为外加的反馈电容,其作用是抵消 $C_{b'c}$ 的影响。

从图中可以看出,未加中和电容 C_N 时,由于 $C_{b'c}$ 的作用,有反馈电流 I_r 流进 A 点(晶体管的输入端)。加 C_N 后,由于 C_N 的作用,引入另一个反馈电流 I_N 流出 A 点。如果 C_N 的参数选择合理,使 $I_r = I_N$,则两电流在 A 节点正好相互抵消,即

$$\sum I_A = I_r - I_N \tag{2-36}$$

此时,引起放大器不稳定的内部反馈电流 I_r 不会进入晶体管的基极,从而消除了晶体管的内部因素造成的影响。

为了获得电容 $C_{b'c}$ 的参数,可以把上述中和过程看作一个电桥平衡过程,如图 2-16(b)所示,$C_{b'c}$、C_N、L_1 和 L_2 刚好构成桥式电路。根据电桥平衡原理,若电桥对边两臂的阻抗乘积相等,则 CD 两端(放大器输出端)的电压不会对 AB 两端(放大器输入端)产生影响,即放大器的输出信号不会反馈到放大器的输入端。

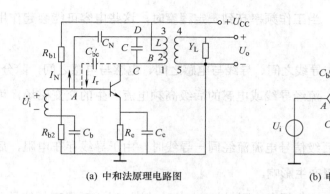

(a) 中和法原理电路图　　　(b) 电桥平衡条件

图 2-16　中和法原理示意图

根据电桥平衡条件，有

$$\omega L_1 \cdot \frac{1}{\omega C_N} = \omega L_2 \cdot \frac{1}{\omega C_{b'c}} \tag{2-37}$$

则

$$C_N = \frac{L_1}{L_2} C_{b'c} \tag{2-38}$$

可见，在电路的 AD 两端外接一个中和电容，使之成为电桥的一个臂，并适当选择其参数，使之满足电桥平衡条件，就可以消除由 $C_{b'c}$ 引起的内部反馈，从而提高放大器的稳定性。

2. 失配法

使晶体管单向化的另一种方法是失配法。失配是指信号源内阻与晶体管输入阻抗不匹配，晶体管输出端负载阻抗与本级晶体管的输出阻抗不匹配。

当输出电路严重失配时，输出电压相应减小，反馈到输入端的信号就进一步减弱，对输入电路的影响也随之减小。失配越严重，输出电路对输入回路的反馈作用就越小。此时放大器基本上可以看做是单向化的。常用的办法是将两晶体管按共发—共基方式连接，做成复合管形式。

共发—共基级联谐振放大器的特点是工作稳定性高，因此也得到广泛的应用。共发—共基级联放大器的交流等效电路如图 2-17 所示。图 2-17(a)中由两个晶体管组成级联电路，前一级是共发电路，后一级是共基电路。由于共基电路的特点是输入阻抗很低(即输入导纳很大)和输出阻抗很高(即输出导纳很小)，当它和共发电路连接时，相当于共发放大器的负载导纳很大。此时，虽然电压增益很小，但电流增益仍较大。而共基电路虽然电流增益接近 1，但是电压增益却较大。因此，当它们级联时，总增益等于电压增益和电流增益相乘，共发级和共基级各自发挥长处,其结果是级联后总的电压和电流增益都不小,此时,功率增益也较大。

一般来说,共发—共基级联谐振放大器的输入端用抽头接入,以保证放大器的输入阻抗和输入端谐振回路的高阻抗相匹配。而共基极的输出阻抗较高,易于和输出端谐振回路相匹配,因此输出端不需要抽头接入,可以直接并接调谐回路。

失配法的另一种办法是在谐振回路两端并联一个稳定电阻 R。此时,负载导纳将显著增大,使放大器的增益降低,稳定性提高,如图 2-17(b)所示。

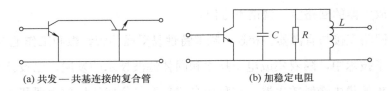

(a) 共发—共基连接的复合管　　　　(b) 加稳定电阻

图 2-17　用失配法消除晶体管内部反馈影响

采用中和法要比采用失配法时的增益大得多,但是实际的反馈电容量都与频率有关,而中和电容只能针对一个频率起到完全中和的作用,对其他频率只能起到部分中和的作用。在通频带较宽的放大器中,很难采用一个中和电容在整个频带内都起到中和的效果。

失配法的主要缺点是增益较低。但这种方法除了能防止放大器自激外,还能起到优化电路中各种参数的作用,且无需调整,使用方便。对于其增益不够的缺点,可通过增加级数的办法来解决。

3. 针对外部因素采取的措施

针对寄生耦合的途径,在实际装置中,可以通过如下方法克服。

(1) 整体布局时,加大级与级之间的距离,以消除由级间分布电容与回路间互感产生的寄生耦合。

(2) 使器件引脚尽量短,并贴近底板。使铜箔或引线尽量短。或尽量缩小回路所包围的面积,减少回路的套合,从而减少连线电感与回路间的互感。

(3) 电感器件、变压器等应采取屏蔽措施。变压器与底板之间采用非导磁材料隔离。变压器绕组轴线可互相垂直,以减少磁场耦合。

(4) 对强干扰源或敏感接收装置应根据其性质分别采取电场、磁场与电磁场屏蔽措施。任何金属接地后都可对隔离部分实现电场屏蔽。可使用导电率高的薄金属屏蔽高频磁场,可使用导电率高、磁阻小的铁磁性材料屏蔽低频磁场,可使用密闭的金属屏蔽电磁场。

(5) 合理选择接地点。地线与电源线应尽量增加截面积。可能的话，每级电路之间的供电线或长的信号线中间应插入退耦网络。

2.5 集中选频放大器

前面讨论的分立元件的谐振放大器虽然获得了广泛的应用，但也存在以下一些缺点。
(1) 稳定性差，工作频率难以提高。
(2) 多级放大器的回路多，调谐不方便。
(3) 谐振回路直接与有源器件相连，频率特性易受晶体管参数和工作地点变化的影响。

在现代电子技术中，随着集成电子技术和固体滤波技术的发展，已设计和生产出能满足不同电路要求的集中选频放大器。这种由高增益宽带集成线性放大器和各种集中选频器组成的集中选频放大器使电路的调整大大简化，电路频率特性得到改善，电路稳定性也得到很大提高，从而在各种电子设备中获得了越来越多的应用。

2.5.1 集中选频放大器的基本组成与特点

集中选频放大器的组成如图 2-18 所示。集中选频滤波器起选频作用，一般是陶瓷滤波器、石英晶体滤波器、声表面滤波器，也可以是集中 LC 滤波器等。它可以对可能进入宽带放大器的带外干扰与噪声信号进行一定的衰减，改善传输信号的质量。宽带放大器主要起放大作用，一般为集成运算放大器。加在选频滤波器与放大器之间的匹配器一般为 LC 匹配网络，以保证选频滤波器能满足对信号的选择性要求。

集中选频放大器中的集成宽带放大器和集中选频滤波器通常由特定厂家设计生产，设备或电路的设计人员只需正确选用，大大简化了选频放大器的设计和调谐过程。

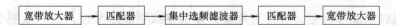

图 2-18 集中选频放大器的组成

与分立元件的多级调谐放大器相比，集中选频放大器有以下特点。
(1) 由于可选用矩形系数接近于 1 的优质滤波器，使放大器的选择性增强，调整也容易。
(2) 变换中心频率和带宽更加方便。如图 2-19 所示，只要拨动开关 S，即可更换滤波器，进而改变中心频率和带宽。

(3) 温度稳定性好。分离式选频放大器中,每个滤波器都与温度敏感的晶体管相连,因而温度对滤波特性影响较大。而集中选频放大器中,只有与滤波器相连的晶体管才对滤波性能产生影响。如果选用温度特性好的集成宽带放大器,则温度稳定性会更好。

(4) 采用集成的集中选频放大器,可以缩小电路体积,提高工作可靠性,从而使电器优化。

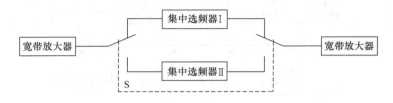

图 2-19 中心频率和带宽可变的集中选频放大器

2.5.2 集成宽带放大器

我国已设计和生产出许多性能优良、使用简便的通用集成宽带放大器。图 2-20(a)所示为我国生产的 F733 集成宽带放大器内部电路图(同类产品的型号还有 FC-91、SG012、XFG79 等),它是参照美国仙童公司的 μA-733 制成的。该电路由两级差分放大器组成。第一级差分放大器由 VT_1 和 VT_2 组成,$R_3 \sim R_6$ 为发射极电阻,起电流负反馈作用,通过外接管脚 9 与 4、10 与 3 的不同连接,可以改变第一级的增益。当管脚 4 与 9 相连时,发射极没有负反馈电阻,放大器增益最高,称为第一级增益,但带宽较窄;当管脚 3 与 10 相连时,发射极负反馈电阻为 50 Ω,增益和带宽中等;当 9 与 4 和 10 与 3 都悬空时,发射极负反馈电阻最大,总共为 640 Ω,此时增益最低,为第三增益,但带宽最宽。

第二级差分放大器由 VT_3 和 VT_4 组成。R_{11} 和 R_{12} 为负反馈电阻,接在输出端和第二级放大器输入端之间,构成电压并联负反馈,可增加带宽,降低增益,提高放大器的稳定性。VT_5 和 VT_6 为输出射极跟随器,VT_{10} 和 VT_{11} 为 VT_5 和 VT_6 的有源发射极负载。

VT_7 和 VT_8 分别为第一级和第二级差分放大器的恒流源。VT_8 和 R_8 组成直流偏置电路,它决定 VT_7、VT_9、VT_{10} 及 VT_{11} 的工作点,从而决定了差分输入级、差分放大级和射极输出极的静态工作点。

图 2-20(b)所示 F733 的外接电路,图中在 4 脚和 9 脚间接入一个不大的可调电阻,使放大器的增益连续可调。输出端可外接集中滤波器,构成集中选频放大器。

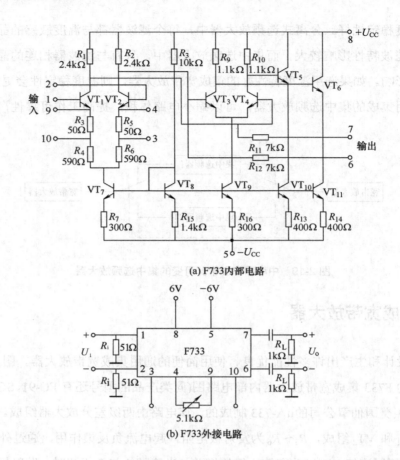

图 2-20 典型的负反馈集成宽带放大器 F733

2.5.3 集中选频滤波器

集中选频滤波器的任务是选频和滤波,要求在满足通频带的同时矩形系数要足够好。常用的集中选频滤波器有陶瓷滤波器、晶体滤波器和声表面波滤波器等。

1. 陶瓷滤波器

陶瓷滤波器是利用陶瓷片的压电效应制成的,材料一般为锆钛酸铅陶瓷。制作时,需先在陶瓷片的两面涂上氧化银浆,然后加高温使之还原为银,且牢固附着在陶瓷片上,形成两个电极,再经过直流高压极化,陶瓷片就有了压电效应。所谓压电效应,就是当有机械力(压力或张力)作用于陶瓷片时,陶瓷片的表面会出现等量的正负电荷,称为正压电效应。反之,当陶瓷片的两面加上极性不同的电压时,陶瓷片的几何尺寸就会发生变化(伸长或缩短),称为反压电效应。显然,如果陶瓷片两个端面加上交流电压,陶瓷片就会随交流电压极性周期性地变化，从而产生机械振动。同时由于反压电效应，陶瓷片两端面会产生极性周期变化的正负电荷，即交流电流。当外加电压的频率正好等于陶瓷片固有振动频率(其值取决于陶瓷片的结构和几何尺寸)时，将会出现谐振现象，此时机械振动最强，形成的交流电流也最大，表明压电陶瓷片具有与谐振电路相似的特性。

陶瓷滤波器的等效电路和电路符号如图 2-21 所示。图中，C_0 等效于压电陶瓷片的固定电容值(或称静态电容值)，L_q、C_q、r_q 分别等效于陶瓷片机械振动时的惯性、弹性、摩擦损耗。由图 2-21(a)可知陶瓷滤波器有两个谐振点。一个是由 L_q、C_q、r_q 组成的串联谐振回路，其谐振频率为

$$\omega_q = \frac{1}{\sqrt{L_q C_q}} \tag{2-39}$$

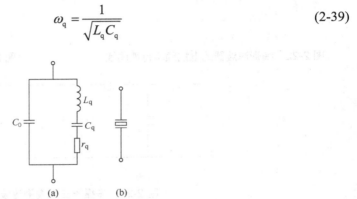

图 2-21 陶瓷滤波器的等效电路和电路符号

另一个是由 L_q、C_q、r_q 和 C_0 组成的并联谐振回路，其谐振频率为

$$\omega_p = \frac{1}{\sqrt{L_q \cdot \dfrac{C_q \cdot C_0}{C_q + C_0}}} = \frac{1}{\sqrt{L_q \cdot C_q}} \cdot \sqrt{1 + \frac{C_q}{C_0}} = \omega_q \sqrt{1 + \frac{C_q}{C_0}} \tag{2-40}$$

通常 $C_0 \gg C_q$，所以 $\omega_p \geqslant \omega_q$，且两个谐振频率相距很近。当外加信号频率等于陶瓷滤波器的串联谐振频率 ω_q(或 f_q)时，发生串联谐振，陶瓷滤波器的等效电抗为 0。当外加信号频率等于陶瓷滤波器的并联谐振频率时，发生并联谐振，其电抗为无穷大。陶瓷滤波器电抗频率特性曲线如图 2-22 所示。

如果用两个陶瓷片连成图 2-23 所示形式，并适当选择串臂和并臂滤波器的谐振频率，即可获得较理想的滤波特性。压电陶瓷片的厚度和半径不同时，其等效参数也不相同。若将不同谐振频率的若干个压电陶瓷片组合连接，就可获得矩形系数接近于 1 的理想滤波器，如图 2-24 所示。图 2-25 所示为三端陶瓷滤波器电路符号。图 2-26 所示为一典型的三端陶

瓷滤波器的传输特性(中心频率为465kHz)。

陶瓷滤波器的工作频率可以从几百千赫到几兆赫,主要缺点有频率特性曲线难以控制、生产一致性差、通频带往往不够宽等。

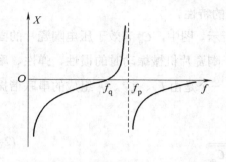

图2-22 陶瓷滤波器的电抗频率特性曲线　　图2-23 二振子三端陶瓷滤波器

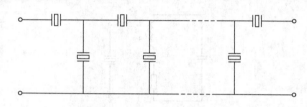

图2-24 多振子三端陶瓷滤波器

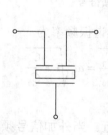

图2-25 三端陶瓷滤波器电路符号　　图2-26 三端陶瓷滤波器的传输特性

2. 晶体滤波器

晶体滤波器和陶瓷滤波器一样,也是利用压电效应原理制成的。晶体滤波器的材料是石英晶体,石英是一种天然矿石,如图2-27所示。采用切割工艺,按照一定方位将晶体切成薄片,切片的尺寸和厚度随工作频率不同而不同。石英晶片切割加工后,两面敷银,再用引线引出,封装即成。

晶体滤波器具有比陶瓷滤波器更高的品质因数,一般Q值可在几千以上,特殊情况下

Q 值可达一万左右。因此,其谐振曲线上下变化极陡。

石英晶体的等效电路、电路符号、电抗频率曲线都和压电陶瓷片一样。实际使用中,晶体滤波器的工作频率比陶瓷滤波器高一些,约为几千赫到一百兆赫,其稳定性也比陶瓷滤波器好。

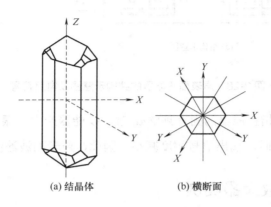

(a) 结晶体　　　　(b) 横断面

图 2-27　石英晶体的结晶和横断面图

3. 声表面波滤波器

声表面波滤波器具有体积小、重量轻、中心频率高(几兆赫～几吉赫)、相对带宽较宽(可达 30%)、矩形系数接近于 1、抗辐射能力强、动态范围大等特点。这种滤波器采用与集成电路工艺相同的平面加工工艺,制造简单、成本低、重复性和设计灵活性高,在通信、雷达、彩电等电子设备中有广泛应用。

典型的声表面波滤波器的结构如图 2-28 所示。滤波器的基片材料是石英、铌酸锂、钛酸钡等压电晶体,经表面抛光后在晶体表面蒸发上一层金属膜,后经光刻工艺制成如图所示的两组相互交错的叉指形金属电极,它具有能量转换的功能,所以被称为叉指换能器,输入端和输出端各有一个。

当在一组换能器两端加上交流信号电压时,由于压电晶体的反压电效应,压电晶片会产生弹性振动,并激发出与外加信号电压同频率的弹性波,即声波。这种声波的能量主要集中在晶体的表面,深度仅为弹性波的一个波长,故称声表面波。叉指电极产生的声表面波,沿着与叉指电极垂直的方向(图 2-28 中的 x 方向)双向传输,其中一个方向的声波被吸声材料吸收,另一个方向的声波则传送到输出端叉指换能器,通过正压电效应还原成电信号送入负载。

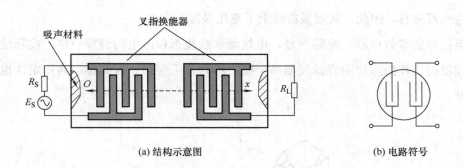

图 2-28 声表面滤波器的结构示意图及电路符号

当信号频率等于叉指换能器的固有频率ω_0时,换能器产生共振,此时输出信号幅度最大。当信号频率偏离ω_0时,输出信号幅度减小。因此,声表面波滤波器有选频作用。

2.5.4 集中选频放大器实例

集中选频放大器因具有线路简单、选择性好、性能稳定、调整方便等优点,已广泛用于通信及电视等各种电子设备中。图 2-29 所示为采用集成宽带放大器FZ_1和陶瓷滤波器组成的集中选频放大器。

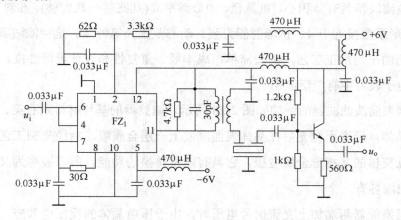

图 2-29 陶瓷滤波器选频放大器

为了使陶瓷滤波器的频率特性不受外电路参数的影响,使用时一般都要求接入规定的信号源阻抗和负载阻抗,以实现阻抗匹配。为此,在图 2-29 中,陶瓷滤波器的输入端采用变压器耦合的并联谐振回路,输出端接有由晶体管构成的射极输出器。

图 2-30 所示为采用声表面波滤波器构成的集中选频放大器,图中 SAWF 为声表面波滤

波器。由于 SAWF 插入损耗较大，所以需在 SAWF 前加一级由晶体管构成的预中放电路，其输入端电感与分布电容并联谐振于中心频率上。

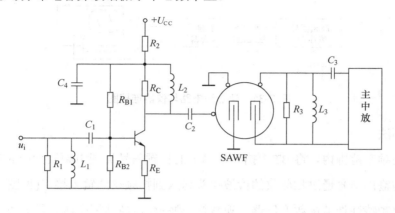

图 2-30　声表面波滤波器选频放大器

2.6　技能训练：中频放大器的调试

高频小信号调谐放大器的调整和测试主要包括放大器的调谐及增益和通频带的测量。

1. 放大器的调谐

接收机的中频放大器一般为固定频率的放大器，中频放大器的调谐是调整谐振回路的中频变压器，使回路在工作频率处达到谐振。调试的方法有两种：逐点法和扫频法。

1）逐点法

利用逐点调谐时，电路与仪器连接如图 2-31 所示。调谐时，应首先将高频信号发生器的信号频率准确地调整到所需工作频率 f_0，输出幅度调到适当大小，需从后向前逐级调谐。因为各级回路在设计时已大体接近规定值，一般来说，失谐不是很严重。如图 2-31 所示，信号源的输出可加在中放第一级的输入端，而电压表或示波器可加在末级输出端。调节末级放大器调谐回路中的微调元件，使放大器输出为最大。然后再调前面一级，使输出更大。如此推进到第一级，说明各级的调谐频率已基本工作在 f_0 附近。之所以从后向前调，是为了减小后级回路参数通过晶体管内部反馈对前级的影响。实际上，这种影响是难免的，因此需多次由后向前反复调谐，方能使各级回路都谐振在 f_0 上。

随着各个回路调谐到同一频率，放大器的增益也不断提高，高频信号发生器的输出应逐步减小，以免出现非线性失真，影响调谐的准确性。同时，调回路元件时，应使用"无感起子",以避免工具对回路的影响。

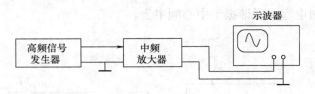

图 2-31 逐点法电路与仪器连接图

2) 扫频法

在选定的频率范围内,将 BT-3 扫频仪输出的扫频信号加到中频放大器的输入端,再将中频放大器的输出信号通过扫频仪的检波探头送入到扫频仪的输入接口(见图 2-32),就可测出放大器的幅频特性调节中频变压器,观察幅-频特性,当其幅度达到最大值时,则放大器工作在谐振状态。

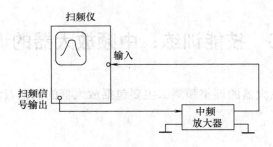

图 2-32 扫频仪与中频放大器的连接

2. 增益的测试

测试放大器的增益,可以使用逐点法,也可以使用扫频法。

使用高频信号发生器及电压表测试放大器的增益时,主要困难通常在于对输入信号的测试,因为特性放大器的输入信号往往小到毫伏级,甚至微伏级,而且频率高,较难测出。测试时应注意使用灵敏度高的高频毫伏表或高频微伏表。

使用扫频仪测试增益时,主要依靠"输出衰减"来估量放大器的增益。

3. 通频带的测试

用扫频仪观察放大器的谐振曲线,可以直接测量出 3dB 衰减处的通频带。用逐点法测试时,则应保持放大器的输入电压幅度不变,而在谐振频率 f_0 的两边逐点改变信号频率,用示波器或高频毫伏表测出相应的高频电压。当幅-频特性的幅值从最大值下降到最大值的

0.707 倍时，此时的频率即为 3dB 衰减处的频率。测得上、下两个频率，即可求出通频带的宽度。

4. 问题与思考

(1) 怎样判断谐振回路达到了谐振？

(2) 若调试过程中放大器的输出信号有失真，可能是什么原因引起的？

小　结

高频小信号调谐放大器主要由晶体管与选频电路组成。晶体管主要起放大信号的作用，选频电路主要起选频和抑制干扰的作用，一般由 LC 调谐回路或集中滤波器组成。

衡量高频小信号调谐放大器的主要技术指标有中心频率、增益、通频带、选择性和噪声系数等。中心频率、通频带与选择性主要由调谐回路决定；增益、噪声系数主要由放大器决定。

小信号调谐放大器的选频特性可由其幅频特性曲线来描述，其性能好坏由通频带和选择性这两个互相矛盾的指标来衡量。矩形系数是综合说明这两个指标的参数，它可以衡量选频电路的实际幅频特性接近理想幅频特性的程度，其值越小，选频电路的幅频特性越好。

LC 回路在作为选频电路的同时，还可以通过部分接入，实现放大器、选频器、负载三者之间的匹配。

在分析高频小信号调谐放大器时，Y 参数等效电路是描述放大器工作状态的重要参数。

单级调谐放大器主要由输入回路、晶体管和负载(LC 调谐回路)组成，为减小放大器与负载对 LC 回路的影响，放大器与负载通常采用部分接入的方式与 LC 回路连接。单级单调谐回路放大器的通频带 $BW=\dfrac{f_0}{Q_e}$，矩形系数 $K_r \approx 9.96$。

多级单调谐回路放大器可以提高放大电路的增益，减小矩形系数，但通频带却变窄了。为了克服这一缺点，一般采用双调谐回路放大器。双调谐回路放大器有强耦合、弱耦合、临界耦合三种状态，通常应用在临界耦合状态。在有载品质因数相同的情况下，双调谐回路放大器的通频带为单调谐回路放大器的 1.4 倍，即增宽了 40%。其矩形系数为 3.16，比单调谐回路放大器的矩形系数更接近于 1，选择性更好。

稳定性也是调谐放大器的重要技术指标。引起放大器工作不稳定的因素很多，主要有晶体管内部反馈和外部干扰产生的反馈两大方面，在设计与调试实际电路时应采取相应措施予以克服。

集中选频放大器采用宽带放大器与集中选频滤波器组合而成。其性能稳定、可靠性好、调试简单，正逐步取代多级调谐放大器。

思考与练习

1. 收音机的中频放大器是什么类型的放大器？
2. 高频小信号调谐放大器有哪些主要技术指标？
3. Y_{fe} 和 Y_{re} 的物理意义是什么？
4. 高频小信号调谐放大器中为什么要引入接入系数？
5. 在调谐 LC 谐振回路时，对放大器的输入信号有何要求？如果输入信号过大会出现什么现象？
6. 影响放大器稳定性的因素是什么？采取哪些措施可以提高放大器的稳定性？
7. 已知用于调幅波段的中频调谐回路谐振频率 f_0=465kHz，空载品质因数为 Q_0=100，初级线圈为160匝，次级线圈为10匝，初级中心抽头至下端圈数为40匝，C=1200pF，R_L=1kΩ，R_s=2kΩ，试求回路电感 L、有载 Q_e 值和通频带 BW。
8. 如图 2-33 所示，已知用于调频波段的中频调谐回路的谐振频率 f_0=10.7MHz，$C_1=C_2$=15pF，空载品质因数为 Q_0=100，R_L=1kΩ，R_s=3kΩ。试求回路电感 L、谐振阻抗 R_0，有载 Q_L 值和通频带 BW。
9. 在图 2-34 中，放大器的工作频率 f_0=10.7MHz。谐振回路中，L_{13}=4μH、Q_0=100，N_{23}=5、N_{13}=20、N_{45}=6。晶体管在直流工作点的参数为：g_{oe}=200μS，C_{eo}=7pF，g_{ie}=2860μS，C_{ie}=18pF，$|Y_{fe}|$=45mS。试求 C、A_{u0}、$2\Delta f_{0.7}$、$K_{r0.1}$。

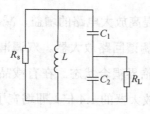

图 2-33 题 8 图

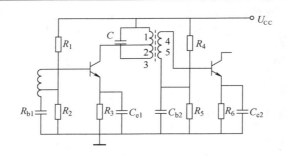

图 2-34　题 9 图

10. 单级小信号调谐放大器的交流电路如图 2-35 所示。要求谐振频率 f_0=10.7MHz，$2\Delta f_{0.7}$=500kHz，$|A_{u0}|$=100。晶体管的参数为：Y_{ie}=(2+j0.5)mS，Y_{re}≈0，Y_{fe}=(20−j5)mS，Y_{oe}=(20+j40) μS；如果回路空载品质因数 Q_0=100，试计算谐振回路的 L、C、R。

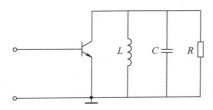

图 2-35　题 10 图

11. 采用完全相同的三级单调谐放大电路组成的中放电路，其总增益为 66dB，通频带为 5kHz，工作频率为 465kHz。求每级放大电路的增益、通频带及每个回路的有载 Q_L 值为多少？

12. 设调幅收音机中频放大器的电压增益为 40，通频带为 10kHz，为满足收音机总增益的要求，将次放大器两级级联，问此时放大器的通频带是否满足要求？若不满足，可采取什么措施？

13. 对收音机的中频放大器进行调谐时，是调电路中的哪个元件？什么状态表示调好了，为什么？

14. 为了提高收音机的性能，有时会在 LC 并联谐振回路上并联一个电阻，这个电阻可以起哪些作用？若断开此电阻，可能会产生什么后果？

任务3 调幅电路与检波电路

学习目标

- 认识调幅信号，熟悉调幅信号的三种表示方法。
- 掌握二极管调幅电路、集成模拟相乘调幅电路的工作原理。
- 掌握大信号检波器、集成模拟相乘检波器的工作原理。
- 了解信号的调幅和检波的多种实现方式。
- 能识别调幅回路和检波电路的电路图，能对大信号包络检波器进行检测。
- 能对调幅收音机中检波信号失真的现象进行判断和处理。

3.1 任务导入：为什么收音机接收的是已调信号

在调幅收音机中，有多个功能电路共同工作，完成信号的接收与播放，其中必不可少的电路当属检波器。检波器的作用是从已调幅信号中解调出音频调制信号。因为调幅收音机接收的信号是已调幅信号，如果不经过检波，收音机接收的信号不可能从扬声器中播放出电台的节目。而调制和解调则是通信系统中不可缺少的两个环节，可以说，没有调制和解调，就无法实现远距离通信。

通信过程中必须采用调制与解调，主要基于以下两个原因。

(1) 为了提高信号的频率，以更有效地将信号从天线辐射出去。由天线理论可知，只有当辐射天线的尺寸与辐射的信号波长接近时，才能进行有效的辐射。而我们需要传送的原始信号(如声音)通常频率较低(波长较长)，需要通过调制提高其频率，以便于天线辐射。

(2) 为了实现信道复用。如果多个同频率范围的信号同时在一个信道中传输，必然会相互干扰。若将它们分别调制在不同的载波频率上，且不发生频谱重叠，就可以在一个信道中同时传输多个信号了，这种方式称为信号的频分复用。例如，在中波广播通信中，各广播电台的广播信号都是音频信号，如果直接在空中传播，会混叠在一起，无法区分，收音机也无法正常收听。但经过调制就不一样了，不同的广播电台可以在565～1605kHz之间选择相应合适的频率作为载频，分别将各自电台的广播信号调制在相应的载频上，然后再送到空中传播。调制后的信号频率范围不同，在传播时频谱不会混叠，也不会互相干扰和影响，收音机在接收时，也很容易通过选频电路从中选出所需要的信号。

所谓调制，就是将我们要传输的低频信号"装载"在高频振荡信号上，使之能更有效地进行远距离传输。所要传输的低频信号是指原始电信号，如声音信号、图像信号等都称为调制信号，用 $u_\Omega(t)$ 表示。高频振荡信号是用来携带低频信号的，称为载波，用 $u_c(t)$ 表示。载波通常采用高频正弦波，受调后的信号称为已调波，用 $u(t)$ 表示。具体地说，调制就是用调制信号控制载波的某个参数，并使其与调制信号的变化规律呈线性关系。因此，模拟信号有三种调制方式：调幅、调频和调相。其中，调幅是用调制信号控制载波的振幅，使之按调制信号的规律变化。解调是调制的反过程，是将已调信号中心调制信号恢复出来的过程。对调幅信号的解调称为检波。

3.2 调幅信号分析

调幅是使载波的振幅与调制信号的变化规律呈线性关系，而载波的角频率不变。根据已调幅信号的频谱分量的不同，共有三种调幅方式，即普通调幅、抑制载波的双边带调幅和单边带调幅，所获得的信号分别称为调幅信号、双边带信号及单边带信号。

3.2.1 调幅信号的波形及表达式

设载波 $u_c(t)$ 的表达式和调制信号 $u_\Omega(t)$ 的表达式分别为

$$u_c(t) = U_{cm} \cos \omega_c t \tag{3-1}$$

$$u_\Omega(t) = U_{\Omega m} \cos \Omega t \tag{3-2}$$

根据调幅的定义，当载波的振幅值随调制信号的大小作线性变化时，即为调幅信号，已调波的波形如图 3-1(c)所示，图 3-1(a)、(b)分别为调制信号和载波的波形。

由图 3-1(c)可见，已调幅波振幅变化的包络形状与调制信号的变化规律相同，而其包络内的高频振荡频率仍与载波频率相同，表明已调幅波实际上是一个高频信号。可见，调幅过程只是改变载波的振幅，使载波振幅与调制信号呈线性关系，即使 U_{cm} 变为 $U_{cm} + k_a U_{\Omega m} \cos \Omega t$，据此，可以写出已调幅波表达式为

$$u_{AM}(t) = (U_{cm} + k_a U_{\Omega m} \cos \Omega t) \cos \omega_c t$$
$$= U_{cm}(1 + \frac{k_a U_{\Omega m}}{U_{cm}} \cos \Omega t) \cos \omega_c t$$
$$= U_{cm}(1 + \frac{\Delta U_c}{U_{cm}} \cos \Omega t) \cos \omega_c t$$
$$= U_{cm}(1 + M_a \cos \Omega t) \cos \omega_c t \tag{3-3}$$

式中

$$M_a = \frac{\Delta U_c}{U_{cm}} = \frac{k_a U_{\Omega m}}{U_{cm}} = \frac{U_{max} - U_{min}}{2U_{cm}} = \frac{U_{max} - U_{min}}{U_{max} + U_{min}} \tag{3-4}$$

式中,M_a 称为调幅系数;U_{max} 表示调幅波包络的最大值;U_{min} 表示调幅波包络的最小值。M_a 表明载波振幅受调制控制的程度,一般要求 $0 \leqslant M_a \leqslant 1$,以便调幅波的包络能正确地表现出调制信号的变化。$M_a > 1$ 的情况称为过调制,图 3-2 所示为不同 M_a 对应的已调波波形。

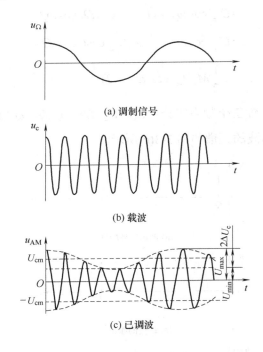

图 3-1 调幅波的波形

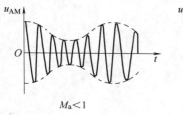
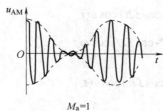
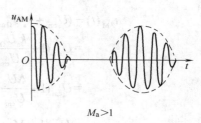

图 3-2 不同 M_a 时的已调波波形

3.2.2 调幅信号的频谱

为了分析调幅信号所包含的频率成分,可将式(3-3)按三角函数公式展开,得

$$u_{AM}(t) = U_{cm}(1 + M_a \cos \Omega t) \cos \omega_c t$$
$$= U_{cm} \cos \omega_c t + U_{cm} M_a \cos \Omega t \cos \omega_c t$$
$$= U_{cm} \cos \omega_c t + \frac{1}{2} M_a U_{cm} \cos(\omega_c + \Omega)t$$
$$+ \frac{1}{2} M_a U_{cm} \cos(\omega_c - \Omega)t \tag{3-5}$$

可见,在已调波中包含三个频率成分:ω_c、$\omega_c+\Omega$ 和 $\omega_c-\Omega$。$\omega_c+\Omega$ 称为上边频,$\omega_c-\Omega$ 称为下边频。由此得到调幅波的频谱如图 3-3(c)所示。

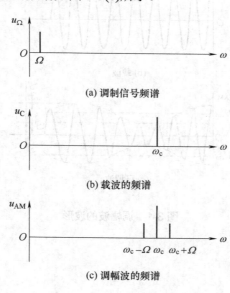

图 3-3 调幅波的频谱

由调幅波的频谱可得调幅波的频带宽度为

$$BW=2F \tag{3-6}$$

其中，F 为调制频率。

若调制信号为复杂的多频信号，如图 3-4(a)所示，则其调幅信号的频谱如图 3-4(b)所示，载频两边的频谱则分别称为上边带和下边带。

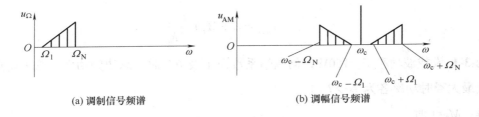

(a) 调制信号频谱　　　　　　(b) 调幅信号频谱

图 3-4　复杂调制信号调幅的频谱

此时，调幅波的频带宽度为

$$BW=2F_n \tag{3-7}$$

例如语音信号的频率范围为 300～3400Hz，则语音信号的调幅波带宽为 2×3400=6800Hz。观察调幅波的频谱可发现，无论单音频调制信号还是复杂的调制信号，其调制过程均为频谱的线性搬移过程，即将调制信号的频谱不失真地搬移到载频的两旁。因此，调幅又称为线性调制。调幅电路则属于频谱的线性搬移电路。

3.2.3　调幅信号的功率分配

若调制信号为单频余弦信号，负载电阻为 R_L，则已调波的功率主要有以下几种。

1. 载波功率

$$P_c = \frac{1}{2}\frac{U_{cm}^2}{R_L} \tag{3-8}$$

2. 上、下边频功率

$$P_上 = P_下 = \frac{1}{2}\left(\frac{M_a U_{cm}}{2}\right)^2 \frac{1}{R_c}$$

$$= \frac{1}{4}M_a^2 P_c \tag{3-9}$$

$$P_边 = P_上 + P_下 = \frac{1}{2}M_a^2 P_c \tag{3-10}$$

3. 总平均功率

$$P_\Sigma = P_c + P_1 + P_2 = P_c + \frac{1}{2}M_a^2 P_c = (1 + \frac{1}{2}M_a^2)P_c \tag{3-11}$$

4. 最大瞬时功率

$$P_{\max} = (1 + M_a)^2 \frac{U_{cm}^2}{2R_L} \tag{3-12}$$

例 3-1 设载波功率 P_c=150W，问调幅系数为 1 及 0.3 时，总边频功率、总平均功率及已调波最大瞬时功率各为多少？

解：M_a=1 时

$$P_{边} = \frac{1}{2}P_c = 75\text{W}$$

$$P_\Sigma = (1 + \frac{1}{2})P_c = 225\text{W}$$

$$P_{\max} = (1+1)^2 P_c = 600\text{W}$$

M_a=0.3 时

$$P_{边} = \frac{1}{2} \times 0.3^2 P_c = 6.75\text{W}$$

$$P_\Sigma = (1 + \frac{1}{2} \times 0.3^2)P_c = 156.75\text{W}$$

$$P_{\max} = (1+0.3)^2 P_c = 253.5\text{W}$$

由本例可以得出如下结论。

(1) 调幅信号的边频功率与调幅系数有关，调幅系数越大，边频功率越大。

(2) 在实际的通信系统中，由于信号的幅度是变化的，平均的调幅系数较小，因此，在已调波的总功率中，载波功率占了绝大部分，边频功率只占极小部分。

(3) 由于有用信息(调制信号)只包含在边频(边带)中，载频并不包含有用信息，故一般调幅在功率利用方面存在极大浪费。

3.2.4 双边带信号

由于载波不包含有用信息，但又占据很大的功率分配，因此，为了提高功率的有效利用率，在传输时可以仅传输上、下边带，而将载波抑制掉，这种方法称为抑制载波的双边带调制。

由普通调幅信号的表达式可知，普通调幅信号展开后包括两部分：载波项和调制信号

与载波的相乘项。将载波去掉后,只剩下相乘项,即双边带信号的表达式为

$$u_{DSB}(t) = Ku_\Omega(t)u_c(t)$$
$$= \frac{1}{2}KU_{\Omega m}U_{cm}\left[\cos(\omega_c + \Omega)t + \cos(\omega_c - \Omega)t\right] \quad (3\text{-}13)$$

即双边带信号的频谱中无载频成分,只有上、下边频(边带),图 3-5 所示为双边带信号的波形和频谱。

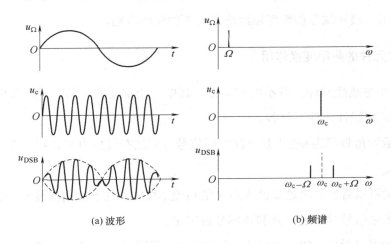

(a) 波形　　　　　　　　　　　　(b) 频谱

图 3-5　双边带信号的波形和频谱

由图 3-5 可见,双边带信号的包络已不再反映原调制信号的形状,但其边频结构仍与调制信号的频谱相同,所占据带宽与一般调幅波相同。此外,双边带信号的高频载波相位在调制电路过零点处发生 180° 的相位突变。由双边带信号的频谱可以看出,虽然去掉了载频,但是边频的频谱结构并无改变,即双边带传输后,原调制信号并未受影响,只要采用合适的检波电路,就可以从中解调出原调制信号。由于不需要传输载频,可大大节省功率。

3.3　调幅电路

最常见的调幅方式是普通调幅,其特点是调制和解调电路简单,但功率利用率低。此外还有抑制载波的双边带调幅,它只传输包含有用信息的上、下边带,因此可以大大节省功率,但所占据的频带宽度与一般调幅相同。若要既节省功率,又节省通频带,则可以采用单边带调幅。

3.3.1 调幅电路的实现模型

调幅过程是频谱的线性搬移过程,在这个过程中,有新的频率分量出现,这个过程也称为频率变换。显然,频率变换不可能由线性电路实现,而需由非线性电路才能完成。所谓非线性电路,就是在电路中至少有一个非线性元器件。二极管和三极管是最常见的非线性元器件,利用二极管或三极管可以组成最简单的调幅电路。

1. 非线性元件的频率变换作用

非线性元件与线性元件具有不同的特点,其中一个重要的不同在于:非线性元件具有频率变换作用,而线性元件不具备。

图 3-6 所示为角频率为 ω 的正弦交流电压信号分别加在线性电阻 R 和二极管上所产生的电流 i 的波形。

由图 3-6(a)可以看出,流过线性电阻 R 的电流 i 与加在其上的电压波形形状相同,也是角频率为 ω 的正弦信号,即没有新的频率分量产生。

由图 3-6(b)可以看出,加在二极管上的电压为一正弦交流电压,而流过二极管的电流却为非正弦周期信号。利用傅氏级数将其展开,会发现在 $i(t)$ 的频谱中除了含有原有信号电压 u 的频率 ω 成分外,还包含有 ω 的各次谐波 2ω, 3ω, 4ω, …及直流成分。

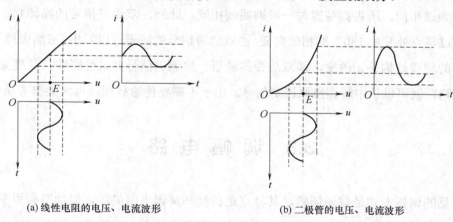

(a) 线性电阻的电压、电流波形　　　　(b) 二极管的电压、电流波形

图 3-6　线性电阻和二极管上的电压和电流波形

图 3-7 所示为频率分别为 ω_1 和 ω_2 的正弦信号叠加后,再加到线性电阻 R 和二极管所获得的电流波形。由图 3-7(a)可以看出,由于线性元件满足叠加原理,故流过电阻的电流仍由频率为 ω_1 和 ω_2 的正弦波叠加的信号,并没有新的频率分量产生。

由图 3-7(b)可以看出，两正弦波电压叠加后加在二极管上，产生的电流波形与原来大不相同，表明非线性元件并不满足叠加原理。可以证明，在流过二极管的电流中包含大量的组合频率分量，可用下式表示：

$$\omega_0 = |\pm p\omega_1 \pm q\omega_2| \quad (p、q = 0, 1, 2, 3, \cdots) \tag{3-14}$$

可见，非线性元件的输出信号比输入信号具有更丰富的频率成分。许多重要的无线电技术过程，如调制、解调、混频、倍频等，正是利用非线性元件的这种频率变换作用才得以实现的。

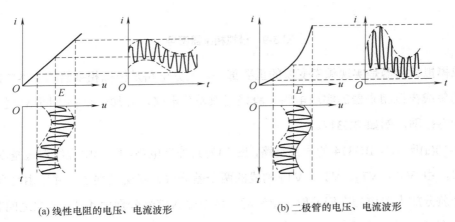

(a) 线性电阻的电压、电流波形　　　　　　(b) 二极管的电压、电流波形

图 3-7　两个正弦电压作用下的线性电阻和二极管的电压、电流波形

2. 调幅电路的实现模型

由前面的讨论可知，调幅就是频谱的线性搬移，其关键在于获得调制信号与载波的相乘项，而相乘项的获得，必须采用非线性电路才能实现。具体而言，普通调幅电路可以采用二极管、三极管等非线性元件实现，也可以采用集成模拟相乘器实现，普通调幅电路的实现模型如图 3-8 所示。

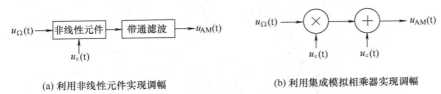

(a) 利用非线性元件实现调幅　　　　　　(b) 利用集成模拟相乘器实现调幅

图 3-8　普通调幅电路的实现模型

3. 集成模拟相乘器

模拟相乘器是实现两个模拟信号瞬时值相乘功能的电路，通常具有两个输入端和一个

输出端，是一个三端网络。若用 u_x、u_y 表示两个输入信号，用 u_o 表示输出信号，则模拟相乘器的理想输出特性为

$$u_o = K u_x u_y \tag{3-15}$$

式中，K 为模拟相乘器的增益系数，又称相乘因子。模拟相乘器的符号如图 3-9 所示。

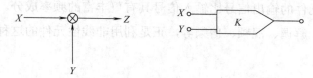

图 3-9　模拟相乘器符号

集成模拟相乘器是实现频率变换的重要部件。差分电路是模拟相乘器的基本电路单元，通用型的集成模拟相乘器的实用电路一般采用双差分电路，外加一个补偿网络以扩大输入信号的动态范围，例如 BG314。

图 3-10(a)所示为 BG314 的内部电路，图(b)为其外接电路。图(a)中虚线右边是双差分模拟相乘器，由 VT₁、VT₂、VT₃、VT₄ 构成的两个差分放大器交叉耦合，并用由复合管构成的第三个差分放大器作为它们的射极电流源，两个输入信号分别由 4 端、8 端之间和 9 端、12 端之间输入，输出信号由 2 端、14 端之间输出，完成两个输入信号的相乘。虚线左边是用以扩大输入信号动态范围的非线性补偿网络。该电路当电流电压为±15V 时，输入电压的动态范围可达±5V。

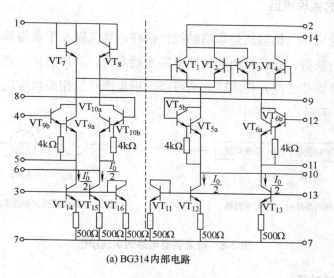

(a) BG314 内部电路

图 3-10　BG314 集成模拟相乘器

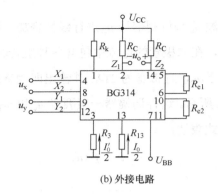

(b) 外接电路

图 3-10　BG314 集成模拟相乘器(续)

集成模拟相乘器是性能优良、用途广泛的功能块，但使用前必须正确连接外接电路，并进行精心调整，否则达不到预期效果。

3.3.2　普通调幅电路

普通调幅电路用来产生普通调幅信号。可以利用二极管、三极管的非线性特性来实现，也可以利用集成模拟相乘器来实现。

1. 二极管调幅电路

二极管调幅电路是最简单的普通调幅电路，通常用在调幅发射机中，先在低功率电平上产生已调幅波，再经过功率放大器放大到需要的发射功率，所以也被称为低电平调幅电路。

图 3-11 所示为最简单的二极管调幅电路原理图。其中，LC 并联谐振回路的谐振频率与载波频率相等，起到选频和滤波的作用。

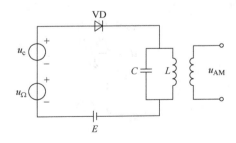

图 3-11　二极管调幅电路

这种调幅方法是先把载波 u_c 和调制信号 u_Ω 进行线性叠加，再作用在二极管上，由于二极管的非线性频率变换作用，在二极管的电流中包含各种组合频率分量，其中有 ω_c 和 $\omega_c \pm \Omega$ 的分量。只要调谐回路谐振于 ω_c，且带宽为 2Ω，其输出即为普通调幅波。二极管调幅电路的工作波形示意图如图 3-12 所示。这种调幅器一般要求 u_c 和 u_Ω 均工作在小信号状态，这时二极管的非线性特性可用下式表达：

$$i = f(u) \tag{3-16}$$

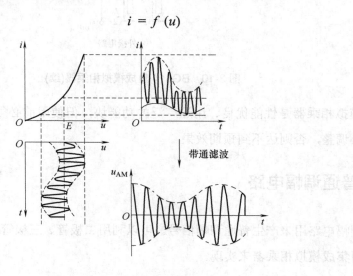

图 3-12 二极管调幅工作波形示意图

由高等数学知识可知，若式(3-16)所代表曲线在某一区间内任意点 E 附近各阶导数存在，则 $i = f(u)$ 就可在 E 点上展开为泰勒级数，有

$$i = f(u) = f(E) + \frac{f'(E)}{1!}(u-E) + \frac{f''(E)}{2!}(u-E)^2 + \cdots + \frac{f^{(n)}(E)}{n!}(u-E)^n + \cdots \tag{3-17}$$

若式中各阶导数表示为

$$a_0 = f(E)$$

$$a_1 = \frac{f'(E)}{2!}$$

$$\vdots$$

$$a_n = \frac{f^n(E)}{n!}$$

为简单起见，没有必要用无穷多项幂级数精确地表示非线性元件的实际特性，而是在允许精度范围内，尽量选取较少的项数。考虑到元器件的非线性特性，通常取前三项。即二极管的非线性特性可表示为

$$i = a_0 + a_1(u-E) + a_2(u-E)^2 \tag{3-18}$$

若加在二极管上的电压为

$$u = u_\Omega + u_c + E \tag{3-19}$$

则流过二极管的电流为

$$\begin{aligned} i &= a_0 + a_1(u_\Omega + u_c) + a_2(u_\Omega + u_c)^2 \\ &= a_0 + a_1 u_\Omega + a_1 u_c + a_2 u_\Omega^2 + a_2 u_c^2 + 2a_2 u_\Omega u_c \end{aligned} \tag{3-20}$$

若 u_Ω 和 u_c 均为单频余弦信号,则

$$\begin{aligned} i &= \left(a_0 + \frac{1}{2}a_2 U_{\Omega m}^2 + \frac{1}{2}a_2 U_{cm}^2\right) + a_1 \cos\Omega t + a_1 \cos\omega_c t + \frac{1}{2}a_2 U_{\Omega m}^2 \cos 2\Omega t + \frac{1}{2}a_2 U_{cm}^2 \cos 2\omega_c t \\ &\quad + a_1 U_{\Omega m} U_{cm} \cos(\omega_c + \Omega)t + a_2 U_{\Omega m} U_{cm} \cos(\omega_c - \Omega)t \end{aligned} \tag{3-21}$$

可见,在流过二极管的电流 i 中,除包含原输入信号频率 Ω 和 ω_c 外还包含直流 2Ω、$2\omega_c$ 及 $\omega_c + \Omega$ 和 $\omega_c - \Omega$,通过谐振回路的选频,即可获得 ω_c 和 $\omega_c \pm \Omega$ 三个频率成分,得到普通调幅信号。

2. 集成模拟相乘器一般调幅电路

图 3-13 所示为利用通用型集成模拟乘法器 BG314 获得普通调幅信号的外接电路图。图中,叠加在调制信号 u_Ω 上的直流电压是通过电源电压(±15V)和可变电阻(10kΩ)获得的。调节可变电阻即可改变 M_a 值,应使 $M_a < 1$。电路要求 $U_{\Omega m}$ 和 U_{cm} 分别小于 2.5V。若不在 u_Ω 上叠加直流分量,则可直接获得双边带信号。

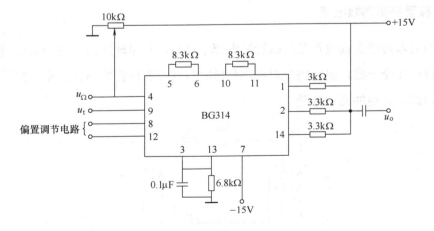

图 3-13 利用模拟乘法器产生普通调幅信号

普通调幅除了可以利用二极管和集成模拟相乘器实现以外，还可以利用高频功率放大器的调制特性来实现，这种调幅电路在获得调幅信号的同时，也获得了一定的输出功率，因此称之为高电平调幅电路。高电平调幅电路的工作原理将在任务 7 中详细介绍。

3.3.3 双边带调幅电路

双边带调幅的产生大都采用低电平调幅。由于双边带调幅抑制了载波，只传送边带，故其功率利用率较高。

由前面的讨论可知，双边带信号的表达式为

$$u_{\text{DSB}}(t) = K u_\Omega(t) u_c(t) \tag{3-22}$$

双边带调幅的实现模型如图 3-14 所示。由图可知，只要获得调制信号和载波的相乘项，就可以实现双边带调幅。获得相乘项的方法主要有两种：一是采用二极管平衡电路或二极管环形电路，通过抵消的方法去除载波，实现双边带调幅；二是直接采用集成模拟相乘器，获得调制信号和载波的相乘项。

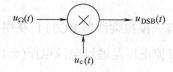

图 3-14 双边带调幅的实现模型

1. 二极管平衡调幅电路

最常用的双边带调幅电路是二极管平衡调幅电路，其原理如图 3-15 所示。电路中要求各二极管特性完全一致，电路完全对称，分析时应忽略变压器的损耗。输出变压器 T_2 接滤波器，用以滤除无用的频率分量。

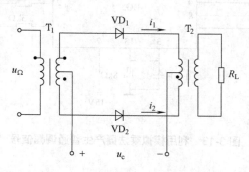

图 3-15 二极管平衡调幅电路

为了提高调制线性,通常使 $u_c \gg u_\Omega$,这时二极管 VD_1 和 VD_2 的特性主要表现为受 u_c 控制的开关状态,即在 u_c 正半周,二极管呈现为导通状态,允许 u_Ω 通过;在 u_c 负半周,二极管呈现为截止状态,使 u_Ω 不能通过。这时,二极管相当于一个按照角频率 ω_c 重复通断的开关。二极管的开关状态如图 3-16(b) 所示。调制信号通过这个开关,可以获得如图 3-16(c) 所示的信号,这个过程可以形象地表述为斩波过程。

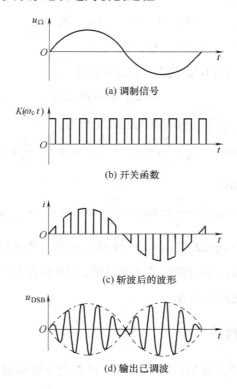

(a) 调制信号

(b) 开关函数

(c) 斩波后的波形

(d) 输出已调波

图 3-16 二极管平衡调幅电路工作波形

当 u_c 幅度较大时,非线性元器件的工作状态表现为相对 u_c 的正半周呈现为截止、相对于 u_c 的负半周呈现为导通的开关状态,此时元器件特性曲线的非线性相对于截止、导通的转换已是次要因素,其特性曲线可以用两段折线来逼近。这种对非线性元件的分析方法称为开关函数分析法。

开关函数分析法通常适用于分析大信号状态的非线性电路。利用非线性电路的开关函数分析法,可以对如图 3-16(c) 所示的信号中所包含的频率成分进行分析。可以证明,在开关状态下,二极管的非线性特性 $i=f(u)$ 可以近似表示为

$$i = g_D K(\omega_c t) u_D(t) \tag{3-23}$$

式中，g_D 为二极管导通时的回路等效电导，$K(\omega_c t)$ 表征二极管开关作用的开关函数。

由于平衡调幅器有两个二极管回路，故有

$$i_1 = g_D K(\omega_c t) u_{D1}(t) \quad (3\text{-}24)$$

$$i_2 = g_D K(\omega_c t) u_{D2}(t) \quad (3\text{-}25)$$

分析图 3-15 所示的电路可得

$$u_{D1} = u_c + u_\Omega, \quad u_{D2} = u_c - u_\Omega \quad (3\text{-}26)$$

$$i = i_1 - i_2 \quad (3\text{-}27)$$

将式(3-24)、式(3-25)、式(3-26)代入式(3-27)可得

$$i = 2g_D K(\omega_c t) u_\Omega(t) \quad (3\text{-}28)$$

$K(\omega_c t)$ 为单向开关函数，可以利用傅氏级数展开为

$$K(\omega_c t) = \frac{1}{2} + \frac{2}{\pi}\cos\omega_c t - \frac{2}{3\pi}\cos 3\omega_c t + \frac{2}{5\pi}\cos 5\omega_c t + \cdots \quad (3\text{-}29)$$

将式(3-29)代入式(3-28)得

$$i = 2g_D \left(\frac{1}{2} + \frac{2}{\pi}\cos\omega_c t - \frac{2}{3\pi}\cos 3\omega_c t + \cdots\right) U_{\Omega m}\cos\Omega t \quad (3\text{-}30)$$

可见，输出电流中含有 $\omega_c \pm \Omega$、$3\omega_c \pm \Omega \cdots$ 等频率分量，且无载频分量，$3\omega_c \pm \Omega$、$5\omega_c \pm \Omega$ 等频率分量很容易被接在输出端的带通滤波器滤除，则在输出端可获得双边带信号。图 3-16 所示为此种调幅器的工作波形示意图。

2. 二极管环形调幅电路

为了进一步抵消组合频率分量，可以采用二极管双平衡调幅电路，即环形调幅器，其原理如图 3-17 所示。它和平衡调幅器电路的区别是多接了两只二极管 VD_3 和 VD_4。VD_3 和 VD_4 的接入对 VD_1 和 VD_2 没有影响，因为 VD_3 和 VD_4 的极性和 VD_1 和 VD_2 的极性相反。这四个二极管的导通与截止也完全由载波电压 $u_c(t)$ 来决定。当 $u_c(t)$ 为正半周时，VD_1 和 VD_3 导通，VD_2 和 VD_4 截止；当 $u_c(t)$ 为负半周时，VD_1 和 VD_3 截止，VD_2 和 VD_4 导通。因此环形调幅器可以认为是由两个平衡调幅器所组成的。

由平衡调幅器的分析可知，两个平衡调幅器流过负载的电流分别为

$$i_I = i_1 - i_2 = 2g_D K_1(\omega_c t) u_\Omega(t) \quad (3\text{-}31)$$

$$i_{II} = i_3 - i_4 = 2g_D K_2(\omega_c t) u_\Omega(t) \quad (3\text{-}32)$$

式中，$K_1(\omega_c t)$ 为 $u_c(t)$ 正半周时的开关函数；$K_2(\omega_c t)$ 为 $u_c(t)$ 负半周时的开关函数。两者波形完全相同，只是在时间上相差半个周期 $T\left(T = \dfrac{2\pi}{\omega_c}\right)$。

则流过负载 R_L 的总电流为

$$i = i_1 - i_{II} = (i_1 - i_2) - (i_3 - i_4) = 2g_D u_\Omega [K_1(\omega_c t) - K_2(\omega_c t)]$$
$$= 2g_D u_\Omega K'(\omega_c t) \tag{3-33}$$

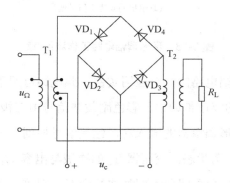

图 3-17 环形调幅电路

式中，$K'(\omega_c t)$ 称为双向开关函数，其波形如图 3-18(b)所示。利用傅氏级数将其展开为

$$K'(\omega_c t) = \frac{4}{\pi}\cos\omega_c t - \frac{4}{3\pi}\cos 3\omega_c t + \frac{4}{5\pi}\cos 5\omega_c t - \cdots \tag{3-34}$$

将式(3-34)代入式(3-33)并展开可知，环形调幅的输出中没有低频分量，而且高频分量的振幅也提高了一倍。再经过中心频率为 ω_c 的带通滤波器滤波后，同样可得到 $\omega_c \pm \Omega$ 的双边带输出，得到 DSB 信号。其波形示意图如图 3-18 所示。为了保证平衡斩波调幅和环形斩波调幅电路中二极管的导通与截止都由载波电压 $u_c(t)$ 决定，要求它的振幅要足够大。通常要求载波电压的振幅 U_{cm} 比调制信号电压的峰值电压 $U_{\Omega m}$ 大 10 倍以上。

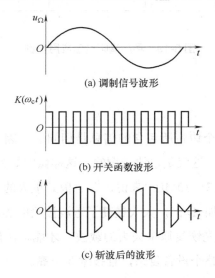

图 3-18 环形调幅电路工作波形

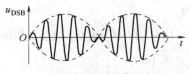

(d) 输出的双边带信号波形

图 3-18　环形调幅电路工作波形(续)

图 3-19 所示为环形调幅电路的一个应用实例。此电路可用于彩色电视系统中,实现色差信号对彩色副载波进行的双边带调幅。彩色副载波信号由三极管 VT_1 组成的放大电路放大,经变压器 T_1 输入给环形调幅器的输入端,色差信号加到另一个输入端。R_5、R_6 为可调电阻器,用来改善电路的平衡状态。变压器 T_2 的次级与电容 C_4、电阻 R_7 构成谐振回路,其中心频率是已调幅信号的载频(即彩色副载波的频率),带宽为色差信号频率的 2 倍。调幅器输出的双边带调幅信号通过三极管 VT_2 构成的射极跟随器输出。

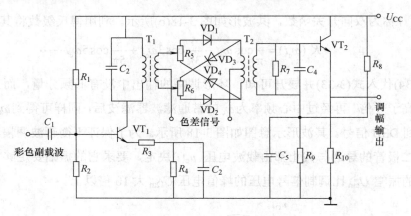

图 3-19　环形调幅电路应用实例

3.3.4　单边带调幅

由于双带边信号中的两个边带所包含的信息是相同的,因此,在传输时也可只传送一个边带而将另一个边带滤掉,这就是单边带调幅。这样做的好处在于,频带可以节省一半。这对于日益拥挤的短波波段(3～30MHz)来说,有着极其重大的意义,因为这样就能使同一波段内所容纳的频道数目增加 1 倍,大大提高了短波波段的利用率。当然,单边带调幅也有缺点,主要是接收端必须先恢复原来失去的载波,才能检出原来的信号。因而要求收、发设备的频率稳定度高,使整个设备复杂,且技术要求高。

获得单边带信号的方法主要为滤波法和移相法。

1. 滤波法

在平衡调幅器后面加上合适的滤波器,把不需要的边带滤除,只让一个边带输出,这就是滤波法,其电路框图如图3-20所示。

图 3-20 滤波法方框图

滤波法的原理很简单,但实际上,这种方法对滤波器的要求很高,因为两个边带相距很近时,要完全滤除一个边带而保留另一个边带是很困难的,并且载波频率 ω_c 越高,两边带的相对距离就越近,因此 ω_c 不能太高,若要将 ω_c 提高到所需要的工作频率上,需经过多次的平衡调幅与滤波,这使得整个设备复杂而昂贵,但这种方法的性能稳定可靠。

图3-21所示为一单边带发射机的方框图实例。此发射机可以同时发送两路语音信号(都是0.3～3kHz频带),每路信号共经过三次调幅和滤波。第一载频一般为100kHz,第二载频和第三载频可以通过波段开关和频率调节来改变,从而使发射机在多个波段内工作。

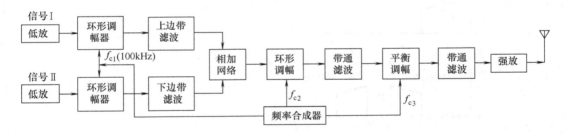

图 3-21 单边带发射机方框图

采用滤波法构成单边带发射机时,一般均在低载波频率上产生单边带信号,而后用混频器将载波频率提升到所需要的载波频率上。

在某些单边带发射机中,为了使接收机便于产生同步信号,需同时发射低功率的载波信号,即导频信号,这个信号直接由100kHz的振荡信号通过图3-22(a)中虚线方框所示载波抑制器衰减10～30dB后叠加在单边带调制信号上。

采用滤波法的技术难度与载波频率的高低密切相关。在相同带外衰减时,相对频率间隔越大,滤波器就越容易实现。

如图 3-22(a)所示为采用滤波法的单边带发射机方框图。调制信号频谱分量自100～3000Hz,则相应各点的频谱如图 3-22(b)所示。由图可见,平衡调制器的载波频率取100kHz,

其输出端上下边带之间的频率间隔为 0.2kHz，相对频率间隔为 0.2%。第一混频器的本振频率取 2MHz，将带通滤波器取出的上边带频谱 100.1～103kHz 搬移到 2MHz 的两边，频率间隔扩大到 200.2kHz(2100.1～1899.9kHz)，相对频率间隔为 9.4%。第二混频器的本振频率取 26MHz，将带通滤波器取出的频谱 2100.1～2103kHz 搬移到 26MHz 的两边，频率间隔进一步扩大到 4200.2kHz(28100.1～23899.9kHz)，相对频率间隔为 14.9%。因此，两个混频的输出滤波器很容易取出所需分量，滤除无用分量。

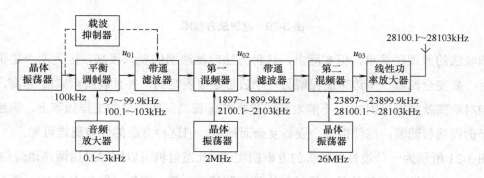

(a) 单边带发射机方框图

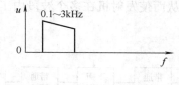

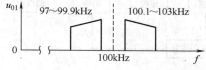

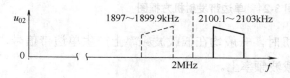

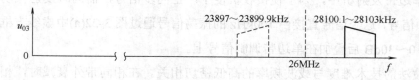

(b) 频谱结构图

图 3-22 采用滤波法的单边带发射机实例

2. 移相法

移相法是利用移相的方法消去不需要的边带,图 3-23 所示为其方框图。这种方法不是靠滤波器来抑制另一个边带,所以能把相距很近的两个边带分开,而不需要多次重复调制和滤波。但移相法要求移相网络在整个频带范围内都要准确地移相 90°,这实际上也是很难做到的。

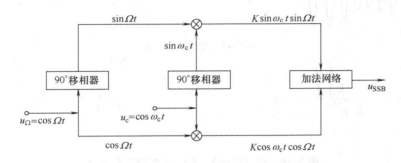

图 3-23　移相法方框图

3.4　检波电路

3.4.1　收音机中的检波过程

在调幅收音机中,有一个必不可少的单元电路,就是检波器。检波就是从高频已调幅波中取出调制信号,是将高频调幅信号变换成低频调制信号的过程。调幅收音机接收的是调幅信号,信号的包络反映了声音信号的变化规律。为了将声音外放,必须先将已调信号中的声音信号还原,即将已调信号中的包络取下来,所以,收音机中的检波过程实际为包络检波。图 3-24 所示为检波器的输入、输出端的波形和频谱。从波形来看,调幅波的包络与调制信号的波形相同,因此,检波的原理就是想办法将包络取出来,这种检波器也称为包络检波器。从频谱来看,检波过程实际上是将调幅信号的边频搬回到低频端,即检波也是一种频率变换过程,须通过非线性元件完成。

包络检波的基本原理就是将高频调幅波信号经非线性元件的作用,产生许多频率分量,再利用低通滤波器从中取出低频调制信号,滤除不需要的频率成分。包络检波的电路模型如图 3-25(a)所示。

由于双边带调幅信号和单边带调幅信号的包络不能反映调制信号变化规律，所以不能采用包络检波，必须借助相乘的方法，加入与原载波完全同步的相干载波信号进行检波，这种方法被称为同步检波。图 3-25(b)所示为同步检波的电路模型。

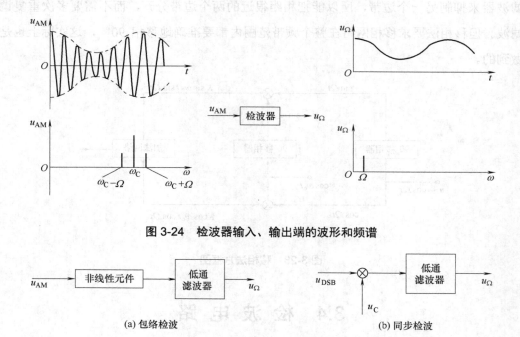

图 3-24 检波器输入、输出端的波形和频谱

图 3-25 实现检波的电路模型

3.4.2 大信号包络检波器

调幅收音机中的检波器采用的是应用最广的大信号包络检波器。所谓大信号，是指输入的正调幅电压 $u_{AM}(t)$ 的振幅在 0.5V 以上。这时可忽略二极管的导通电压，即认为二极管工作在开关状态。二极管两端的电压 $u_D(t)$ 为正时，二极管导通；为负时，二极管截止。

1. 工作原理

图 3-26 所示为大信号包络检波器的原理电路和工作波形。大信号检波器电路是由二极管 VD、R_L 和 C 组成的低通滤波器串接而成的，其中 R_L 为检波器负载电阻，C 为检波器负载电容。设有一高频调幅波 u_{AM} 加在检波电路上，在正半周时，二极管正向导通，输入电流的一部分对电容充电，另一部分流过负载电阻。二极管导通时，内阻 $r_d \ll R_L$，所以充电电流很大，充电时间常数 $r_d C$ 很小，电容 C 很快充到接近 u_{AM} 的峰值。这个电压对二极管来说是

反向电压，随着 u_{AM} 由峰值下降，只要它的数值小于或等于电容器两端电压，二极管 VD 立即停止导通。这时电容器开始经过 R_L 放电，由于负载电阻 R_L 较大，所以放电时间常数 R_LC 远大于高频电压周期，放电速度较缓慢。当电容器上电压下降不多时，下一个正半周期的高频电压又超过电容器 C 上的电压，使二极管 VD 重新导通，且在很短的时间内，使 C 上的电压重新被充到接近 u_{AM} 的峰值。这样周而复始地重复上述充放电过程，只要适当选择 R_LC 和二极管 VD，使放电时间常数 R_LC 足够大，充电时间常数 r_dC 足够小，就可使电容器两端电压(即检波输出电压 u_Ω)的幅度与输入电压幅度相接近，如图 3-26(b)所示。图中，电容器上的电压虽有些锯齿形起伏，但实际上，由于载波频率远大于调制信号频率，只要合理选择 R_L 和 C 的参数保证低通滤波的效果，检波输出波形要平滑得多，基本与调幅信号的包络一致。

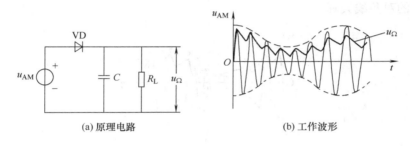

图 3-26 大信号包络检波原理

由大信号检波器的工作原理可以看出，输出的低频信号中含有直流成分，在实际应用中，为了不影响下一级的直流工作点，可以利用隔直电容将直流成分去除，也可以将直流信号取出。在调幅收音机中，检波输出信号中的直流信号能反映收音机接收信号的强弱，所以被用作自动增益控制电路中的控制信号。

2. 检波效率

一个良好的检波电路，要求尽量减小信号在检波过程中的损耗，即检波效率要高。检波效率(K_d)定义为

$$K_d = \frac{输出调制信号振幅}{输入调幅信号的包络振幅} = \frac{U_{\Omega m}}{M_a U_{cm}}$$

由此可知，增大负载电阻 R_L 阻值，增加滤波电容 C 的容量，或选用正向电阻小、结电容小、反向电阻大的检波二极管都可以提高检波效率。

在调幅收音机中，通常选正向电阻小于 500Ω、反向电阻大于 500kΩ 的二极管。另外，

还要求检波二极管的工作频率高于中频465kHz，否则二极管工作频率低，其PN结电容必然偏大，高频损耗就增加，导致检波效率低、失真也严重。一般点接触型的检波二极管，如2AP型的，均可满足收音机检波级的要求。而面接触型的，如2CP型整流管，其工作频率不高于50kHz，故不能用于收音机检波。

3. 检波失真

1) 对角线失真(惰性失真)

若检波负载R_L和C选得过大，则电容C的放电时间常数R_LC就会过大，当输入调幅信号的包络快速下降时，电容C储存的电荷不能及时释放，导致检波二极管在调幅信号的几个周期内完全停止导通，电容C上的输出电压不能紧跟输入信号包络的变化，就会产生如图3-27所示的对角线失真。

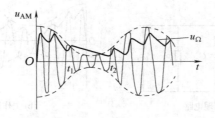

图3-27 对角线失真

为避免产生对角线失真，需要适当选择R_LC的值，使电容放电速度加快，保证在任何一个高频周期内，电容器C通过R_L放电速度大于或等于输入信号包络下降的速度。在R_L一定时，C不能太大。然而，负载电容C太小时，高频分量又不能被有效滤除。因此，设计检波电路时，在不产生惰性失真的前提下，应尽量将C取大一些。理论分析证明，不产生惰性失真的条件是在Ω为最大时应满足下面关系式：

$$R_L C \leq \frac{\sqrt{1-M_a^2}}{M_a \Omega_{\max}} \tag{3-35}$$

例如，当调幅系数$M_a=0.3$，调制信号频率为100~500Hz时，不产生对角线失真的条件为

$$R_L C \leq \frac{\sqrt{1-M_a^2}}{M_a \Omega_{\max}} = 0.001 \text{ 秒} \tag{3-36}$$

如果取$R_L=5.1\text{k}\Omega$，则电容C不应大于$0.2\mu F$。

但是，为了尽可能地提高检波器的电压传输系数和高频滤波能力，R_LC又应该尽可能大，

这时它的最小值应满足下面的关系式：

$$R_L C \geqslant \frac{5 \sim 10}{\omega_c} \tag{3-37}$$

综上所述，$R_L C$ 可选择的范围由下式来确定：

$$\frac{5 \sim 10}{\omega_c} \leqslant R_L C \leqslant \frac{\sqrt{1-M_a^2}}{M_a \Omega_{max}} \tag{3-38}$$

2) 底部切割失真

检波器输出的信号要送到后面的电路进行处理，为不影响下级电路的静态工作点，通常采用耦合电容将检波输出的调制信号耦合到下级。这样检波器的负载就可分为直流负载和交流负载，电路就有直流通路和交流通路两种，如图 3-28(a)所示。负载对检波输出的交、直流成分呈现的电阻不同，对直流成分的电阻为 R_L，对交流成分的电阻约为 $R_L // r_i$。输入信号中的直流成分在电容 C_C 上产生电压 U_D，对二极管 VD 相当于负偏压，且有

$$U_D \approx U_{cm} \tag{3-39}$$

式中，U_{cm} 为载波振幅。

U_D 在 R_L 上产生分压 U_A，作为反向偏置加到 VD 上，有

$$U_A = \frac{R_L}{R_L + R'_L} U_D \approx \frac{R_L}{R_L + R'_L} U_{cm} \tag{3-40}$$

当 $U_A > (1-M_a)U_{cm}$ 时，二极管因反向偏置而截止，检波电流无法跟随调幅包络的规律而变化，电压被维持在 U_A 电平上，输出电压波形的底部被钳平，如图 3-28(b)所示。

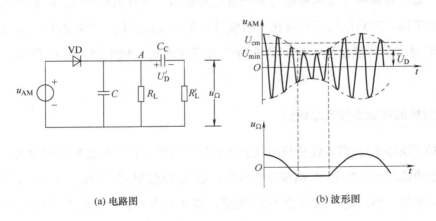

(a) 电路图　　　　　　　　　(b) 波形图

图 3-28　底部切割失真

为避免底部切割失真，应满足

$$U_{cm}(1-M_a) > \frac{R_L}{R_L + R'_L} U_{cm} \tag{3-41}$$

即
$$M_a < \frac{R'_L}{R_L + R'_L} = \frac{R_L // R'_L}{R_L} \tag{3-42}$$

显然，为防止底部切割失真，就必须使下一级输入电阻足够大，使检波器的交、直流负载电阻尽量相接近。

为减小交、直流负载电阻的差别常采用以下两种方法。

(1) 在检波器与下一级低放之间插入高输入电阻的射极跟随器，以提高交流负载电阻。例如，在电视接收机的视频检波器和视频放大器之间即可如此。

(2) 将 R_L 分成 R_{L1} 和 R_{L2} 两部分(如图 3-29)，此时直流电阻 $R_L=R_{L1}+R_{L2}$，而交流负载电阻 $R_Ω= R_{L1}+ R_{L2}// R'_L$。当 R_L 一定时，若 R_{L1} 选得越大，则交、直流负载电阻的差别就越小。但此时检波器输出的低频信号电压在 R_{L1} 上产生的分压非常大，降低了检波器的电压传输系数。通常取

$$R_{L1}=(0.1～0.2)R_{L2} \tag{3-43}$$

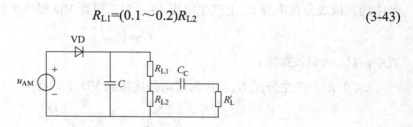

图 3-29　减小底部切割失真的电路

由此可知，对角线失真和底部切割失真是检波器的两种特殊失真，两者产生的原因不同，性质也不同，对角线失真通常在调制信号频率的高端出现；而底部切割失真则在整个调制频率范围内都可能出现。然而这两种失真都可通过正确选择合适的负载元件参数来避免。

4. 收音机的实际检波电路举例

图 3-30 所示为中波调幅收音机中收音机的检波电路。已调幅波经中频放大，由调谐回路馈至检波的输入端。R_1 与 W 组成分压电路，以减弱底部切割失真；W 是一音量电位器，控制输出电压的大小。R_2、C_4 组成 AGC 电路，将 A 点取得的检波电压滤去音频变化成分，获得一个与已调波载波强弱有关的直流电平，以控制中频放大器的基极偏置，达到控制中频放大器增益的目的。由 R_2 调整检波静态电流，约 20～50μA。

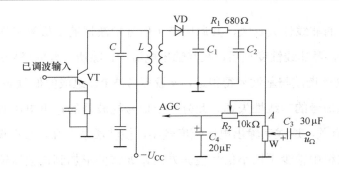

图 3-30 中波调幅收音机中的检波电路

3.4.3 小信号平方律检波器

平方律检波是当输入信号幅度较小(小于 0.2V)时,利用二极管伏安特性曲线的弯曲部分来实现检波的。在整个信号周期内,二极管都是导通的。小信号检波与大信号检波工作原理的主要区别是二极管 VD 所处的工作状态不同,小信号检波时,二极管 VD 总处于导通状态;而大信号检波时,二极管 VD 只在载波一个周期内的一段时间内正向导通,其他时间反向截止。图 3-31(a)所示是二极管小信号检波器的原理图。如图所示,给检波二极管另外加一个正偏压电源 E,其作用是使二极管工作点移到正向特性曲线适当的弯曲部分。加上输入高频信号,二极管中的电流变为如图 3-31(b)所示的非对称电流 i,在高频正半周拉得较长,负半周压得很扁,但平均电流 I 是随着高频包络的变化而变化。由图 3-31 可见,此平均电流 I 中不仅包含有直流分量 I_0,还包含调制低频分量 $i_\Omega(t)$。只要 i 流过电路的负载端所接的是低通滤波器(RC 滤波器),则高频信号被滤除。取出平均电流产生的电压,即可得到低频信号,完成检波任务。

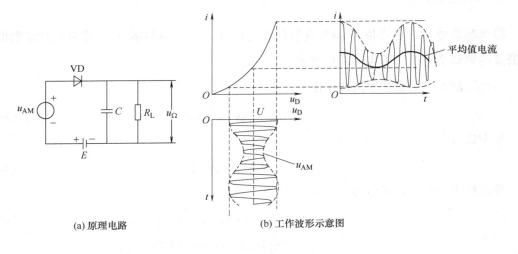

图 3-31 小信号检波原理

小信号检波器的非线性失真大,其原因是小信号检波器的二极管工作于非线性伏安特性曲线的弯曲部分,经非线性变换后,在其输出电流中,除所需要的低频Ω成分之外,还有低频2Ω等谐波,这类谐波与基波靠得很近,一般不易被 RC 组成的低频滤波器完全滤除掉,因而造成输出低频信号的非线性失真。此外,小信号检波器的输出电压幅度与输入电压幅度及调制系数 M_a 有关,造成其输出电压幅度较小,检波质量不高。故在调幅接收机、电视接收机和雷达接收机中很少采用小信号检波方式,通常要求加到检波器输入端的高频调幅信号振幅大于 500mV,以实现大信号检波。但由于小信号检波器的输出电流增量与输入高频电压振幅的平方成正比,也就是与输入信号的功率成正比,所以用小信号检波器测量功率非常方便,可作功率指示,故在测量仪表及微波检测中得到广泛的应用。在许多高频或微波测量设备中也常常需要检测信号功率。

3.4.4 同步检波

以上讨论的两种二极管检波器都是包络检波器,只能用于解调普通调幅信号或残留边带调幅信号。抑制载波的双边带信号和单边带信号的波形包络不直接反映调制信号的变化规律,因此不能用包络检波器解调,而必须采用同步检波器检波。此外,包络检波过程中产生的各种失真,特别是小信号检波器的非线性失真很难克服,在电视接收机中,各种失真影响图像信号的检波质量,进而影响图像清晰度。为了提高图像质量,目前集成电路视频检波器大都采用同步检波电路。下面简单介绍同步检波的基本电路及其工作原理。

1. 同步检波原理

将调幅信号 u_s 和参考信号 u_r(与发射载波同频同相)进行相乘运算,再由低通滤波器取出所需要的调制信号,即可实现同步检波。

设已调波为抑制载波的双边带信号,有

$$u_s = U_{sm}\cos\Omega t\cos\omega_c t \tag{3-44}$$

参考信号为

$$u_r = U_{rm}\cos\omega_c t \tag{3-45}$$

经过相乘器后,其输出为

$$u_s u_r = U_{sm}U_{rm}\cos\Omega t\cos^2\omega_c t$$
$$= \frac{1}{2}U_{sm}U_{rm}\cos\Omega t(1+\cos 2\omega_c t)$$

$$= \frac{1}{2} U_{sm} U_{rm} \cos \Omega t + \frac{1}{2} U_{sm} U_{rm} \cos \Omega t \cos 2\omega_c t$$

$$= \frac{1}{2} U_{sm} U_{rm} \cos \Omega t + \frac{1}{4} U_{sm} U_{rm} \cos(2\omega_c + \Omega)t + \frac{1}{4} U_{sm} U_{rm} \cos(2\omega_c - \Omega)t \quad (3\text{-}46)$$

式中，第一项为所需要的调制信号分量，可通过低通滤波器输出；后两项为高频$2\omega_c$的两个边频分量，由低通滤波器滤除。

同步检波电路也可以完成一般调幅信号的检波，但实现同步检波的关键是必须有一个频率、相位都与发射载波严格同步的参考信号，而产生这样的信号在技术上有一定难度，且会使接收电路更加复杂。因此，为使收音机电路简化，当前的调幅广播系统中仍然采用一般调幅制。

2. 同步检波电路

1) 二极管平衡检波电路

图 3-32(a)所示为二极管平衡检波电路的原理电路。电路中，已调信号 u_s 由高频变压器初级输入，变压器的次级中心抽头接地，则次级获得一对大小相等、相位相反的信号 u_{s1} 和 u_{s2}。参考信号 u_r 接至 A 点与地间。这样，参考信号与已调信号串联后接入同步检波电路，进行串联峰值取样，获得调制信号。电路中的二极管 VD_1 和 VD_2 等效为开关，其导通和截止由参考信号(开关信号)u_r 控制。因此，要求参考信号的电压幅度远大于已调信号的电压幅度，且电路是对称的，即 VD_1 与 VD_2 的性能一致，电阻 $R_1=R_2$，电容 $C_1=C_2$。

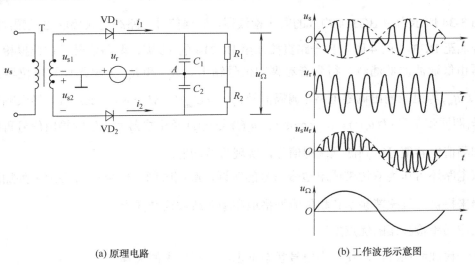

(a) 原理电路　　　　　　　　　　(b) 工作波形示意图

图 3-32　二极管平衡检波电路

观察图 3-32(a)所示的电路可以发现，它与平衡调幅器的电路形式基本相同，其工作原理也基本相同，即在检波电路的输出端可以获得输入调幅信号和参考信号的相乘项，从而实现检波。其工作波形示意图如图 3-32(b)所示。这种方式的同步检波电路，多用于彩色电视机中从已调色差信号解调出原来的色度信号。

2) 集成同步检波电路

图 3-33 所示为采用集成模拟乘法器 MC1496 构成的同步检波器电路图，10 端和 1 端为其输入端，12 端为其输出端，并接有 Π 型低通滤波器。此检波器在解调单边带信号时，工作频率可高达 100MHz，参考信号电压和输入信号电压有效值分别为 100mv，100～500mV。用 MC1596 作检波时，也可分别由输出端子 6、12 做两路输出，一个输出端可以驱动后级低频放大电路，另一个输出可以用作 AGC 系统。

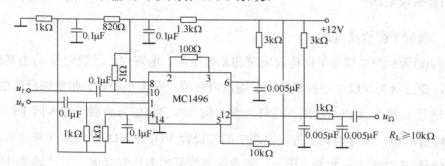

图 3-33 MC1596 构成同步检波器电路图

图 3-34 所示为由 BG314 构成的同步检波器，调幅信号一路经过限幅取出载频，再经电容耦合加至 BG314 的 4 脚，另一路直接加至 BG314 的 12 脚，两路信号通过模拟相乘器相乘，再由低通滤波器滤波，得到音频调制信号输出。R_{wx} 和 R_{wy} 为输入调零电位器；F004 和 R_{w1}、R_{w2} 等组成输出调零电路。调幅信号 $u_s(t) = U_{sm}(1 + M_a \cos \Omega t)\cos \omega_c t$，经限幅后的参考信号(即同步信号)为 $u_r(t) = U_{rm} \cos \omega_c t$。$u_s(t)$ 与 $u_r(t)$ 经相乘器后产生的输出信号再经低通滤波和隔值电容便可得到低频调制信号，实现检波功能。

该电路还可作为双边带或单边带信号的解调，解调时同步信号 $u_r(t)$ 必须由外加的一个振荡器来提供，且振荡频率和相位应严格地和输入载波信号同步。

集成同步检波器的优点如下。

(1) 检波线性好，即使在小信号状态下也不会产生大的失真。

(2) 有利于提高接收系统的稳定性。因为相乘器的输出不包含载频的基波分量，可避免做接收机解调时残留载波分量对中放级产生的反馈。

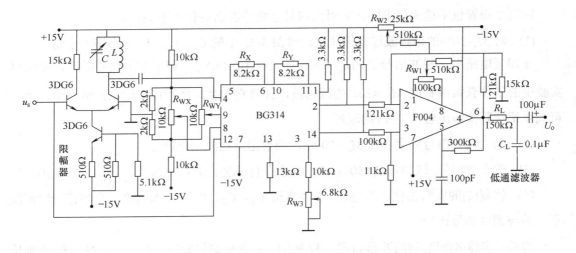

图 3-34　BG314 构成同步检波器电路图

3.5　技能训练：大信号包络检波器的测试

大信号包络检波器的测试内容包括：观察输出波形、测量传输系数、观测输出波形失真。

大信号包络检波器电路通常由二极管或三极管组成，二极管包络检波器适合于含有较大载波分量的大信号检波过程，优点是电路简单；三极管包络检波器除了检波外，本身还具有一定的增益。常用二极管、三极管包络检波电路如图 3-35 和图 3-36 所示。

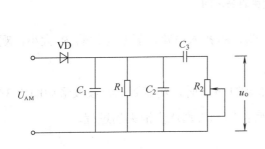

图 3-35　二极管包络检波电路

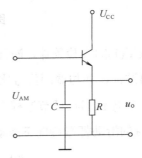

图 3-36　三极管包络检波电路

二极管包络检测器电路由二极管 VD 及 RC 低通滤波器组成，它利用二极管的单向导电性和检波负载电容的充放电过程实现检波。三极管包络检测器电路由三极管及 RC 低通滤波器组成，注意应适当选择电路中的 RC 参数，当 RC 时间常数过大时会产生对角线切割失真，RC 时间常数太小时高频分量滤除不彻底。

针对二极管包络检测器电路，可对大信号包络检波器进行如下测试。

(1) 对 $M_a<30\%$ 的调幅波进行检波，此时图 3-35 中的 C_2、C_3、R_2 均不接入电路。

在调幅电路中，载波信号仍为 $u_c(t)=10\sin 2\pi\times 10^5 t(\text{mV})$，调节调制信号幅度，按调幅实验中的条件获得调制度 $M_a<30\%$ 的调幅波，并将它加至二极管包络检波器信号输入端，可观察记录到检波电容为 C_1 时的波形。

(2) 加大调制信号幅度，使 $M_a=100\%$，观察记录检波输出波形。

(3) 改变载波信号频率，$f_c=500\text{kHZ}$，其余条件不变，观察记录检波器输出端波形。

(4) 恢复(1)的实验条件，将电容 C_2 并联至 C_1，C_3、R_2 不接入电路，观察记录输出波形，并与调制信号比较。

说明：步骤(4)观察到的波形如图 3-37 所示。u_o 为检波器输出，产生对角线失真(也称惰性失真)，这是因为电容 C_1、C_2 并联，相当于加大了 RC 时间常数中的 C，所以放电时间会变长。这样可能导致输出的下降速率比包络线的下降速率慢，紧跟着的一个或几个高频周期内二极管不导通，造成波形与包络线的失真。

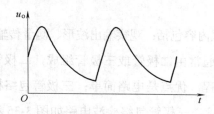

图 3-37 对角线失真波形图

(5) 恢复(1)的实验条件，断开电容 C_2，将 C_3、R_2 接入电路，调节电位器 R_2 大小，观察记录输出波形，并与调制信号比较。

说明：R_2 电位器在调节过程中，当滑动杆靠顶部位置时，观察到的检波波形如图 3-38 所示。将 R_2 的滑动杆慢慢向下滑动，可观察到底部切割失真逐步消失的过程。

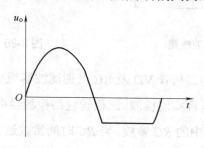

图 3-38 底部切割失真输出波形图

结论：当大信号包络检波器出现对角线失真和底部切割失真时，可以通过调节检波器的负载电容或负载电阻来消除失真。

小　结

调幅电路和检波电路是通信设备中的重要功能电路。调幅、检波都是频率变换的过程，且都是频率的线性搬移，是利用器件的非线性来完成的。调幅是将低频调制信号(如音频、视频)搬移到高频端，得到的调幅信号内所包含的调制信号结构不变。检波是调幅的逆过程，是将低频调制信号从高频已调信号再搬移回来。

普通调幅波包含高频载波和上、下边带，在调幅时如果抑制掉载波，则得到的是 DSB 波；再滤掉一个边带，则可得到 SSB 波。模拟相乘调幅、平衡调幅器调幅、环形调幅器调幅等均属于低电平调幅，丙类放大器调幅则属于高电平调幅。

在调幅的过程中将会产生多个新的频率分量，这是因为调幅过程是一个非线性变换过程。所以调幅电路应包含有滤波器，滤除掉不需要的频率成分。还可以采用适当的电路，在滤波电路之前抑制部分无用的频率成分，如平衡调幅器和环形调幅器可以在电路中抵消一部分无用的频率分量。

检波有小信号平方律检波、大信号包络检波和同步检波三种。小信号检波适用于需要功率检测和功率指示的场合。大信号包络检波只适用于 AM 信号的检波，它是调幅接收机普遍采用的方法。大信号包络检波器存在惰性失真和底部切割失真的可能，要避免这两种失真必须选择适当的电路元件。同步检波适用于所有的已调波，检波时需要引入一个与已调波的载波同频同相的本地载波信号。

思考与练习

1. 振幅调制有几种形式？分别写出数学表示式，画出频谱，并说明频带宽度。

2. 若调幅波的最大振幅为 10V，最小振幅为 6V，问此时调幅系数 M_a 为多大？

3. 若单音调幅波的载波功率 P_c=1000W，调幅系数 M_a=0.3，问边带功率、总平均功率、最大瞬时功率分别为多少？

4. 已知载波电压 $u_c=U_{cm}\cos\omega_c t$，调制信号如图 3-39 所示，$f_c \gg F$。分别画出普通调幅信号的波形和双边带信号的波形。

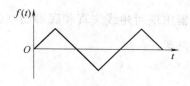

图 3-39 题 4 图

5. 已知下列调幅信号的表达式如下，试画出它们的波形及频谱图($\omega \gg \Omega$)。

(1) $u(t)=5(1+0.5\cos\Omega t)\cos\omega_c t$

(2) $u(t)=10(1+0.3\cos\Omega t)\cos\omega_c t$

(3) $u(t)=5\cos\Omega t\cos\omega_c t$

6. 调幅波表达式为

$$u(t)=25(1+0.7\cos2\pi\times5000t+0.3\cos2\pi\times10000t)\sin2\pi\times10^6 t \text{ V}$$

(1) 该调幅波包含哪些频率分量？占据的带宽是多少？

(2) 该调幅波的总功率和边频功率各为多少？

7. 如果载波频率 P_c=10W，设单频调幅波的载波功率 P_c=1200W，若调幅系数分别为 M_a=1 和 M_a=0.3。试求边频功率 P_Ω、总功率 P_Σ、最大瞬时功率 $P_{\max}$。

8. 某发射机发射功率为 9kW 的未调制载波功率，当载波被正弦波调制时，发射功率为 10.125kW，试计算调制系数。如果再加上另一个音频信号进行 40%的调幅，试计算其发射总功率。

9. 若调幅波电压方程为 $u(t)=10[1+0.5\cos 6280 t+0.1\cos(3\times 6280 t)]\sin 3.14\times 10^{7t}$，将该电压加到 $R_L=10\Omega$ 的负载电阻上，求：

(1) 负载电流的频谱图和频带宽度；

(2) 负载中的载波分量电流和功率。

10. 设晶体管的特性可表达为 $i=10+15u+5u^2$，信号 $u=1+3\cos\omega_c t$，求 i 的直流、基波、二次谐波分量的幅度。

11. 在大信号检波时，根据负载上电容 C 的充放电过程，对 R、C 参数的选择应做哪些考虑？为什么？试画出充、放电时的电压波形来加以说明。

12. 为什么负载电阻 R_L 越大，检波特性的线性越好、非线性失真越小、检波电压传输系数 k_d 越高，对下一级放大器的影响越小？如果 R_L 太大，会产生什么不良后果？

13. 大信号晶体二极管检波器如图 3-26 所示，若 M_a=0.3，R_L=10 kΩ，则：

(1) 若载频 f_c=845kHz，调制信号的最高频率 $F_{\max}$=3400Hz，问 C 应如何选择？

(2) 若载频 f_c=30MHz，F_{max}=0.3MHz，C 应选多大？

14. 在如图 3-40 所示的检波电路中，R=510 Ω，R_L=4.7 kΩ，R_L'=1 kΩ，输入信号 $u(t)$=0.5[1+0.3 cos (2π×10³t)] cos (2π×10⁷t)，问可变电阻 R_L 的滑动接点在中心位置和最高位置时，会不会产生底部切割失真？

15. 为什么双边带信号检波要用相乘检波器？它与包络检波器有哪些相同点和不同点？

16. 晶体二极管检波器的 R_L=220 kΩ，C=100pF。设 F_{max}=6000Hz，为避免惯性失真，最大调制度应为多少？

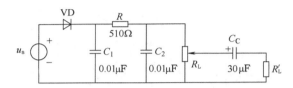

图 3-40 题 14 图

17. 如图 3-41 所示为调幅与检波方框图。设调制信号和载波均为单音频正弦信号，试写出 u_1、u_2、u_3 的表达式，分别画出它们的波形与频谱图，并说明这个模型图完成了哪些电路功能。

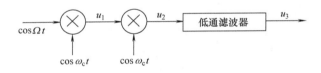

图 3-41 题 17 图

任务 4　调幅收音机中的混频电路

学习目标

- 了解混频电路在收音机中的作用。
- 掌握混频器的电路形式和工作原理。
- 能识读混频器的电路图,能对混频器进行调试。
- 能对混频干扰进行判断。
- 了解收音机中双联电容的作用,并能对其故障进行判断及处理。

4.1　任务导入:混频器在收音机中有什么作用

我们现在所使用的通信接收机,都是采用超外差式接收原理。例如,中波调幅收音机,也称为超外差式调幅收音机。所谓超外差,是指为了提高收音机的性能,在收音机中采用了混频电路,将高频已调信号的载频与本振信号的频率进行混频,获得两个频率的差频,即将高频已调信号变为中频已调信号。这样一个简单的处理,却使收音机的性能获得了极大地提高,所以说,混频器在提升收音机的性能方面,起着至关重要的作用。

图 4-1 给出了混频器输入、输出信号的波形和频谱。可见,高频已调信号与本振信号通过混频器后,变成了中频已调信号。高频已调信号从天线接收的各电台信号中通过选频获得,本振信号为高频正弦振荡信号,可以由单独的正弦振荡器产生,其中的正弦振荡器称为本振电路,也可以由混频电路内部产生。本身兼有产生本机振荡信号功能的混频电路又称为变频器。

由图 4-1 可以看出,经过混频后,输出的信号 u_1 与输入信号 u_s 相比,只是载波角频率从 ω_s 降低到 ω_1,而信号的包络并未改变。从频谱来看,混频是将原来信号的频谱整体从高频端搬移到中频端,即频谱搬移过程,且搬移后频谱分布的相对情况仍与搬移前一样,变化的仅仅是载频。

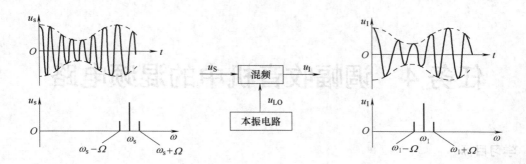

图 4-1 混频器输入、输出波形和频谱

在引入混频器之前，收音机采用的通用模式是直接放大式，即收音机将接收到的信号直接放大检波，这种收音机的灵敏度低、选择性差、性能不稳定，其接收性能远非超外差式收音机可比。直接放大式收音机性能较差的主要原因有以下两点。

(1) 收音机需要能接收所有电台，且还原出来的声音、图像质量均要好。若收音机把接收到的高频信号直接放大还原，那么，必须由几十套回路组成，这样收音机的体积将呈几倍甚至十几倍的增加，且电路设计制造和调整都困难。

(2) 由于晶体管放大倍数与信号频率有关，频率越高增益越低，故高频放大器增益较低，对不同电台发出的高频信号难以实现多级放大(高频信号辐射能力强，放大器工作不稳定甚至自激)。要提高灵敏度，就必须增加检波前对高频信号的放大能力；要提高选择性，就需要增加调谐回路，这些都是靠增加高频放大级数来实现的。若收音机采用直接放大高频信号的方式，不可能使接收的灵敏度、选择性做得很好。

收音机采用混频器后，将高频已调波(调幅波或调频波)的载频变换为固定中频(远小于高频已调波的载频)。由于频率降低且固定，中频放大电路可以设计得最佳，使得放大器的增益既高又不易引起自激，大大提高了收音机的灵敏度。可见，混频器的引入明显地改善了收音机的灵敏度、选择性、稳定性等性能，且电路的结构也简单。

图 4-2 为采用了混频电路的超外差式调幅收音机的方框图，本机振荡频率 f_{LO} 超过外来高频已调载波信号频率 f_s 一个中频 f_I，通过混频作用将频率变为二者之差，即 $f_{LO}-f_s=f_I$，所有外来高频已调信号载波频率必须和本振频率为预定差频 f_I(固定中频)时，才能由变频级的选频回路及中频放大器的谐振回路选出，并进行放大。我国规定超外差式调幅收音机的中频频率为 465kHz。例如，如果收音机输入回路选出的高频已调信号载波频率 f_s=1200kHz，则本振频率必须比 1200kHz 高 465kHz，即 f_{LO}=1665kHz，这样，混频后可以获得载频为 465kHz 的中频已调信号。若改变输入高频已调信号的载频，则本振频率也要随之改变。在

任务 4　调幅收音机中的混频电路

收音机中，输入回路的电容和本机振荡器的振荡回路电容采用双联电容，使本振频率 f_{LO} 能够跟随输入信号频率 f_s 的变化。

采用超外差式电路，只要变换输入回路和本振调谐回路的双联电容即可进行调谐(接收不同电台的信号)，其他电路都不需要改变。由图 4-2 可见，从天线感应得到的电台调幅信号，经输入回路的选择，进入混频器。混频器把本机振荡信号与接收到的电台高频调幅信号进行混频，得到一个与接收到的电台高频调幅信号调制规律相同但载频(中频)固定不变的调幅信号。再输入中频放大器放大后，送到检波器检波，检波器把中频调幅信号的原音频调制信号解调出来，滤去残余中频分量，再由低频功率放大器放大后，送到扬声器，音频信号推动扬声器发出声音。

图 4-2　超外差式调幅收音机方框图

混频器的性能好坏对收音机的质量起着主要作用，衡量混频器性能的指标主要有混频增益、噪声系数、选择性、输入阻抗、输出阻抗、失真与干扰等。混频器的性能应满足以下要求。

1. 混频增益要大，失真要小

混频增益是指混频器输出的中频信号功率 P_I 与输入的高频信号功率 P_s 之比。

在超外差式收音机中，要求混频增益值大，以提高其接收灵敏度。但是混频增益过大，会使混频管工作于线性区域，使混频失真增大，且噪声增加。

2. 噪声系数要小

噪声系数定义为输入信噪比与输出信噪比的比值。输入信噪比为输入信号功率与输入的噪声功率之比；输出信噪比为输出信号功率与输出的噪声功率之比。混频器的噪声系数对整机信噪比影响很大，仅次于高频放大器。混频器的噪声系数的大小除与本身因素有关外，还与本振注入信号的大小、工作点的选取有关。噪声系数越小说明电路性能越好。

3. 选择性要好

为了在混频器输出电流的许多频率分量中选出有用的分量、抑制不需要的其他分量干扰，要求输出选频回路对需要输出的信号(中频信号)有较好的带通幅频特性。

4. 阻抗匹配

混频器输入端的阻抗应与高频放大器的输出端阻抗匹配。另外，其输出端的阻抗还应与中频放大电路输入端的阻抗匹配，以提高传输效率。

5. 失真和干扰

在混频器中会产生幅度失真和非线性失真，还会有各种组合频率分量产生的干扰(如寄生波道干扰、交叉调制干扰、互相调制干扰等)。所以，不但要求选频回路的幅频特性要好，还应尽量改进电路(如选择场效应管或模拟乘法器构成的混频器)，以尽可能少地产生不需要的频率分量。

4.2 晶体管混频器

晶体管混频器具有一定的变频增益，可以使后级中频放大器的噪声影响大大减小，因而在接收机中获得广泛应用。

晶体管混频器的几种基本电路形式如图 4-3 所示。它们之间的区别是电路组态以及本振电压的注入方式不同。图 4-3(a)和图 4-3(b)是共射电路，信号电压 u_S 都从基极输入。图 4-3(a)的本振电压 u_{LO} 从基极注入，图 4-3(b)的本振电压 u_{LO} 从射极注入。图 4-3(c)和图 4-3(d)为共基电路，信号电压 u_S 都从射极输入。图 4-3(c)的本振电压从射极注入，图 4-3(d)的本振电压从基极注入。

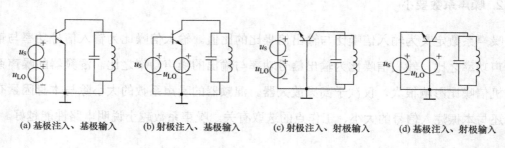

(a) 基极注入、基极输入　　(b) 射极注入、基极输入　　(c) 射极注入、射极输入　　(d) 基极注入、射极输入

图 4-3　晶体管混频器的几种基本电路形式

输入信号 u_s 和本振信号 u_{LO} 从同极注入可能导致本振频率受输入信号频率的牵引，出现本振频率 f_{LO} 等于信号频率 f_s 的现象，甚至得不到所需的差频或和频电压。u_s 和 u_{LO} 从两极注入则相互影响小，不易产生牵引现象。此外，本振电压 u_{LO} 从基极注入，电路需要的本振功率小；本振电压从射极注入，电路需要的本振功率大。

现以基极注入，基极输入的电路为例，说明晶体管混频器的工作原理。原理电路如图 4-4 所示。

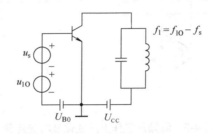

图 4-4　晶体管混频器原理电路图

由图可见，晶体管的基极电压为

$$u_{BE} = U_{B0} + u_{LO} + u_s \tag{4-1}$$

则晶体管的输出电流 i_C 可表示为

$$i_C = f(u_{BE}) = f(U_{B0} + u_{LO} + u_s) \tag{4-2}$$

通常输入信号电压幅度 U_{sm} 很小。若把振幅较大的本振电压看作变化的偏置电压，则晶体管的偏置电压为

$$U_B(t) = U_{B0} + u_{LO} \tag{4-3}$$

此偏置电压 $U_B(t)$ 为时变的，它使工作点 Q 沿转移特性曲线上下移动，获得时变跨导 $g_m(t)$ 为

$$g_m(t) = \frac{\partial i_C}{\partial u_{BE}} \tag{4-4}$$

其工作波形示意图如图 4-5 所示。

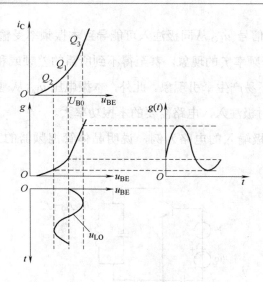

图 4-5 混频器工作点的变化及时变跨导

此时流过器件的电流为

$$i_C = f(u) = f(U_{B0} + u_{LO} + u_s) \tag{4-5}$$

因为 $u_{LO} \gg u_s$,可将 $U_{B0}+u_{LO}$ 看成器件的交变工作点,则 $i=f(u)$ 可在其工作点 $U_{B0}+u_{LO}$ 处展开为泰勒级数,即

$$i_C = f(U_{B0}+u_{LO}) + f'(U_{B0}+u_{LO})u_2 + \frac{1}{2!}f''(U_{B0}+u_{LO})u_2^2 + \frac{1}{3!}f'''(U_{B0}+u_{LO})u_2^3 + \cdots \tag{4-6}$$

由于 u_s 较小,可忽略 u_s 的二次方及以上各项,得近似表达式为

$$i_C = f(U_{B0}+u_{LO}) + f'(U_{B0}+u_{LO})u_s \tag{4-7}$$

式中,第一项为器件在工作点处的电流;$f'(U_{B0}+u_{LO})$ 为器件在工作点处的跨导。由于工作点 $U_{B0}+u_{LO}$ 是随 u_{LO} 的变化而变化的,因此,器件的跨导也是随 u_{LO} 变化的。式(4-7)也可表示为

$$i_C = I_0(t) + g_m(t)u_s \tag{4-8}$$

由上式可见,非线性器件的输出电流与输入电压的关系类似于线性电路,但它们的系数 $g_m(t)$ 却是时变的,因此将这种工作状态称为线性时变工作状态,具有这种关系的电路称为线性时变电路,即混频器可以看成线性时变电路。

由图 4-5 可知,$g_m(t)$ 为受 u_{LO} 控制的非正弦周期函数,可将其按傅氏级数展开为

$$g_m(t) = g_{m0} + g_{m1}\cos\omega_{LO}t + g_{m2}\cos 2\omega_{LO}t + \cdots \tag{4-9}$$

设输入信号电压 u_s 为

$$u_s(t) = U_{sm}\cos\omega_s t \tag{4-10}$$

则

$$i_C = I_0 + g_m(t) u_s$$
$$= I_0 + (g_{m0} + g_{m1}\cos\omega_{LO}t + g_{m2}\cos 2\omega_{LO}t + \cdots) U_{sm}\cos\omega_s t$$
$$= I_0 + U_{sm}[g_{m0}\cos\omega_s t + \frac{1}{2}g_{m1}\cos(\omega_{LO} - \omega_s)t + \frac{1}{2}g_{m1}\cos(\omega_{LO} + \omega_s)t$$
$$+ \frac{1}{2}g_{m2}\cos(2\omega_{LO} - \omega_s)t + \frac{1}{2}g_{m2}\cos(2\omega_{LO} + \omega_s)t + \cdots] \quad (4\text{-}11)$$

上式中，中频电流 i_I 为

$$i_I = \frac{1}{2}g_{m1}U_{sm}\cos(\omega_{LO} - \omega_s)t$$
$$= \frac{1}{2}g_{m1}U_{sm}\cos\omega_I t \quad (4\text{-}12)$$

可见，输出中频电流的振幅与输入信号电压的振幅 U_{sm} 成正比，即混频后只改变了信号的载频，而其包络不变。利用带通滤波器，滤除无用的谐波及组合频率分量，取出中频信号，即实现了混频。

通常，把中频电流振幅与输入电压振幅之比，称为混频跨导，用 g_M 表示：

$$g_M = \frac{\frac{1}{2}g_{m1}U_{sm}}{U_{sm}} = \frac{1}{2}g_{m1} \quad (4\text{-}13)$$

4.3 收音机中的本振电路——LC 正弦波振荡器

在收音机中，中频信号是由输入的高频调幅信号与本振信号混频后获得。其中，本振信号由收音机中的本振电路产生。本振信号为高频正弦信号，故本振电路通常采用 LC 正弦波振荡器，常见的 LC 正弦波振荡电路有互感反馈式、电容反馈三点式和电感反馈三点式等，振荡回路采用 LC 并联谐振回路。

4.3.1 互感反馈振荡器

图 4-6 所示的电路为互感反馈型振荡器。其中，振荡回路采用 LC 并联谐振回路，有源网络采用晶体管放大器，反馈电压由互感回路提供。

为了保证振荡器的正常工作，反馈类型必须是正反馈，即反馈电压 $\dot{U}_f$ 必须与输入电压 $\dot{U}_i$ 同相。互感回路同名端的标志如图 4-6 所示。

振荡建立后，振荡回路的一部分能量或电压通过互感回路的次级反馈到放大器的基极。作为放大器的激励信号，再经放大器放大后，提供给振荡回路，以补充振荡回路消耗的能量。整个电路形成一个正反馈闭环系统。

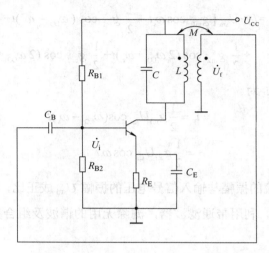

图 4-6　互感反馈振荡器

4.3.2　电容反馈三点式振荡器

在三点式振荡器的实用电路中，晶体管可以接成共射组态，也可接成共基组成。目前，较常见的是接成共射组态的电容三点式振荡电路。图 4-7 为电容反馈三点式振荡器的实际电路和它的交流等效电路。图中，R_{B1}、R_{B2}、R_E 为分压式直流偏置电阻，C_E 为旁路电容，C_B、C_C 为隔直电容，L_C 为高频扼流圈，防止交流信号进入直流电源，又将直流电压耦合到晶体管的集电极。LC_1C_2 回路为振荡回路，从回路中引出三个端点分别与晶体管的三个极相连，反馈电压从回路元件 C_2 上取出，故称为电容反馈三点式振荡器。

从电路中可以看出，与晶体管发射极相连的两个回路元件均为电容，而与晶体管发射极不相连的电抗元件为电感。这就是三点式振荡器的一般组成原则，即凡是与晶体管发射极相连的两个回路元件，其电抗性质必须相同，而与晶体管发射极不相连的电抗元件，其电抗性质与前两者相反。

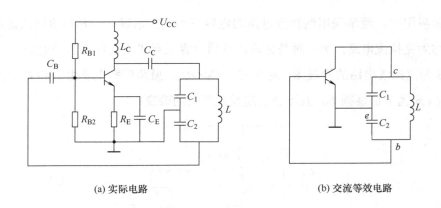

(a) 实际电路　　　　　　　　　　(b) 交流等效电路

图 4-7　电容反馈三点式振荡器

振荡器的振荡频率由振荡回路决定，即

$$f_0 = \frac{1}{2\pi\sqrt{LC_\Sigma}} \tag{4-14}$$

在振荡回路中，C_1 和 C_2 是串联关系，所以

$$C_\Sigma = \frac{(C_1 + C_o)(C_2 + C_i)}{(C_1 + C_o) + (C_2 + C_i)} \tag{4-15}$$

式中，C_o 为晶体管的集电结电容；C_i 为晶体管基—射间的结电容。若 C_1 和 C_2 较大时，C_o 和 C_i 可忽略不计。

电容反馈三点式振荡器有以下特点。

1. 振荡波形较好

由于这种振荡器的反馈电压取自电容，而电容对高次谐波呈现低阻，使反馈电压中的谐波成分少，就使输出电压中的谐波成分少，即输出电压失真小。

2. 频率稳定性较好

从振荡频率的表达式可以看出，引起 f_0 的变化的主要原因是晶体管电容 C_o 和 C_i 容易受到各种影响而变化。若适当提高 C_1 和 C_2 的值，则 C_o 和 C_i 变化对频率的影响会大为减小，从而可提高频率稳定性。当然，C_1 和 C_2 的取值还应受到振荡频率的限制。

3. 频率不易改变

若用可变电容器来改变振荡频率，在调节频率的同时，会引起反馈系数的变化，从而引起频率覆盖宽度和输出电压幅度的变化。因此，这种电路常用作固定频率振荡器。

在实际应用中，经常采用两种改进型的电容三点式振荡器：一种是串联改进型电容三点式，也称为克拉泼电路；另一种是并联改进型电容三点式，也称为西勒电路。

图 4-8 为克拉泼电路的原理图，通常 C_1、$C_2 \gg C_3$，振荡频率主要由 L 和 C_3 决定，可以通过调节 C_3 来调节振荡频率，且不会引起反馈系数的改变。

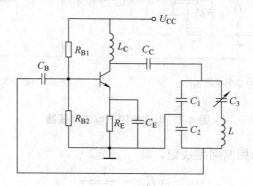

图 4-8 克拉泼电路的原理图

图 4-9 为西勒电路的原理图，通常 C_1、$C_2 \gg C_3$、C_4，振荡频率主要由 L 和 C_3、C_4 决定，即振荡频率可表示为

$$f_0 \approx \frac{1}{2\pi\sqrt{L(C_3 + C_4)}} \tag{4-16}$$

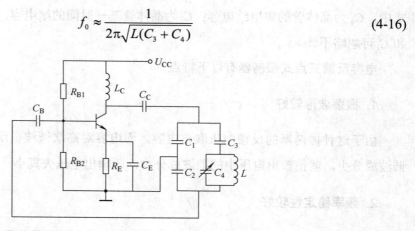

图 4-9 西勒电路的原理图

调节 C_4 可以方便地调节振荡频率，且不会引起反馈系数的改变。改进型的电容三点式振荡器的频率稳定性相对于一般的电容三点式振荡器有很大的提高，且频率调节方便，电路形式简单，常用来作为收音机中的本振电路。

4.3.3 电感反馈三点式振荡器

图 4-10(a)为电感反馈三点式振荡器的实际电路,图 4-10(b)为其交流等效电路。从图中可见,晶体管的三个极分别与回路的三个点相连,反馈电压从电感上取出,故称为电感反馈三点式振荡器。同时,与晶体管发射极相连的两个回路元件均为电感,而与晶体管发射极不相连的电抗元件为电容,此为三点式振荡器的一般组成原则。

振荡器的振荡频率由振荡回路决定,即

$$f_0 = \frac{1}{2\pi\sqrt{L_\Sigma C}} = \frac{1}{2\pi\sqrt{(L_1+L_2+2M)C}} \tag{4-17}$$

其中,$2M$ 为两个电感之间的互感,有时可以忽略。

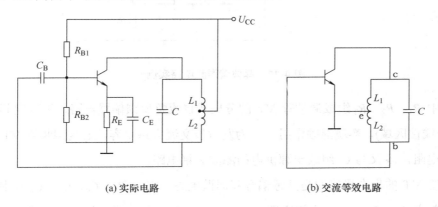

(a) 实际电路　　　　　　　　　(b) 交流等效电路

图 4-10　电感反馈三点式振荡器

电感反馈三点式振荡器具有如下特点。

(1) 由于 L_1 和 L_2 之间有互感存在,因而容易起振,且输出电压幅度大。

(2) 由于改变电容 C 调节振荡频率时,振荡器的反馈系数不改变,因而调节频率较方便。如在信号发生器中,常用此电路作频率可调的振荡器。

(3) 由于反馈取自电感支路,而电感对高次谐波呈高阻,振荡波形含高次谐波成分较多,因此输出波形不十分理想,且振荡频率越高,波形越差。

4.4　晶体管混频器实际电路举例

图 4-11 所示为一个实际的共发射极混频电路。高频输入信号由高频放大器双调谐回路

的次级加到混频管 VT 的基极,次级回路由 C_1、C_2 和 L_2 组成,采用电容分压输出可提高谐振回路的 Q 值,达到阻抗匹配和减小混频管输入电容对谐振回路的影响。本机振荡信号 u_{LO} 是由本机振荡电路经电容 C_3 耦合加到混频管 VT 的基极上的。高频输入信号与本振信号同时加到混频管 VT 的基极,混频后的各种频率的信号由混频管输出端的选频回路(L_3、C_6、R_4、L_4、C_7、C_8 组成)选出差频(中频)信号,经过同轴电缆送到中频放大器的输入端。

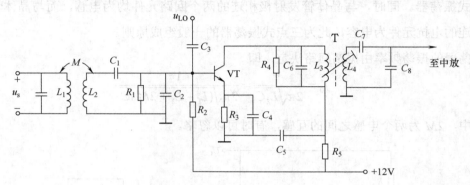

图 4-11 晶体管混频电路实例一

电路中 R_1、R_2、R_3 组成混频管 VT 的分压式直流负反馈偏置电路,以确定其静态工作点(选在非线性区域),实现混频作用。C_4 为发射极交流旁路电容。R_5 为混频管 VT 集电极的直流供电电阻,R_5 又与 C_5 组成电源供电的滤波去耦电路。

混频管 VT 的集电极接的是互感耦合双调谐电路,它由 R_4、C_6、C_7、C_8 和中频变压器 T 组成。其中 L_3、C_6、R_4 组成初级调谐回路;L_4、C_7、C_8 组成次级调谐回路,采用电容分压输出,目的是使混频输出端与中频放大器匹配。此双调谐回路也调整为双峰特性,用阻尼电阻 R_4 展宽频带,适当调整初次级间互感耦合大小(即调整中频变压器的磁芯)和 R_4 阻值,可使其频率特性曲线频带宽度与双峰下凹程度符合要求。

图 4-12 所示电路用一只晶体管同时完成本机振荡和混频两个任务,这种电路也称为变频器。图 4-12 所示为中波调幅收音机的变频电路。这种电路的高频已调波信号由基极输入,本机振荡信号由发射极注入。由于两个信号分极注入,所以相互影响较小。

其工作原理为:由天线上感应来的电台调幅波信号,经 L_A 耦合到 L_1、C_{1a}、C_2 组成的输入调谐回路,由它选取某一电台的调幅信号,再经 L_1 与 L_2 的互感耦合到晶体管 VT 的基极。由同一晶体管 VT 组成的本机振荡器是互感反馈振荡电路,L_4、C_5、C_7、C_{1b} 构成振荡回路,本振信号通过 C_4 注入变频管 VT 的发射极,从 VT 管集电极负载 L_5、C_6 调谐回路选出中频信号,由中频变压器 T_2 的次级输出,送到中放级。在收音机中,中频频率为 465kHz,

所以中频变压器的初级线圈 L_5 与 C_6 组成的调谐回路,应调谐在 465kHz 的中频上。

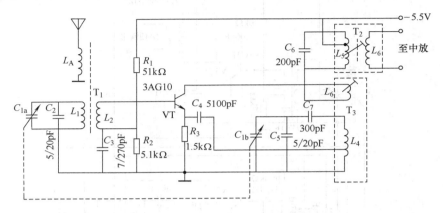

图 4-12　晶体管变频电路实例二

图 4-12 所示电路对振荡电路而言,晶体管实际上采用的是共基组态,电路特点是振荡波形好,但因发射极输入阻抗较低,振荡回路的负载较大,所以不易起振。

图 4-13 所示电路的工作原理与图 4-12 所示电路大致相同,区别在于晶体管采用共发射极连接,本振信号从晶体管的基极注入。这种电路的特点是振荡波形易失真,但因基极输入阻抗较大,电路容易起振,多数收音机采用这种电路。

图 4-14 为晶体管混频电路实例四,图中虚线方框为本机振荡器(电感三点式),产生的本机振荡电压通过耦合线圈 L_c 加到混频管 VT_1 的发射极上。天线接收的信号通过耦合线圈 L_a 加到信号回路上,再通过耦合线圈 L_b 加到 VT_1 管的基极上。

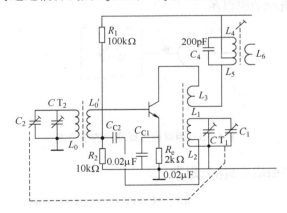

图 4-13　晶体管变频电路实例三

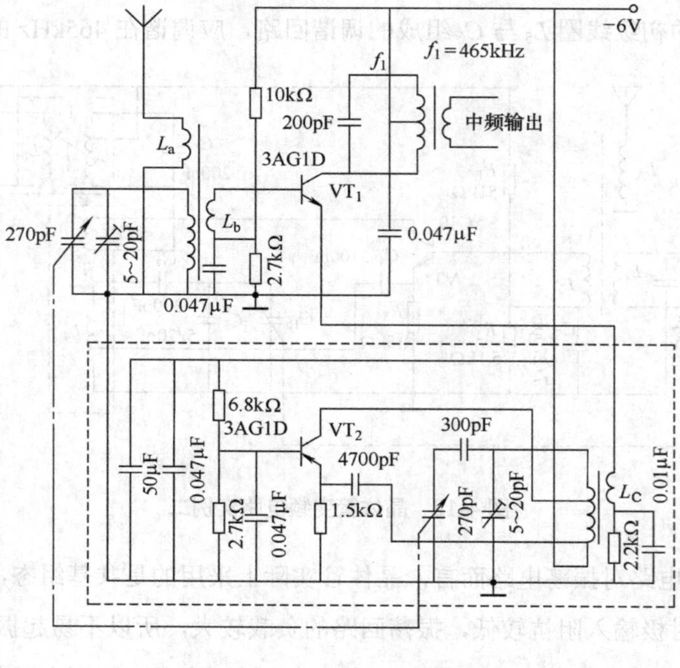

图 4-14　晶体管混频电路实例四

4.5　集成模拟相乘器混频电路

两信号相乘可以得到和频、差频信号，因此利用相乘器实现混频是很直观的方法。图 4-15 为相乘器实现混频的模型图。

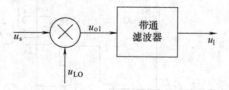

图 4-15　相乘器实现混频的模型图

设输入信号 u_s 和本振信号 u_{LO} 分别为

$$u_s(t)=U_{sm}(1+M_a\cos\Omega t)\cos\omega_s t \tag{4-18}$$

$$u_{LO}(t)=U_{LOm}\cos\omega_{LO}t \tag{4-19}$$

则相乘后的输出电压为

$$u_{o1}(t)=kU_{sm}(1+M_a\cos\Omega t)\cos\omega_s t \times U_{LOm}\cos\omega_{LO}t \tag{4-20}$$

$$= \frac{1}{2}kU_{sm}U_{LOm}(1+M_a\cos\Omega t)[\cos(\omega_{LO}+\omega_s)t+\cos(\omega_{LO}-\omega_s)t]$$

若带通滤波器的中心角频率为 $\omega_{LO}-\omega_s$，且 $\omega_{LO}>\omega_s$，则输出电压 u_I 是载频为 $\omega_I=\omega_{LO}-\omega_s$ 的调幅波。

图 4-16 给出了用集成模拟乘法器 MC1496 构成的混频器。

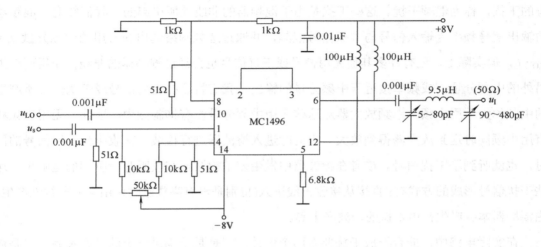

图 4-16 用 MC1496 构成的混频器电路图

图中，本振电压 $u_{LO}(f_{LO}=39\text{MHz})$ 由 10 脚输入，信号电压 $u_s(f_s=30\text{MHz})$ 由 1 脚输入，混频后中频信号 $u_I(f_I=9\text{MHz})$ 由 6 脚输出，并经Π型带通滤波器滤波。为了获得较高的变频增益，带通滤波器应设计为兼具阻抗变换作用。当 $U_{LOm}=100\text{mV}$，$U_{sm}\leq15\text{mV}$ 时，此混频器的变频增益约为 13dB。1 脚、4 脚之间接有调平衡电路，以减小输出波形的失真。

利用模拟乘法器实现混频的主要优点如下。

(1) 混频输出组合频率分量少，用于接收机中可大大减少混频干扰。

(2) 对本振电压的大小无严格限制。在普通晶体管混频器中，为保证不产生非线性包络失真，总是要求本振电压幅度远大于高频信号电压幅度。模拟乘法器组成的混频器，其本振电压幅度的大小仅影响中频电压幅度的大小(即影响变频增益)，不会因本振幅度小而产生失真。

(3) 当本振电压幅度一定时，中频输出电压幅度与输入信号电压幅度呈线性关系，而且保持这一线性关系所允许的输入信号动态范围也较大，从而有利于减小交调和互调失真。

4.6 混频器的干扰

在超外差式收音机中,混频器能使其性能得到改善的同时,又会给收音机带来一些特有的干扰,称为混频干扰。这些干扰是由于混频器的非线性所引起的。我们知道,混频器的输出信号频率为输入信号与本振信号混频,并通过选频网络选出的有用的中频分量 $f_I = f_{LO} - f_s$,但实际上,还有许多其他无用信号或干扰信号也会经过混频器的非线性作用而产生另外的中频分量,或频率接近于中频分量的输出。我们将这些无用信号或干扰信号所产生的中频称为无用中频。中频放大器对这些无用中频分量没有抑制能力,因此,无用中频和有用中频同时送到放大器得到放大,也同时进入检波器进行检波。在收听到有用信号的同时,也就听到了干扰信号。或者在检波器中发生差拍检波,在收听时所听到的是哨声。这些干扰信号形成的方式有:直接从接收天线进入(特别是没有高放级时);由高放非线性产生;由混频器本身产生;由本振的谐波产生等。

在实际电路中,能否形成干扰要看两个条件:一是是否满足一定的频率关系;二是满足一定频率关系的分量的幅值是否较大。

混频干扰的形式较多,如组合频率干扰、副波道干扰、交叉调制干扰、互相调制干扰、阻塞干扰等。下面分别进行介绍。

4.6.1 组合频率干扰

我们知道,当两个频率信号同时作用于非线性器件时,将会产生这两个频率的各自组合频率分量。在混频过程中,作用于非线性器件的两个信号分别为输入信号 $u_s(t)$ 和本振信号 $u_{LO}(t)$,它们所对应频率分别为 f_s 和 f_{LO}。则非线性器件所产生的组合频率分量为

$$f_{p,q} = |\pm p f_{LO} \pm q f_s| \tag{4-21}$$

式中,p、q 为正整数或零。当 $p=q=1$ 时,$f_I = f_{LO} - f_s$ 为有用的中频分量,其余的组合频率都是无用甚至是有害的。因为这些多余的分量可能对有用信号产生干扰,我们也称无用组合频率对有用信号的干扰为组合频率干扰,此为混频器特有的现象。当输入信号的频率一定时,虽然我们可以利用选频网络选出有用的中频信号,滤除其他频率成分,但总有些 p、q 之值使得组合频率接近于中频,并落在中频放大器的通带之内,能与有用中频信号一道进入中频放大器,被放大后加到检波器上。通过检波器的非线性效应,使这些接近中频的组

合频率(无用中频)与有用中频进行差拍检波而产生音频,这种音频以哨声的形式出现。

例 4-1 收音机的中频 f_I 为 465kHz,收到频率 f_s=931kHz 电台信号,这时本振频率 f_{LO}= f_s+ f_I=931+465=1396kHz。由于混频管的非线性,产生了许多组合频率分量。其中之一就是 $2f_s - f_{LO}$=2×931-1396=466kHz。它与中频 465kHz 很接近,并落在中频放大的通频带内,中频谐振回路无法将它滤除。因此,经中频放大器加到检波器上去以后,在检波器中与中频率 465kHz 的有用中频信号产生差拍检波,产生 466-465=1kHz 的哨叫声。

如上所述,混频器在有用信号 u_s 和本振信号 u_{LO} 的作用下,除通过正常通道(主通道)产生有用中频外,如有任何一组多余的频率满足一定的关系式,都会通过多余的通道产生哨声干扰。产生哨声的组合频率表达式为

$$\left. \begin{array}{l} pf_{LO} - gf_s \approx f_I \\ -pf_{LO} + gf_s \approx f_I \end{array} \right\} \tag{4-22}$$

式(4-22)可以简化为

$$f_s \approx \frac{p \pm 1}{q - p} f_I \tag{4-23}$$

或

$$\frac{f_s}{f_I} = \frac{p \pm 1}{q - p} \tag{4-24}$$

式中,f_s/f_I 为变频比。式(4-24)说明,当中频一定时,凡是满足这个关系式的输入信号的频率 f_s,只要落在混频器的工作频段内,就会产生干扰哨叫声。

哨叫声干扰是接收到信号本身(或其谐波)与本振信号的各次谐波组合而形成的,与外来干扰无关,所以不能靠提高前端电路的选择性来抑制。只有用减少形成干扰点的数目并降低干扰的阶数的办法来减小这种干扰的影响。主要措施如下。

(1) 合理选择中频频率。因为中频频率固定后,在一个频段内的干扰点就确定了。合理选择中频频率,可大大减少组合频率干扰点的数目,并将低阶干扰排除。

(2) 合理选择混频器件的静态工作点以及本振电压的大小,以避免混频管进入强非线性区,从而减少组合频率分量。应减小时变跨导及谐波分量,还要求本振电压为纯正弦波,减少谐波分量。

(3) 采用合理的电路形式。如平衡电路、环形电路、乘法器等,从电路中抵消一些组合频率分量,减少干扰点。

4.6.2　副波道干扰

上面所讨论的组合频率干扰是指没有外来干扰信号时，由混频器的非线性对信号频率和本振信号频率产生不同组合而产生的干扰。当有外来干扰信号作用于混频器的输入端，且这个干扰信号能够通过混频器的某个寄生通道变换为中频，就称之为副波道干扰，或称寄生通道干扰。例如，收音机在接收有用信号时，某些无关电台信号也能被同时接收到，那么这些无关电台信号与本振电压作用产生假中频，就形成了副波道干扰，表现为串台，还有可能伴随着哨叫声。

若干扰信号频率为 f_N，则外来干扰信号能够成为副波道干扰频率的条件为

$$|\pm pf_{LO} \pm qf_N| = f_I \qquad (4\text{-}25)$$

式中，f_{LO} 是对应于接收某有用信号 f_s 时所确定的本振频率，即 $f_{LO}=f_s+f_I$。同组合频率干扰一样，对于干扰信号来说，同样只有两个频率关系式才有实际意义，即

$$pf_{LO} - qf_N = f_I \qquad (4\text{-}26)$$

$$qf_N - pf_{LO} = f_I \qquad (4\text{-}27)$$

将上面两式合并为

$$pf_{LO} - qf_N = \pm f_I \qquad (4\text{-}28)$$

则上式可写成

$$f_N = \frac{p}{q} f_{LO} \mp \frac{1}{q} f_I \qquad (4\text{-}29)$$

把 $f_{LO} = f_s + f_I$ 代入上式，得

$$f_N = \frac{p}{q} f_s + \frac{p \mp 1}{q} f_I \qquad (4\text{-}30)$$

凡能满足上式的外来信号都可能形成副波道干扰，主要有中频干扰、镜像干扰和其他副波道干扰。

1. 中频干扰

由式(4-30)可知，有一个强干扰对应于 $p=0$、$q=1$ 时的通道，此时 $f_N=f_I$，即干扰频率等于中频频率，此种干扰称为中频干扰。中频干扰是当收音机的前端选择性不好，且干扰频率等于或接近收音机的中频频率时出现的。此时对中频干扰来说，混频器实际上成了中频放大器，也就是说，此干扰信号不经过变频过程，只被混频器和各级中频放大器放大后加到检波器上去的，并以差拍检波后形成哨叫声，也可能听到干扰信号的原调制信号。

抑制中频干扰的主要方法是提高收音机前端电路的选择性，以降低加在混频器上的干扰信号电压值。常用的措施是在混频器的前端加中频陷波电路，图 4-17 所示为某收音机的中频陷波电路。图中由 L_1 和 C_1 构成的串联谐振回路对中频谐振，可滤除天线接收到的中频干扰信号。

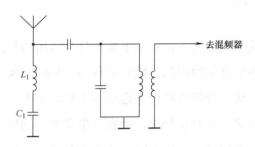

图 4-17　抑制中频干扰的中频陷波电路

2. 镜像干扰

由式(4-30)可知，还有另外一个强干扰对应于 $p=q=1$ 时的通道，此时 $f_N=f_s+2f_I=f_{LO}+f_I$，此干扰信号频率 f_N 比本振信号频率 f_{LO} 高一个中频 f_I，而通常信号频率 f_s 比本振频率 f_{LO} 低一个中频频率 f_I。这个干扰信号频率 f_N 与有用信号频率 f_s 相对于本振频率 f_{LO} 来说，恰好成镜像对称关系，故称这种干扰为镜像干扰，图 4-18 所示为镜像干扰的频率关系。若收音机前端选择性不好，则镜像干扰信号也会进入混频器，它与本振信号产生中频($f_N-f_{LO}=f_I$)，这个干扰的中频信号与有用的中频信号在检波器中产生差拍后形成啸叫声，或听到镜像干扰信号的原调制信号。

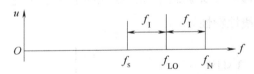

图 4-18　镜像干扰的频率关系

混频器对于 f_s 和 f_N 的变频作用是完全相同的(都取差频)，所以混频器对镜像干扰无任何抑制作用。抑制镜像干扰的主要措施是提高混频器前端电路的选择性，以降低加到混频器输入端的镜像干扰信号电压。此外高中频方案对抑制镜像干扰是非常有利的。

由上面所讨论的组合频率干扰和副波道干扰，都是由信号频率或由干扰频率与本振频率经过混频产生接近中频的分量而引起的干扰，这类干扰是混频器所特有的。另外，当干扰信号与有用信号同时进入混频器后，这两种信号进行混频也会产生接近中频的频率分量而引起干扰,甚至还会产生调制现象,但这种干扰与信号无关。除混频器会产生这类干扰外,放大器也可能产生这类干扰,且危害最严重的是交叉调制干扰。下面就这种干扰的特点及抑制方法进行讨论。

4.6.3 交叉调制干扰

交叉调制干扰的形成与本振无关,它是干扰信号与有用信号同时作用于混频器,加之混频器的非线性作用,将干扰的调制信号转移到有用信号的载频上,然后再与本振混频得到中频信号,从而形成干扰。若收音机前端选择性不好,使有用信号与干扰信号同时加到混频器,且这两种信号都是用音频调制的,则会产生交叉调制现象。这种干扰所表现出的现象是:当收音机调谐在有用信号频率上时,就能清楚地听到干扰电台的调制信号;当收音机对有用信号频率失谐时,干扰电台调制信号的可听度减弱,并随有用信号的消失而完全消失。

交叉调制干扰的产生与有用信号频率和干扰信号频率无关。也就是说,无论有用信号频率与干扰信号频率相差多远,只要有用信号与干扰信号同时作用在收音机前端,且强度足够大,就有可能产生交叉调制干扰。交叉调制干扰一旦产生,中频回路就无法将其滤除。只是当有用信号频率与干扰信号频率相差越远,受前端电路的抑制越彻底,形成的干扰也就越弱。交叉调制干扰的频率关系如图4-19所示。

抑制交叉干扰的措施:一是要提高前端电路的选择性,以降低加到混频器上的干扰信号的幅值;二是适当选择晶体管工作点的电流,在电路上采用交流负反馈的方法,使交叉调制系数减至最小,从而减小交叉调制干扰。在电路上采用交流负反馈后,可使晶体管的特性曲线更平直,减小非线性特性。

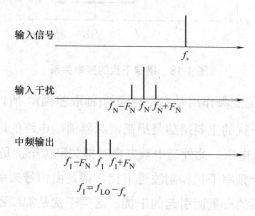

图4-19 交叉调制干扰的频率关系

4.6.4 互相调制干扰

所谓互相调制就是当收音机前端电路的选择性不好，可能会有两个或两个以上的干扰信号从收音机的输入端加到混频级，由于混频器器件的非线性，就会引起这两个干扰信号之间的相互作用，产生与有用信号频率相近的新干扰信号，并与有用信号一起经过中放加在检波器上产生差拍检波。其表现为收音机除了听到有用信号的声音外，还同时夹杂着哨叫声和杂乱的干扰声。如果实际加到收音机输入端的两个干扰信号电压的幅度足够大，且大于有用信号的幅度，那么，由于互相调制作用，在收音机的输出端就只能听到哨叫声和杂乱的干扰声，几乎听不到有用信号的声音。

产生互相调制干扰的两个干扰电台，其信号的频率和有用信号频率满足一定的关系。一般来说，两个干扰信号频率距离有用信号频率较远，或是其中之一距有用信号频率较远。例如，当接收 2.4MHz 有用信号时，另有两个干扰电台，一个干扰电台的频率为 1.5MHz，另一个为 0.9MHz，它们的和频是 2.4MHz，此两个干扰信号就是互调干扰信号。中频回路无法滤除，将产生哨叫声。

除了 2.4MHz 的互调干扰分量外，这两个电台还会产生其他的互调干扰分量，如：2×1.5+0.9=3.9MHz，2×1.5-0.9=2.1MHz，2×0.9+1.5=3.3MHz，2×0.9-1.5=0.3MHz，等等，它们都可能对不同的接收频率产生干扰。

产生互调干扰分量可写成一个通式

$$\pm m\omega_1 \pm n\omega_2 = \omega_s \tag{4-31}$$

式中，ω_s 为有用信号的频率；m、n 分别为干扰信号频率 ω_1 和 ω_2 的谐波次数，可取任意正整数。因频率不能为负值，所以 $-m\omega_1-n\omega_2=\omega_s$ 不存在，其他三种情况都存在。

由式(4-31)可知，任意两个不同频率的信号作用于非线性器件时，会产生无数个组合频率分量。但实际上，由于收音机前端电路的滤波作用，往往只有频率比较靠近信号频率的两个干扰信号才能有效地加到混频器。

要抑制互相调制干扰，一方面可以用提高收音机输入电路选择性的方法，因为干扰信号频率与有用信号频率相差较大，选择性越高，加到混频器的干扰信号电压越小；另一方面要选择合适的工作点，以减小晶体管的非线性特性，进而能够有效地减小互调干扰的影响。

4.6.5 阻塞干扰

当一个强干扰信号进入收音机输入端后，由于输入电路抑制不良，会使前端电路内放大器或混频器的晶体管处于严重的非线性区，使混频器输出的有用信号的幅度减小，严重时，晶体管的工作状态被完全破坏，有用信号无法接收到，这种现象称为阻塞干扰。

产生阻塞干扰的原因，可以根据两个高频信号叠加的原理来加以说明。当弱有用信号与强干扰信号叠加时，合成信号的频率是以干扰信号的频率为中心，其振幅的变化反映了有用信号的包络变化规律。因此，当强干扰信号使三极管进入它的截止、饱和区时，会使有用信号的包络严重被压缩，出现有用信号被阻塞。当然，仅有有用信号输入时，若信号过强，也会产生压缩现象，严重时也会有阻塞。

在收音机中，强干扰阻塞的产生及阻塞的程度，除了与干扰信号的强度有关外，还与干扰信号的频率接近有用信号频率的程度有关。在一定的干扰强度下，若干扰频率远离有用信号频率，则由于放大器和混频器的前端电路具有选择性，使实际加到它们输入端的干扰被衰减，阻塞程度也很小。显然，在干扰强度和干扰频率与有用信号频率之差一定时，放大器和混频器前端电路的选择性越好，阻塞干扰程度就越小。

4.7 技能训练：晶体管混频器的调试

超外差式收音机的主要特点是具有混频器，即变频级。与其相关的 3 个调谐回路的电路连接如图 4-20 所示。

图 4-20 所示的以晶体管 VT_1 为中心所组成输入回路及变频电路，可同时完成信号的接收、本机振荡和混频。电路中的三个调谐回路分别是：L_1、C_{1A}、C_a 构成的调谐回路是信号输入回路，调节该调谐回路谐振频率 f_S 可以选择接收不同电台的信号；L_4、C_{1B}、C_b 构成的调谐回路是本机振荡回路，调节该回路可以改变本机振荡的频率 f_{LO}；变压器 T_3 同与之并联的电容构成的调谐回路为中频选频回路，它调谐于固定的中频 f_I(465kHz)。

L_1、L_2 组成的磁性天线与 C_{1A}、C_a 构成输入回路。本机振荡信号由 L_4 中间抽头经 C_3 耦合到 VT_1 的发射级，输入回路输出的电台信号经 L_2 耦合到 VT_1 的基极，两者在 VT_1 中混频。由于晶体管的非线性作用，将产生多种频率的输出信号，其中含有差频为 465kHz 的中频信号，由于中频调谐回路谐振频率为 f_I=465kHz，故只有 465kHz 的中频信号才能在这个并联谐振回路中产生电压降输出,其他频率信号几乎则被短路滤除。

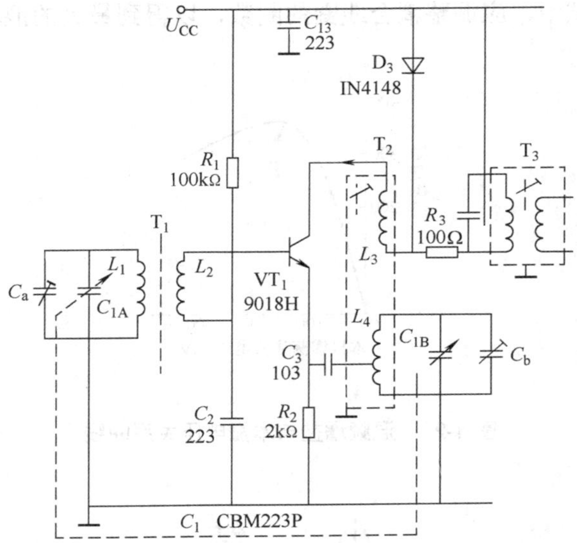

图 4-20 收音机中的晶体管混频电路

电路中, C_{1A}、C_{1B} 是同轴的双连可变电容器,它使本机振荡频率 f_1 和输入回路谐振频率 f_2 同时改变,而且保持 $f_1-f_2=f_1=465\text{kHz}$。此时需要进行整机统调,调节 C_{1A} 和 C_{1B} 使变频级输出信号频率保持或逼近中频 f_1。

在实际统调时,为简化调谐,通常把两个回路的可变电容的动片连在同一轴上,作成单一旋钮统一控制。通常是在整个波段内达到低端、中端和高端分别取一频率点,调节本振回路及输入调谐回路,使它们的差频保持或逼近中频 $f_1=465\text{kHz}$。

在调试过程中,先整机调谐中频,将音量调至适当,双联电容调至最大(逆时针施到底),用无感启子从整机末级开始依次向前调整可调变压器,调到声音最大为止,此过程需反复几次。调整收音机可接收频率范围时,双联电容调至最大位置,接收低频段电台信号;双联电容调至最小位置时,接收高频电台信号。另适当调节 C_a、C_b 为半可变电容器,分别用于统调时调整补偿和调整高端频率刻度时的调整补偿。

在混频器中,比较重要的是直流工作点。为了产生混频所必需的非线性和最大混频增益,直流工作点要合适。直流集电极(或发射极)电流过大时,不会发生混频作用或者混频现象效果较低;电流过小时,混频管对中频成分的放大作用小。电流在实际试验过程中加以调整较为方便,一般在 0.15～0.5mA 左右。集电极电压越高越好,但超过 3～4V 时,增益逐渐趋于饱和,即混频增益不再显著增加。混频增益与加到混频管上的振荡电压有关,它们之间的关系如图 4-21 所示。由曲线可以看出：当振荡电压在 100～300mV 时，混频增益最大，因此在实际调试中，应调整耦合线圈的圈数，以得到最大的混频增益。

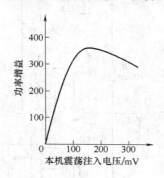

图 4-21 混频增益与本振电压关系曲线

小　　结

所谓混频，就是将高频已调信号变成中频已调信号。

收音机采用混频器后，将高频已调波(调幅波或调频波)的载频变换为固定中频(远小于高频已调波的载频)。由于频率降低且固定，中频放大电路可以设计得最佳，使得放大器的增益既高又不易引起自激，大大提高了收音机的灵敏度。可见，混频器的引入明显地改善了收音机的灵敏度、选择性、稳定性等性能，且电路的结构也变得简单。

最常用的混频器是晶体管混频器，其输入信号为有用信号和本振信号。一般来说，本振信号的幅值较大，有用信号的幅值较小。对有用信号而言，混频器可视为线性时变电路，可以用时变参数的小信号模型进行分析。利用模拟乘法器的相乘特性也可以很方便地实现混频。

在混频过程中会产生组合频率干扰、副波道干扰、交叉调制干扰、互相调制干扰等。抑制干扰的主要方法是提高前级的选择性及调整混频器的工作状态，并正确选择偏压、信号电压和本振电压的大小。

思考与练习

1. 为什么混频器一定要用非线性元件？

2. 高频已调幅信号和本机振荡信号经过混频后，信号中包含哪些成分？如何取出需要的成分？

3. 某电台的载波频率为 $f_s=1200\text{kHz}$，收音机中频 $f_I=465\text{kHz}$，试求本振荡频率 f_{LO}？

4. 混频器输出的是固定的中频信号，怎样接收不同电台的信号呢？从电路结构上说明实现的方法。

5. 在中波调幅收音机中，本振频率是如何跟随输入信号频率变化的？

6. 有一超外差式收音机，其中频 $f_I=f_{LO}-f_s=465\text{kHz}$。试分析下列现象属于何种干扰？如何形成的？

(1) 当收听 $f_s=931\text{kHz}$ 的电台播音时，伴有约 1kHz 的哨叫声。

(2) 当收听 $f_s=1480\text{kHz}$ 的电台播音时，听到频率为 740kHz 的强电台播音。

7. 超外差式收音机的接收频率范围为 535～1605kHz，中频频率 $f_I=f_{LO}-f_s=465\text{kHz}$。问当收听 $f_s=700\text{kHz}$ 电台的播音时，除了调谐在 700kHz 频率刻度上能接收到信号外，还可能在接收频段的哪些频率刻度位置上收听到这个电台的播音？写出最强的两个，并说明它们各自通过什么寄生通道造成的。

8. 一超外差式广播收音机，中频为 465kHz，在收听到频率为 931kHz 的电台播音时，发现除了正常信号外，还伴有音调约为 1kHz 的哨叫声，而且如果转动收音机的调谐旋钮时，此哨叫声的音调还会变化。试分析：

(1) 此现象是如何引起的，属于哪种干扰？

(2) 在 535～1605kHz 波段内，哪些频率刻度还会出现这种现象？

(3) 如何减小这种干扰？

9. 设有一超外差式收音机，工作频率范围为 535～1605kHz，中频 $f_I=f_L-f_s=465\text{kHz}$，问对于 $f_s=700\text{kHz}$ 电台的播音，除了调谐在 700kHz 频率刻度上能收到外，还可能在工作频率内哪些频率点上听到这个台的播音(写出最强的两个)？并说明由何寄生通道(组合副波道)干扰产生？

任务 5　收音机中的自动增益控制电路

学习目标

- 认识自动增益控制在收音机中的作用。
- 了解自动增益控制的原理。

5.1　任务导入：为什么听收音机时不会感觉声音忽大忽小

我们知道，收音机在收听不同的电台信号时，由于受发射机功率、收发距离远近、电波传播衰落等各种因素的影响，接收机所接收的信号强弱变化范围很大，信号最强时与最弱时可相差几十分贝。一般而言，这样的情况会使收音机声音忽大忽小，严重影响收听效果。可事实上，我们在听收音机时，基本上感觉不到声音的强弱变化，收听的效果非常好。这是因为，为了使收音机在接收强弱不同信号时不影响收听效果，超外差式收音机中一般会增加一个自动增益控制(AGC)电路，使接收机的增益能随输入信号的强弱而自动变化，信号强时，增益低；信号弱时，增益高以得到相对稳定的输出。

5.2　自动增益控制电路的工作原理

自动增益控制(AGC)电路是收音机的重要辅助电路之一。其主要功能是根据输入信号电平的大小调整接收机的增益，从而使输出信号电平保持稳定。

下面就以带有 AGC 电路的调幅收音机为例介绍 AGC 电路的工作原理。

由于电波传播衰落等原因，调幅接收天线接收的有用信号强度(反映在载波振幅上)常常会有较大的变化，致使扬声器发出的声音时强时弱，有时还会造成阻塞。为了克服这个缺点，调幅接收机普遍采用 AGC 电路。在图 5-1 中，检波器前的中频放大器为 AGC 电路的受控对象，称为可控增益放大器，其增益受控制参量控制。中放的输出即为反馈控制环路的输出。天线收到的信号经放大、检波后取出音频信号，此音频信号的大小会随输入信号的强弱而变化。将此音频信号经过滤波后取出其直流成分，即为反馈控制信号，也称 AGC 电压 U_{AGC}。可见检波器和低通滤波器为比较和控制信号发生装置，输出控制信号 U_{AGC}。若无线收到的输入信号大，则 U_{AGC} 大，则使可控增益放大器增益降低；反之，则 U_{AGC} 小，则使可控增益放大器增益提高，从而达到自动增益控制的目的。

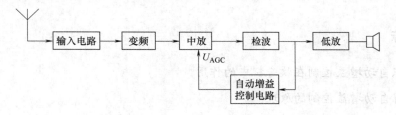

图 5-1　带 AGC 电路的调幅收音机的方框图

AGC 电路可以分为简单 AGC 电路和延迟 AGC 电路两种。

简单 AGC 电路的特点是只要有输入信号，AGC 电路就起作用。输入信号强，AGC 会使增益下降较多；输入信号弱，AGC 会使增益下降较少，从而使输出信号幅度平稳。简单 AGC 电路的特性曲线如图 5-2 所示。显然这对微弱信号的接收很不利，因为输入信号振幅很小时，放大器的增益仍然受到反馈控制而有所减小，从而使接收灵敏度降低。所以，简单 AGC 电路适用于输入信号振幅较大的场合。

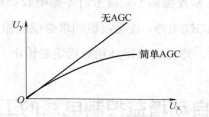

图 5-2　简单 AGC 电路的特性曲线

延迟 AGC 电路则克服了简单 AGC 电路的缺点，在延迟 AGC 电路里，有一门限电压 U_r，只有输入信号大于这个门限电压，AGC 电路才能起作用，其电路特性如图 5-3 所示。当输入信号 U_x 小于 U_r 时，AGC 不起作用，放大器增益不变，输入信号 U_x 与输出信号 U_y 呈线性关系；当 U_x 大于 U_r 后，AGC 电路开始起作用，使放大器增益有所减小，保持输出信号恒定或仅有微小变化。

任务 5 收音机中的自动增益控制电路

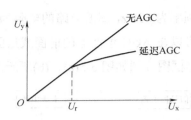

图 5-3 延迟 AGC 电路的特性曲线

延迟 AGC 的原理电路如图 5-4 所示。二极管 VD 和负载 R_1C_1 组成 AGC 检波器，检波后的电压经 R_pC_p 滤波器，供给直流 AGC 电压。门限电压由加到二极管上的直流负偏压提供。当天线感应的信号很小时，AGC 检波器的输入电压也很小。由于门限电压(由负偏压分压获得)的存在，AGC 检波器的二极管一直不导通，没有 AGC 电压输出，因此没有 AGC 作用。只有当输入信号增大到一定程度，使检波器输入电压大于门限电压后，AGC 检波器才工作，产生 AGC 作用。门限电压的值可以调节，以满足不同的要求。由于门限电压的存在，信号检波器必然要与 AGC 检波器分开，否则，门限电压加到信号检波器上，会使小的输入信号不能检波，而大的输入信号又产生非线性失真。

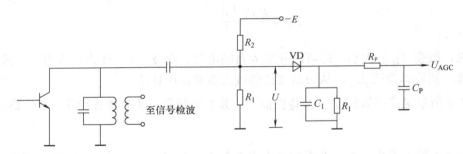

图 5-4 延迟 AGC 电路原理图

正确选择 AGC 低通滤波器的时间常数 $\tau = R_pC_p$ 十分重要。若 τ 太大，则控制电压 U_{AGC} 会跟不上外来信号电压的变化，接收机的增益将不能得到及时调整，失去应有的 AGC 作用。反之，若 τ 太小，则滤波不佳，U_{AGC} 将随外来信号的包络即检波后的音频电压而变化。这样，放大器将产生额外的信号，使调幅波受到反调制，减弱输入信号的调制度，从而降低检波器输出的音频信号电压的振幅。调制信号的频率越低，反调制越严重，进而使检波后音频信号的低频分量减弱，产生频率失真。时间常数 R_pC_p 的值通常根据调制信号的最低频率 F_{min} 来选择。它们的数值可以由下式计算

$$C_p = \frac{5 \sim 10}{2\pi F_{min} R_p} \tag{5-1}$$

例如，设调制信号的最低频率为60Hz，滤波电路的电阻为600Ω，则C_p约为10～30μF。

为了提高AGC的能力，可以在AGC检波器的前面或后面再增加放大器，这种电路称为延迟放大AGC电路，其电路框图分别如图5-5(a)、(b)所示。

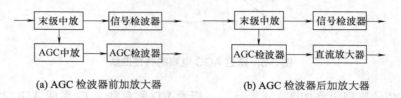

(a) AGC检波器前加放大器　　　　(b) AGC检波器后加放大器

图5-5　延迟放大AGC电路

5.3　控制放大器增益的方法

控制放大器增益的方法主要有两种，一种是通过改变放大器的某个参数来控制放大器的增益，另一种是插入可控衰减器来改变放大器的增益。下面主要介绍改变晶体管的发射极电流来对放大器增益进行控制的方法。我们知道，谐振放大器的谐振增益为

$$A_{u0} = \frac{p_1 p_2 |Y_{fe}|}{g_\Sigma} \tag{5-2}$$

可见，改变Y_{fe}的大小，即可改变放大器的增益。而Y_{fe}与工作点电流有关，故改变发射极电流，就可以改变$|Y_{fe}|$，从而达到控制放大器增益的目的。

图5-6所示是晶体管的$|Y_{fe}|-I_E$特性曲线，其中实线是普通晶体管特性，虚线是AGC管特性。

由图5-6可以看出，如果把静态工作点选在I_{EQ}点，当$I_E<I_{EQ}$时，$|Y_{fe}|$随I_E减小而下降，利用晶体管的这个特性进行自动增益控制，称为反向AGC。因为当输入信号增强时，希望增益减小，即$|Y_{fe}|$减小，此时I_E应减小，即I_E的变化方向与输入信号相反。当$I_E>I_{EQ}$时，I_E增大，而$|Y_{fe}|$减小，利用晶体管的这个特性进行自动增益控制，称为正向AGC。因为输入信号增大时，I_E应增大，以减小$|Y_{fe}|$，降低放大器的增益，即I_E的变化方向与输入信号相同。

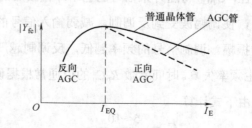

图5-6　晶体管的$|Y_{fe}|-I_E$特性曲线

无论是正向 AGC 还是反向 AGC，AGC 控制信号 U_{AGC} 均可以从晶体管基极加入或从晶体管发射极加入。

图 5-7(a)和(b)分别给出了 U_{AGC} 从基极加入和从发射极加入的正向 AGC 的原理电路。

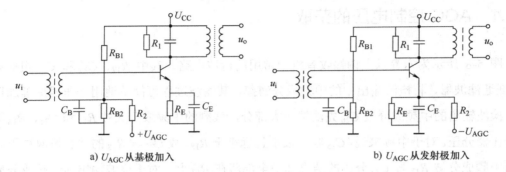

a) U_{AGC} 从基极加入 b) U_{AGC} 从发射极加入

图 5-7 改变 I_E 的正向 AGC 控制电路

图 5-7(a)电路的控制过程为

$$U_i\uparrow \rightarrow U_{AGC}\uparrow \rightarrow U_{BE}\uparrow \rightarrow I_E\uparrow \rightarrow |Y_{fe}|\downarrow \rightarrow G_{p0}\downarrow$$

图 5-7(b)电路的控制过程为

$$U_i\uparrow \rightarrow -U_{AGC}\downarrow \rightarrow U_{BE}\uparrow \rightarrow I_E\uparrow \rightarrow |Y_{fe}|\downarrow \rightarrow G_{p0}\downarrow$$

如果是反向 AGC 电路，则加入到基极和发射极的 U_{AGC} 的极性与正向 AGC 电路的 U_{AGC} 相反。

即对图 5-7(a)所示的电路有

$$U_i\uparrow \rightarrow -U_{AGC}\downarrow \rightarrow U_{BE}\downarrow \rightarrow I_E\downarrow \rightarrow |Y_{fe}|\downarrow \rightarrow G_{p0}\downarrow$$

对图 5-7(b)所示的电路有

$$U_i\uparrow \rightarrow U_{AGC}\uparrow \rightarrow U_{BE}\downarrow \rightarrow I_E\downarrow \rightarrow |Y_{fe}|\downarrow \rightarrow G_{p0}\downarrow$$

正向 AGC 通常要采用专门的 AGC 管，AGC 管的特点是$|Y_{fe}|$-I_E 曲线的斜率较普通管大(见图 5-6)，具有较强的控制作用。正向 AGC 的优点是，对于弱信号，晶体管工作点选在$|Y_{fe}|$最大处，可以充分利用晶体管的放大能力，使输入信号得到尽可能的放大。对于强信号，I_E 增大，仍工作在线性较好的区域，非线性失真不致明显增加。

反向 AGC 采用普通高频管即可实现，其特点是工作电流小，对晶体管安全工作有利，但工作范围较窄，当输入信号幅度增大时，会进入晶体管 I_C-U_{BE} 特性曲线的弯曲部分，产生非线性失真。

5.4 调幅收音机中的实用自动增益控制电路

5.4.1 AGC 控制电压的获取

图 5-8 所示为六管以上调幅收音机中常用的检波电路,其中 R_{17}、C_{25} 和 C_{26} 组成 π 型 RC 低通滤波器,将检波输出中的中频成分滤掉,其滤波过程可简单地用分压器原理加以解释。检波输出的中频成分被 C_{26} 先滤掉一大部分,残剩的中频成分又被 R_{17} 和 C_{25}、R_{18} 组成的分压器分压。对于中频来说,C_{25} 容抗很小且远小于 R_{18},故 C_{25} 与 R_{18} 的并联值取决于 C_{25},因而中频成分被 R_{17} 与 C_{25} 分压的结果几乎全部落在 R_{17} 上。对于检波输出的音频成分 i_d 和直流成分 I_0 来说,C_{25} 容抗很大(对直流可看作开路),故 C_{25} 相对于音频和直流可视为开路。音频或直流成分被 R_{17} 与 R_{18} 分压,而 R_{18} 远大于 R_{17},分压的结果几乎全部落在 R_{18} 上。这样,在音量电位器 R_{18} 上得到的几乎是没有中频成分的音频电压和直流电压。其中音频通过 C_{27} 耦合到下一级低放,直流 I_0 却被 C_{27} 阻挡,不致影响下一级低放的工作点。但是,直流 I_0 却可通过 R_{12}、C_{14} 组成的滤波器,得到较纯的直流,反送到第一中放管的基极,进行自动增益控制。

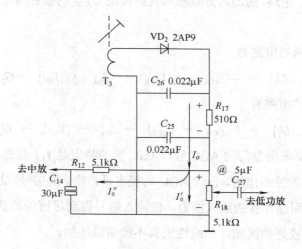

图 5-8 六管以上半导体收音机中常用的检波电路

5.4.2 六管超外差式收音机中的自动增益控制电路

图 5-8 所示检波电路中,通过 R_{12} 和 C_{14} 组成的滤波电路,将 a 点得到的直流成分反送

到第一中放管的基极,进行自动增益控制,此时音频成分被滤掉。这就是超外差收音机里自动控制增益的最基本方法。

图 5-9 所示为六管收音机内与自动增益控制有关的电路。由图 5-8 及图 5-9 中可以看出,检波输出中的直流成分 I_0 从 a 点分成两路:一路流经音量电位器 R_{18} 到地,在 R_{18} 上产生直流电压降,其极性如图上所示上端正、下端负,这个直流压降与 I_0 在 R_{17} 上的直流压降相串联(也是上端正下端负),对检波二极管 VD_2 来说是极性相反的,因此二极管 VD_2 在检波过程中,其工作点并非在 0 点,而是在这个反向直流电压的作用下自动偏负;另一路 I_0'' 如图 5-9 中箭头方向所示,流经 R_{12}、T_2 次级线圈到第一中放管 VT_2 的基极,方向正好与 VT_2 管的基极电流 I_{b2} 相反,因而要抵消一部分 I_{b2}。I_{b2} 减小,集电极电流 $I_{c2}=\beta \cdot 2I_{b2}$ 也会相应减小,即放大器直流工作点随之降低,第一中放级的增益就跟着降低。因为直流分量 I_0'' 的大小是随输入信号强弱而变的,当收音机接收强信号时,经变频、两级中放级加到检波级的中频信号也较强,检波输出的直流成分 I_0 就增大,分流 I_0'' 也随之增加,I_{b2} 被抵消得就多,从而 I_{c2} 减小,把第一中放的增益减下来;反之当接收弱信号时,由于自动增益控制电路的作用,使第一中放的增益增高。这样,就使得中放输出比较平稳,不受输入电台信号强弱的影响。

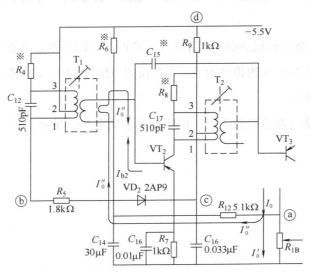

图 5-9 实用自动增益控制电路

小 结

自动增益控制(AGC)电路是收音机的重要辅助电路之一。其主要功能是根据输入信号电平的大小调整接收机的增益,从而使输出信号电平保持稳定。

AGC 电路可以分为简单 AGC 电路和延迟 AGC 电路两种。简单 AGC 电路的特点是只要有输入信号,AGC 电路就起作用;延迟 AGC 电路则克服了简单 AGC 电路的缺点,在延迟 AGC 电路里,有一门限电压 U_r,只有输入信号大于这个门限电压,AGC 电路才能起作用。

控制放大器增益的方法主要有两种:一种是通过改变放大器的某个参数来控制放大器的增益,另一种是插入可控衰减器来改变放大器的增益。

改变晶体管的发射极电流实现对放大器增益的控制是较常见的方法。改变 Y_{fe} 的大小,即可改变放大器的增益。而 Y_{fe} 与工作点电流有关,所以,改变发射极电流,就可以改变 $|Y_{fe}|$,从而达到控制放大器增益的目的。

思考与练习

1. 收音机中的自动增益控制信号是从哪个电路中提取的?提取的信号需要经过怎样的处理?

2. 简单 AGC 电路和延迟 AGC 电路各有何特点?它们的主要区别是什么?

3. 若自动增益控制电压的极性为负,则在反向 AGC 电路中,这个电压应加在晶体管的哪个极?试画出电路图。

4. 简述反向自动增益控制的原理,并说明是否需要特制的晶体管。为什么?

任务 6　项目实训：调幅接收机的安装与调试

实训要求

- 了解晶体管超外差式调幅收音机的组成和工作原理。
- 掌握晶体管超外差式调幅收音机的组装和调试技术。
- 学会处理安装和调试收音机过程中出现的问题。

6.1　任务导入：调幅接收机的原理

无线电广播分为调幅广播和调频广播两种。目前，中、短波广播及电视广播的图像部分采用调幅制，而电视广播的音频部分及调频广播采用调频制。

广播接收机是用于接收并选择广播电台发射的已调信号，经解调后，将调制信号复原为音频节目的无线电接收机。调幅和调频广播都采用超外差式电路。

6.1.1　超外差式调幅接收机原理框图

超外差式调幅接收机主要由输入电路、混频器、本机振荡器、中频放大器、检波器、低频放大器及电源等几部分组成。图 6-1 为超外差式调幅接收机原理框图。超外差式调幅接收机有以下优点。

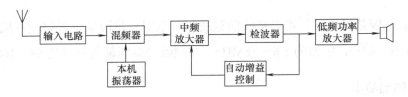

图 6-1　超外差式调幅接收机原理框图

(1) 中频频率(465kHz)较低，且为大信号检波，电路的增益及灵敏度较高。

(2) 中频频率固定,波段内增益均匀,统调方便。

(3) 由于存在"差频"作用,选择性好。

6.1.2 主要技术指标

1. 灵敏度

灵敏度是指收音机接收微弱信号的能力。定义为当收音机的输出功率或输出信噪比达到某一规定值时,输入端所需要的信号强度,分别称为最大灵敏度或信噪比灵敏度。

2. 选择性

选择性是指收音机挑选有用信号,抑制干扰信号的能力。用衰减量 A 表示,单位为分贝(dB)。

3. 通频带

通频带是指谐振时的电压增益下降 3dB 所对应的频带宽度,记为 BW 或 $2\Delta f_{0.7}$。

4. 保真度

保真度是指收音机输出信号波形与调制信号波形接近的程度。通常用频率失真(幅度失真)和谐波失真(非线性失真)表示。

5. 动态范围

动态范围是指从最小可接收信号电平到输出信号谐波失真在允许值内的最大输入信号电平的变化范围。

6. 波段覆盖范围

波段覆盖范围是指收音机可以接收的载波频率范围。我国规定调幅收音机的中波覆盖范围为 535~1605kHz,短波为 1.6~26MHz,调频收音机的覆盖范围是 88~108MHz。

7. 额定输出功率

额定输出功率是指谐波失真在允许值内的最大输出功率。

6.2 整机电路分析

实际的超外差式收音机类型繁多，电路各异，但其基本组成和工作原理并无太大区别。

由于整机电路比较复杂，并且理论设计对于职业教育而言并不是主要目的，因此，我们将重点放在对已给出的整机电路进行分解，然后进行定性分析。这里以分立式整机电路为例加以说明。

整机电路图如图 6-2 所示。

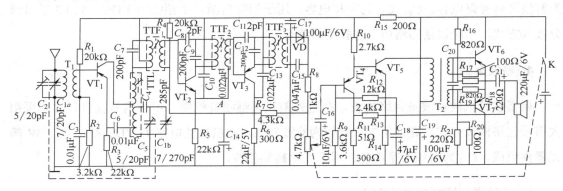

图 6-2 收音机整机电路图

1. 输入电路

输入电路是指从天线连接端到第一级放大器之间的电路，主要功能是选择电台信号，抑制干扰信号。典型电路为 LC 调谐回路。当 LC 调谐回路的谐振频率等同于外来信号频率时(谐振)，回路两端的电压最高，且耦合作用最强。失谐时，回路两端的电压最小，耦合作用最弱。调节线圈在磁棒上的位置，可改变 L 值和 Q 值。当远离电台时，为提高灵敏度可外接天线，常有电容耦合、电感耦合、电容电感耦合等三种方式，一般采用电感耦合方式。

本机输入电路主要由 C_{1a}、C_2、天线线圈 T_1 等组成。调节 C_{1a}(双联)从大到小，可使回路的谐振频率从 535 kHz 到 1605 kHz 之间连续变化，用以选择波段内的外来信号。

2. 变频电路

变频电路是利用晶体管的非线性，将高频调幅信号变换为中频调幅信号的电路。本机变频电路由 VT_1、振荡线圈 TTL、中频线圈 TTF1 以及外围元器件组成。该电路可分解为共射高频放大器和共基变压器反馈振荡器两部分，分别对接收的外来高频信号进行放大并产生等幅高频振荡信号。

振荡回路由 C_4、C_5、C_{1b}、振荡线圈 TTL 等组成，调节 C_{1b}(双联)从大到小，可使回路的振荡频率从 1000 kHz 到 2070kHz 之间连续变化。

中频选频回路由 C_7、中频线圈 TTF1 等组成，利用谐振选出中频信号。

3. 中频放大电路

中频放大电路是以中频调谐回路为负载，具有窄带频率特性的放大器。本机采用二级单调谐放大器形式，由 VT_2、VT_3 及外围元器件组成。C_7、C_9、C_{12} 为谐振电容，C_{10}、C_{13} 为射极高频旁路电容。C_8、C_{11} 为中和电容，用于消除自激。中频线圈 TTF2、TTF3 采用部分接入方式。中频调谐回路用于选择中频信号。

4. 检波电路

调幅收音机的检波是包络检波。在超外差式调幅收音机中，由于信号幅度较大，采用大信号包络检波方式。通常用二极管作为检波器件。本机检波电路由 VD、C_{15}、R_8、W 等元器件组成，C_{15} 为高频旁路电容，用于滤除高频载波。

5. 自动增益控制电路(AGC)

自动增益控制电路的作用是当输入信号强度发生变化时，该电路能自动调节并稳定输出电平。本机 AGC 电路由 R_7、C_{14} 等组成，C_{14} 与 VT_2 并联。为使 AGC 控制信号为正极性，二极管不能接反。

控制过程：输入信号↑→检波输出↑→U_A↑→U_{BE}↓→VT_2 增益↓

6. 低频放大电路

低频放大电路是指从检波输出到扬声器之间的电路，包括前置低放(推动)和末级功放。本机低放由 VT_4、VT_5 等作推动级，采用直接耦合方式，由 VT_6、VT_7 等组成的 OTL 电路作为末级功放。R_{18}、R_{21} 为温度补偿电阻用于稳定工作点。

6.3 收音机的装配

收音机装配的主要内容包括收音机电路原理图与印刷线路板的比照校对、元器件的识别与检测及正确的焊接装配方法的掌握。装配前应对收音机的原理、线路设计、元器件的选择、总体结构及电路板的布线与设计等一系列问题进行了解。

6.3.1 印刷电路板的检查

使用前一定要先按电路原理图对印刷电路板线路进行检查，不符合要求的部分应予以修正，如切断搭连部分、断线部分用焊锡连好等。

6.3.2 元器件的检查

(1) 根据电路图列出元件清单。
(2) 清点元件数目并分类放置(插于泡沫塑料上)。
(3) 磁棒和电感线圈的检查。

磁棒应检查是否平直，是否有裂纹，能否插入天线线圈和支架中。线圈应检查是否松脱，绝缘是否良好，线圈骨架是否破损，用万用表电阻挡测量线圈是否有断路现象。

(4) 中频变压器(中周)的检查。

用万用表电阻挡测量初、次级线圈是否有断路、短路现象。

(5) 电容器的检查。

电解电容器采用直标法表示电容量的大小，并标有正负极性，使用时不要接反。瓷片电容采用数值标志法表示电容量大小，单位为pF。前两位为有效数字，后一位数1表示乘上10^1，如：223 表示 $22×10^3$pF=0.022μF。使用前应测量电容器的容量是否与标称值符合，无条件时可用模拟万用表"Ω"挡测其充放电能力来判断(5000pF～0.33μF 可选 R×10k 挡，4.7～100μF 可选 100Ω挡)。

可变电容使用前，需用万用表检查定片、动片是否有短路处，旋转轴时是否平滑、轻松。

(6) 电阻的检查。

使用前用万用表检查阻值是否与标称值相符。阻值采用色标法，根据色差法对11个电阻进行分类。如表格 6-1。

表 6-1 色差法表值

棕	红	橙	黄	绿	兰	紫	灰	白	黑	金	银
1	2	3	4	5	6	7	8	9	0	5%	10%

(7) 电位器的检查。

使用前，用万用表电阻挡测量电位器两固定端阻值是否与标称值相等。滑动端与固定端间的电阻值从最小到最大或从最大到最小变化时，表针移动是否平稳，如有跳动现象说明动接点接触不好，还要检查动触点与两固定端的零位电阻，零位电阻越小越好。

(8) 三极管的检查。

使用前采用万用表电阻挡测其 PN 结正反向阻值来判断三极管的好坏。

(9) 扬声器的检查。

可用万用表测量其直流电阻。其次是外观检查，如纸盆是否完好，纸盆与支架粘合及音圈引线应无开胶和脱焊。

6.3.3 焊接与安装

由于元件出厂前，都对引线作易焊性处理，所以，可直接在印刷电路板上焊接，不需作浸锡处理。

1. 元器件引线的形成

元器件在印刷电路板上的安装方式有立式和卧式两种，元器件引线弯成的形状应根据焊盘孔的距离及装配要求而加工。成形后的元器件安装在电路板上后，同类元器件高度要一致，立式元件应使符号标志向外，以便检修。

2. 焊接次序

①电阻；②电容；③二、三极管；④中周及输入输出变压器；⑤整机安装。

3. 焊接方法

本机能否试装成功，很大程度上取决于焊接质量的好坏，焊接前应注意指导教师的示范和讲解，多做试焊练习。

6.4 收音机的调试

调试是为了收音机能正常且更好地工作，将调试好的部件组装成整机后，不可能都处在最佳配合状态，且满足整机的技术指标。所以，单元部件经组装后一定要进行整机调试。

任务 6　项目实训：调幅接收机的安装与调试

首先，按直观检查的方法对整机进行外观检查。外观检查有如下内容：焊接质量检查、电池夹弹簧检查、频率刻度指示检查、旋钮检查、耳机插座检查、机内异物检查等。结构调整主要是检查印制电路板各部件的固定是否牢靠，有无松动，各接插件间接触是否良好，机械转动部分是否灵活。其次，是要对各级电路进行调试。

6.4.1　静态工作点的调整

正确合理的静态工作点是收音机正常工作的前提。静态工作点应该符合电路的设计要求。

1. 整机电流

收音机的整机电流可以从电源开关处测量。将开关断开，串入电流表，电流过大(有短路)或过小(有开路)都不正常，应该从后向前依次检查并排除故障，使整机电流符合要求(在 10mA 左右)。

2. 变频级电流

变频级承担振荡和混频的双重任务，就本振而言，电流应取大些；对混频而言则不易过大。兼顾二者的不同要求取 0.4～0.6mA。同时，可用万用表判断本振电路是否起振(短接振荡回路，测量射极直流电位是否变化)，不起振时，应找出原因并排除故障，否则变频级不工作。

3. 中放级电流

中放级一般为二级放大电路，第一级取 0.4～0.6mA，第二级取 0.5～0.8mA。

4. 低放级电流

推动级电流一般取 1～2mA，输出级一般取 2～6mA。

6.4.2　中频调整

中频调整首先要消除自激(啸叫)，而后由后向前依次调整。

(1) 将双联全部旋进或全部旋出，以避开外来信号。

(2) 在末级功放的负载上并联交流毫伏表，以监测整机输出电压(或听声音)。

(3) 调节高频信号发生器，输出调幅度为 30%，载波频率为 465kHz 的高频调幅信号，经 0.01~0.047μF 耦合电容注入变频级的基极(或将探头靠近收音机的磁性天线处)。

(4) 自后向前，用无感起子逐级旋动中频变压器的磁帽，直至输出最大(或声音最响)。

(5) 重复以上过程，达到最佳状态为止。

6.4.3 频率覆盖

频率覆盖是指收音机可调谐的频率范围。实际电路中，为获得比较理想的跟踪，通常在振荡回路串联一个垫整电容，并联一个微调的补偿电容。频率覆盖(振荡频率范围)由振荡线圈和补偿电容来调整。

(1) 调节高频信号发生器，输出调幅度为 30%，载波频率为 525kHz 的高频调幅信号，将输出探头靠近收音机的磁性天线处。

(2) 将双联全部旋进(容量最大)，开启收音机，用无感起子旋动振荡线圈的磁帽，直至输出最大(或声音最响)。

(3) 将信号改为调幅度为 30%，载波频率为 1640kHz 的高频调幅信号，并将双联全部旋出(容量最小)，用无感改锥旋动振荡回路的补偿电容，直至输出最大(或声音最响)。

(4) 重复以上过程，达到最佳状态为止。

6.4.4 三点跟踪

三点跟踪即输入调整。在输入回路中，通过低端调电感，高端调补偿电容的办法，使输入回路的调谐曲线呈 S 形状，并与振荡回路的调谐曲线相吻合。

(1) 将高频信号发生器的输出载频改为 600kHz。

(2) 将双联全部旋进，然后慢慢旋出，监测整机输出，使输入回路调谐在 600kHz(即声音最响)。

(3) 改变天线线圈(输入回路)在磁棒上的位置，使整机输出最大(或声音最响)，实现低端跟踪。

(4) 将高频信号发生器的输出载频改为 1500kHz。

(5) 逐渐旋出双联，使输入回路调谐在 1500kHz(即声音最响)。

(6) 调节输入回路的补偿电容，使整机输出最大(或声音最响)，实现高端跟踪。

(7) 重复以上过程，实现三点跟踪。

经过以上的调试过程，一台组装的收音机基本合格。由于元器件的分散性以及装配工艺的差异，各台整机的实际收听效果不会完全相同，学生可以在辅导教师的指导下，通过改进电路来提高收音机的性能。

6.5 收音机的故障判断及检修

6.5.1 故障判断方法

在整机调试前，保证收音机工作在无故障状态，这样才能保证调试顺利进行。这就要求在安装时要注意规范，元器件无漏焊、错焊，连接无误，印刷板焊点无虚焊、连焊等，保证安装正确。一旦在安装完成后出现故障，则要按步骤进行检测，一般由后级向前级检查，先判断故障位置(信号注入法)，再查找故障点(电位法)，循序渐进，排除故障。

一般来说，故障判断方法有两种。

1. 信号注入法

收音机是一个信号捕捉处理、放大系统，通过注入信号可以判定故障的位置。

(1) 用万用表 R×10Ω 电阻挡，红表笔单接电池负极(地)，黑表笔碰触放大器输入端(一般为三极管基极)，此时扬声器可听到"咯咯"声。

(2) 用手握起子金属部分去碰放大器输入端，听扬声器有无声音。此法简单易行，但相对信号弱，不经三极管放大听不到。

2. 电位法

用万用表测各级放大器或元器件工作电压(见附表)可具体判断造成故障的元器件。

6.5.2 判断故障位置

判断故障在低放之前还是低放之中(包括功放)的方法。

(1) 接通电源开关将音量电位器开至最大，扬声器中没有任何响声，可以判定低放部分肯定有故障。

(2) 判断低放之前的电路工作是否正常，方法如下：将音量关小，万用表拨至直流 0.5V 挡，两表笔接在音量电位器非中心端的另两端上，一边从低端到高端拨动音量调节盘，一边观看电表指针，若发现指针摆动，且在正常播出一句话时指针摆动次数约在数十次左右，即可判断低放之前电路工作是正常的。若无摆动，则说明低放之前的电路中也有故障，这时仍应先解决低放电路的问题，然后再解决低放之前电路中的问题。

6.5.3 完全无声故障检修

将音量开大，用万用表直流电压 10V 挡，黑表笔接地，红表笔分别触碰电位器的中心端和非接地端(相当于输入干扰信号)，可能出现三种情况。

(1) 碰非接地端，喇叭中无"咯咯"声，碰中心端时喇叭有声。这是由于电位器内部接触不良，可更换或修理排除其故障。

(2) 碰非接地端和中心端，均无声，这时用万用表 R×10Ω挡，两表笔接碰触喇叭引线，触碰时喇叭若有"咯咯"声，说明喇叭完好。然后用万用表电阻挡点触 C_{21} 的正端，喇叭中如无"咯咯"声，说明耳机插孔接触不良，或者喇叭的导线已断；若有"咯咯"声，则应检查推挽功放电路。

(3) 用干扰法触碰电位器的中心端和非接地端，喇叭中均有声，则说明低放工作正常。

6.5.4 杂音较大故障检修

这种故障往往和变频管的质量有关，可以更换一只变频管试一试。另外，变频管集电极电流太大也会引起较大杂音，一般变频管的集电极电流不超过 0.6mA。

本机振荡过强会产生哨叫声。产生的原因可能是电源电压过高，变频级电流过大等。消除方法是：适当把振荡耦合电容 C_6 的容量减少到 5100pF，振荡回路里串联一只 10Ω左右的电阻。此外，还可以对调磁棒次级线圈的接头，微调中频变压器(中周)等。中频放大器自激也会产生强烈的哨叫声，这种哨叫声，布满全部刻度盘，除了强电台的广播能接收到外，稍微偏调一点儿就产生哨叫。判断是不是中放自激的方法是：断开变频管的集电极，如果仍然哨叫，就是中放自激；如果哨叫停止，说明哨叫来自变频级。造成中放自激的原因有：①中周外壳接地不良，失去屏蔽作用；②中放管质量不好，内部反馈太大；③中放管 β 值过高，引起自激；④两个中周的次序焊错，造成自激。

小　　结

超外差式调幅接收机主要由混频器、本机振荡器、中频放大器、检波器、低频放大器及电源等几部分组成。主要技术指标有灵敏度、选择性、通频带、保真度、动态范围、波段覆盖范围、额定输出功率等。

收音机装配的主要内容是收音机电路原理图与印刷线路板的比照校对，元器件的识别、检测和正确的焊接装配方法的掌握等。装配前应对收音机的原理、线路设计、元器件的选择、总体结构及电路板的布线与设计等一系列问题进行了解，严格按照技术规范要求完成收音机的焊接、安装。

收音机安装好后，不可能都处在最佳配合状态而满足整机的技术指标，所以，单元部件经组装后一定要进行整机调试。首先，按直观检查的方法对整机进行外观检查。其次，是要对各级电路进行调试。调试内容包括静态工作点的调整、中频调整、频率覆盖、三点跟踪等。

在整机调试前，要保证收音机工作在无故障状态，这样才能保证调试顺利进行。这就要求在安装时要注意规范，元器件无漏焊、错焊，连接无误，印刷板焊点无虚焊、连焊等，保证安装正确。如果在安装完成后出现故障，则要按步骤进行检测，一般由后级向前级检查，先判断故障位置(信号注入法)，再查找故障点(电位法)，循序渐进，排除故障。

思考与练习

1. 简述收音机的组成和工作原理。
2. 收音机电路一般包括哪几级？简述电路形式选择的依据。
3. 简述变频电路的工作原理，指出哪些元件组成振荡回路，哪些元件组成选频电路。
4. 解释三点跟踪的原理。说明电路中哪些元件与三点跟踪相关联。
5. 收音机中是否必须具有中放电路？说明 AGC 电路的作用并指明组成元件及参数。
6. 收音机中检波电路有哪几种形式？说明它们的优缺点。解释电路中 R、C 的参数选择依据。

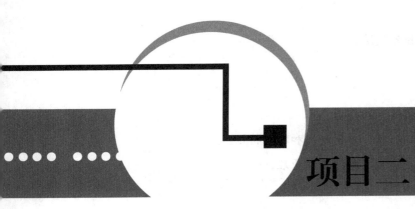

项目二
小功率调频发射机的设计与调试

项目描述

调频发射机是将音频信号和高频载波调制为调频波,使高频载波的频率随音频信号发生变化,再对所产生的调频信号进行缓冲放大、激励、功放和一系列的阻抗匹配,然后将信号通过天线发送出去的装置。我国广播调频发射机的频率范围为 88～108MHz。

本项目的实施过程包括:认识调频信号;掌握调频发射机的组成和各主要功能电路的工作原理及分析方法;焊接和组装调频发射机,形成可展示的产品;选择合适的电子测量仪器,与收音机连接成合理的测量和调试系统,完成调频发射机的调试;对安装和调试过程中出现的问题和故障进行处理,并分析原因;对项目的实施过程进行总结和交流。

学习目标

本项目的工作任务是根据调频发射机的组成和各主要功能电路的工作原理设计简单的调频发射机的电路并进行安装。

通过对本项目实施,应完成如下学习目标。

- 掌握小功率调频发射机的组成与结构,熟悉和理解组成调小功率调频发射机的各个功能电路的工作原理和分析方法。
- 能对组成小功率调频发射机的各功能电路进行制作、分析。
- 能够使用万用表、示波器、扫频仪等电子测量仪器对小功率调频发射机进行调试。

- 能分析和查找问题并排除故障。

理论知识要点

- 高频功率放大器在发射机中的作用。
- 高频功率放大器的工作原理、分析方法和外部特性。
- 调频信号的表示方法，调频电路的工作原理。

技能训练要点

- 会使用常用的电子测量仪器；能够正确地将测量仪器与小功率调频发射机连接，完成调试过程，熟悉小功率调频发射机调试中应达到的主要技术指标；能够保证小功率调频发射机安装过程中的焊接质量，能够对小功率调频发射机安装过程中的元件好坏进行判断。
- 能对信号通过高频功率放大器的工作情况进行判断，知道如何对高频功率放大器进行调谐和调整，能对高频功率放大器工作过程中出现的问题和故障进行判断和处理。
- 能对调频信号传输过程中出现的信号失真和其他故障进行判断和处理，能对调频电路进行调试。
- 知道如何对调频发射机进行调试，能对发射机工作过程中出现的诸如波形失真、增益或通频带不能达到技术指标、工作不稳定等现象进行判断和处理。

任务 7　发射机中的功率放大器

学习目标

- 了解高频功率放大器的电路及工作原理。
- 能够根据高频功率放大器的输出电流和电压判断高频功率放大器的工作状态。
- 能够根据负载变化判断高频功率放大器的工作状态变化。
- 能够识读高频功率放大器的电路图，能够对高频功率放大器进行调谐和调试。
- 能够根据高频功率放大器工作中的现象对其工作情况和故障进行判断及处理。

7.1　任务导入：高频功率放大器与其他放大器有何区别

为了更好地发射信号，在发射机的末端必须采用高频功率放大器。

在前面的课程中，我们了解了多种放大器，如低频放大器、低频功率放大器、高频小信号调谐放大器等，这些放大器在信号的发射和接收设备中起着极其重要的作用。

在无线电发射机中，为了获得大功率的高频信号，必须采用高频功率放大器。高频功率放大器工作在发射机的末级，主要技术指标是输出功率和效率，其大小对发射机的发送质量有着举足轻重的作用。高频功率放大器与前面所介绍的放大器有很大的区别，具有较独特的性质。

高频功率放大器按工作频带的宽窄可分为窄带高频功率放大器和宽带高频功率放大器。窄带高频功率放大器通常以 LC 并联谐振回路作负载，因此又称为谐振功率放大器。宽带高频功率放大器以传输线变压器为负载，因此又称为非谐振功率放大器。在广播发射机中，通常采用谐振功率放大器。

7.1.1　高频功率放大器中晶体管的工作状态

通常，放大器中的放大器件(大多采用晶体管)按照其导通时间，可分为甲类工作状态、乙类工作状态、丙类工作状态等。晶体管导通时间的一半称为导通角，用 θ 表示。当晶体管在输入信号的整个周期内导通时,即 $\theta=\pi$,这时称晶体管工作在甲类状态;当晶体管在输入信号的半个周期内导通,即 $\theta=\pi/2$,此时称晶体管工作在乙类状态;当晶体管的导通周期小于半个周期但大于 1/4 个周期,即 $\pi/4<\theta<\pi/2$ 时,称晶体管工作在丙类状态。图 7-1 为晶体管工作在甲、乙、丙三种状态时的集电极电流波形。

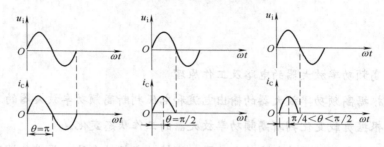

图 7-1 晶体管甲、乙、丙三种工作状态时的集电极电流波形

功率放大器的实质是将直流电源供给的直流功率转换为交流输出功率,在转换过程中,不可避免地存在着能量的损耗,这部分损耗的功率通常变成了热能。若损耗功率过大,就会使功率放大器因过热而损坏。因此,功率放大器研究的主要问题就是如何提高效率、减小损耗及获得较大的输出功率。

提高功率放大器效率的主要途径是使放大器件工作在乙类、丙类状态。但这些工作状态下放大器的输出电流与输入电压间存在很严重的非线性失真。

高频功率放大器中的晶体管就工作在丙类状态,所以它又称为丙类放大器。显然,在晶体管的丙类状态,晶体管的集电极电流 i_C 为脉冲形式的电流,为了保证放大器的输出电压不失真,必须采用谐振回路作负载,利用谐振回路的选频作用,选出基波信号,使放大器输出电压与输入电压保持相同。采用谐振回路作负载的功率放大器也称为谐振功率放大器。

7.1.2 高频功率放大器与低频功率放大器的区别

高频功率放大器和低频功率放大器的共同特点是要求输出功率大和效率高。高频功率放大器工作在发射机的末级,低频功率放大器工作在接收机的末级,两者的工作频率和相对带宽 ($\dfrac{\Delta f}{f_0}$) 差别很大。低频功率放大器的工作频率一般在 20Hz~20kHz,但相对带宽较宽;高频功率放大器的工作频率在几百千赫到几百兆赫,但相对带宽很窄。

因为低频功率放大器的相对带宽($\frac{\Delta f}{f_0}$)较宽,所以不能采用谐振回路作负载,因此一般情况工作在甲类状态;采用推挽电路时可以工作在乙类状态;而高频功率放大器的相对带宽较窄,可以采用谐振回路作负载,故通常工作在丙类状态,通过谐振回路的选频作用,可以滤除放大器的集电极电流中的谐波成分,选出基波从而消除非线性失真。因此,高频功率放大器具有比低频功率放大器更高的效率。

为了保证低频功率放大器工作在甲类状态,其晶体管的基极应采用正偏置电压。而为了保证高频功率放大器工作在丙类状态,其晶体管的基极应采用负偏置电压。

7.1.3 高频功率放大器与小信号调谐放大器的区别

高频功率放大器与小信号谐振放大器的共同点是二者都工作在高频段,负载均采用谐振回路。但谐振回路在两种放大器中所起的作用却有差别。在小信号谐振放大器中,谐振回路主要起选择有用信号、滤除干扰信号的作用;而谐振回路在高频功率放大器中则起选择基波、滤除谐波的作用。此外,小信号放大器的输入为小信号,晶体管工作在线性状态,属线性放大器;高频功率放大器的输入为大信号,晶体管工作在非线性状态,属非线性放大器。

7.1.4 高频功率放大器的主要性能指标

高频功率放大器的主要性能指标包括直流功率、输出功率、损耗功率和效率等。高频功率放大器常用的有源器件包括:晶体管、场效应管和电子管。输出功率在千瓦以下的功率管常采用晶体管;而对千瓦以上的则主要采用电子管。

高频功率放大器工作于大信号的非线性状态,用解析法分析较困难,故工程上普遍采用近似的分析方法——折线法来分析其原理和工作状态。

7.2 高频功率放大器的工作原理

7.2.1 高频功率放大器的电路组成

高频功率放大器一般工作在发射机的末级,以保证需要发送的信号具有足够的输出功率通过天线有效地辐射出去。图 7-2 为高频功率放大器的实际电路图。

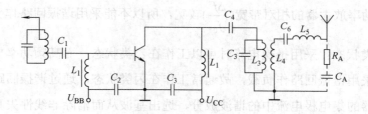

图 7-2 高频功率放大器的实际电路图

由图 7-2 可以看出,高频功率放大器主要由以下部分组成。

(1) 电子器件。它在电路中主要起开关控制作用,控制直流能量向交流能量的转变。

(2) 电源。高频功率放大器包括两个电源,基极电源 U_{BB} 和集电极电源 U_{CC}。其中 U_{BB} 主要是设置合理的工作状态,即保证晶体管工作在丙类状态;U_{CC} 则是提供直流能量。

(3) 馈电电路。既保证把电压 U_{BB} 和 U_{CC} 馈送到晶体管的各极,又防止交流信号进入直流电源。馈电电路包括基极馈电电路(由 C_1、L_1、C_2 构成)和集电极馈电电路(由 C_3、L_2、C_4 构成)。

(4) 耦合回路。主要起无损耗地传输高频信号及其能量,滤除谐波成分,以及阻抗匹配的作用。高频功率放大器的耦合回路可以是 LC 并联谐振回路,也可以是互感耦合回路或各种 LC 匹配网络。高频功率放大器的输入端和输出端均有耦合回路,其中,输出端的耦合回路也称为输出回路(由 C_5、C_6、L_3、L_4、L_5、C_A、R_A 组成)。输出回路是集电极负载,应调谐在推动级输出电压的频率上,且谐振回路的谐振阻抗应满足工作状态所要求的负载阻抗。C_5、L_3 构成谐振回路,其输出信号通过 L_4、C_6、L_5 耦合到天线发射出去,L_4、C_6、L_5 也称为天线回路,C_A、R_A 为天线阻抗。

由图 7-2 所示的实际线路可以得出高频功率放大器的原理电路图如图 7-3 所示。

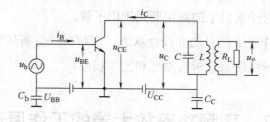

图 7-3 高频功率放大器原理电路图

7.2.2 高频功率放大器的工作原理与工作波形

如前所述,高频功率放大器的工作状态由基极偏置电压 U_{BB} 设置。为了提高晶体管的集电极效率，通常使晶体管的发射结处于反向偏置状态，即 U_{BB} 为负值，使晶体管在丙类状态下工作。

若设高频功率放大器的输入电压 $u_b(t) = U_{bm}\cos\omega t$

则晶体管基-射间的总电压为

$$u_{BE} = U_{BB} + U_{bm}\cos\omega t \tag{7-1}$$

其中，U_{BB} 为负值。只有当 u_{BE} 的瞬时值大于晶体管的导通电压 U_j 时，基极导通，才产生基极电流 i_B 和集电极电流 i_C。由于晶体管只在输入信号的部分周期内导通，故 i_B 为余弦脉冲，同理，i_C 也为余弦脉冲。将 i_B 和 i_C 用傅氏级数展开，得

$$i_B = I_{b0} + I_{b1m}\cos\omega t + I_{b2m}\cos 2\omega t + I_{b3m}\cos 3\omega t + \ldots \tag{7-2}$$

$$i_C = I_{c0} + I_{c1m}\cos\omega t + I_{c2m}\cos 2\omega t + I_{c3m}\cos 3\omega t + \ldots \tag{7-3}$$

高频功率放大器的输出回路具有选频作用，若正好谐振在基波频率上，则其对于基波电流而言，等效为一个纯电阻，对各次谐波而言，回路失谐，呈现很小的阻抗。输出回路中有电感存在，对直流可看成短路。这样当集电极脉冲电流 i_C 流经输出回路时，只有基波分量在回路两端产生较大电压降。此电压为

$$u_c = U_{cm}\cos\omega t = I_{c1m}R_e\cos\omega t \tag{7-4}$$

式中，I_{c1m} 为基波电流分量的振幅值；R_e 为输出回路的有载谐振电阻。

集-射间的瞬时电压为

$$u_{CE} = U_{CC} - U_{cm}\cos\omega t \tag{7-5}$$

图 7-4 为高频功率放大器工作波形示意图。

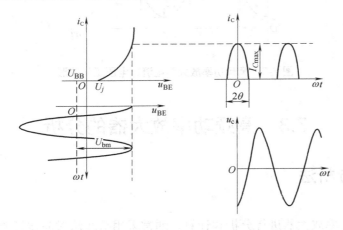

图 7-4 高频功率放大器工作波形示意图

图 7-5 为高频功率放大器电流、电压工作波形。

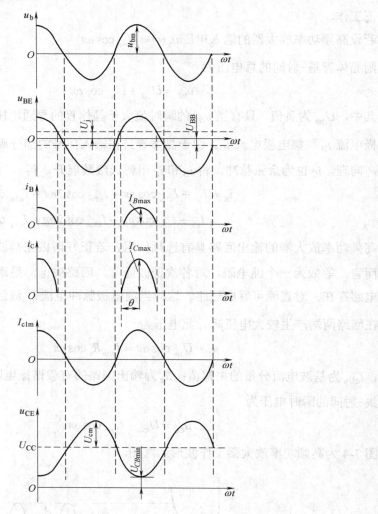

图 7-5　高频功率放大器电流、电压工作波形

7.3　高频功率放大器的分析

7.3.1　折线分析法

为了对高频功率放大器进行分析和计算，通常采用折线法对晶体管的转移特性和输出特性进行处理，即将转移特性曲线和输出特性曲线近似用折线来代替，如图 7-6 所示。

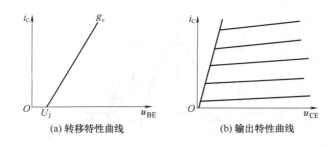

(a) 转移特性曲线　　　　(b) 输出特性曲线

图 7-6　晶体管特性曲线折线化

图 7-6(a)为折线化后的晶体管转移特性。由图可见，晶体管在放大区的转移特性可用一条交横轴于 U_j 且斜率为 g_c 的直线来表示，其函数式为

$$i_C = g_c(u_{BE} - U_j) \tag{7-6}$$

式中，U_j 为晶体管导通电压；g_c 为晶体管跨导。

折线法的好处在于用直线方程取代曲线方程近似表示晶体管特性，使高频功率放大器的分析和计算大为简化。由于高频功率放大器工作在大信号非线性状态，因此，工程上采用这一近似方法进行定性分析是可行的。

7.3.2　集电极余弦脉冲电流的分析

由前面的讨论可知，高频功率放大器的集电极电流为余弦脉冲形式，将晶体管的转移特性折线化后，i_C 的波形与 u_{BE} 的波形的正半周的一部分成线性关系，其电流和电压波形示意图如图 7-7 所示，集电极余弦脉冲波形的详细示意图如图 7-8 所示。

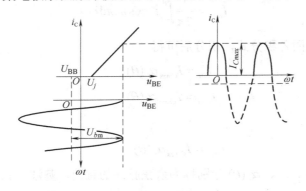

图 7-7　转移特性折线化后的 i_C 和 u_{BE} 波形

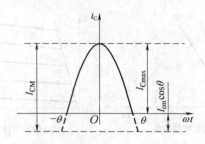

图 7-8 余弦脉冲波形

根据图 7-8 所示的余弦脉冲电流波形可得

$$i_C = I_{cm}\cos\omega t - I_{cm}\cos\theta \tag{7-7}$$

且

$$I_{C\max} = I_{cm} - I_{cm}\cos\theta \tag{7-8}$$

所以

$$i_C = I_{C\max}\frac{\cos\omega t - \cos\theta}{1-\cos\theta} \tag{7-9}$$

可见，集电极余弦脉冲电流 i_C 的大小和形状完全由最大值 $I_{C\max}$ 和导通角 θ 决定。利用傅氏级数将 i_C 展开可得

$$i_C = I_{c0} + I_{c1m}\cos\omega t + I_{c2m}\cos 2\omega t + \cdots I_{cnm}\cos n\omega t \tag{7-10}$$

其中，各电流分量的幅值为

$$I_{c0} = \frac{1}{2\pi}\int_{-\theta}^{\theta} i_C\, d\omega t \tag{7-11}$$

$$I_{c1m} = \frac{1}{2\pi}\int_{-\theta}^{\theta} i_C\cos\omega t\, d\omega t \tag{7-12}$$

$$\vdots$$

$$I_{cnm} = \frac{1}{2\pi}\int_{-\theta}^{\theta} i_C\cos n\omega t\, d\omega t \tag{7-13}$$

将式(7-9)代入上面各积分式，积分后可得

$$I_{c0} = I_{C\max}\alpha_0(\theta) \tag{7-14}$$

$$I_{c1m} = I_{C\max}\alpha_1(\theta) \tag{7-15}$$

$$\vdots$$

$$I_{cnm} = I_{C\max}\alpha_n(\theta) \tag{7-16}$$

式中，$\alpha_0(\theta)$、$\alpha_1(\theta)$、……、$\alpha_n(\theta)$ 分别称为余弦脉冲的直流、基波、n 次谐波的电流分解系数。可将 α_0，α_1，α_2，α_3 及 $g_1 = \dfrac{I_{c1m}}{I_{c0m}} = \dfrac{\alpha_1}{\alpha_0}$ 与通角 θ 的关系制成曲线，如图 7-9 所示。

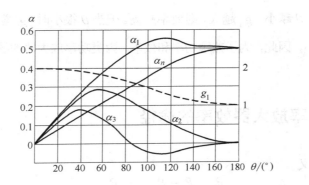

图 7-9 余弦脉冲分解系数与 θ 关系曲线

7.3.3 高频功率放大器的功率和效率

1. 直流功率 P_D

直流功率是指由直流供电电源 U_{CC} 提供的功率。

$$P_D = U_{CC} I_{c0} \tag{7-17}$$

2. 输出功率 P_O

输出功率是指由电子器件送给谐振回路的基波信号功率。

$$P_O = \frac{1}{2} I_{c1m} U_{cm} = \frac{1}{2} I_{c1m}^2 R_e = \frac{1}{2} \cdot \frac{U_{cm}^2}{R_e} \tag{7-18}$$

3. 集电极损耗功率 P_C

高频功率放大器的工作过程实际上是直流功率转换为交流功率的过程，在转换过程中，大部分直流功率变成了交流输出功率，小部分变成了热能消耗在晶体管的集电极上，集电极损耗功率就是指消耗在集电极上的功率。

$$P_C = P_D - P_O \tag{7-19}$$

4. 集电极效率 η

为了说明高频功率放大器的能量转换能力，定义集电极效率为

$$\eta = \frac{P_O}{P_D} = \frac{\frac{1}{2} U_{cm} I_{c1m}}{E_c I_{c0}} = \frac{1}{2} \xi g_1(\theta) \tag{7-20}$$

式中，ξ 称为集电极电压利用系数；$g_1(\theta)$ 为集电极电流利用系数，大小与 θ 有关。

由图 7-9 可见，θ 越小，g_1 越大，则效率越高。但当 θ 很小时，g_i 增加不多，且造成 $\alpha_1(\theta)$ 小，使输出功率过小，因此，为了兼顾功率和效率，丙类功率放大器的导通角 θ 一般在 60°～90°内选择。

7.3.4　提高功率放大器效率的途径

根据效率的定义

$$\eta = \frac{P_O}{P_D} = \frac{P_D - P_C}{P_D} = 1 - \frac{P_C}{P_D} \tag{7-21}$$

式中，P_C 为晶体管集电极损耗功率。上式说明要提高放大器的效率，应尽可能减小集电极损耗功率 P_C。而

$$P_C = \frac{1}{2\pi}\int_{-\theta}^{\theta} i_C u_{CE} \mathrm{d}\omega t \tag{7-22}$$

可见，减小损耗功率的有效方法如下。

(1) 减小 P_C 的积分区间 θ，即减小集电极电流的导通角，但导通角 θ 过小，会导致输出功率过低，故导通角一般不应小于 60°。

(2) 减小 i_C 与 u_{CE} 的乘积，即减小晶体管的瞬时管耗。由图 7-4 可以看出，当晶体管集电极电流 i_C 为最大时，管压降 u_{CE} 最小，这时它们的乘积，即瞬时管耗最小。而要达到这个要求，晶体管的集电极负载回路必须工作在谐振状态。可见，一旦负载回路失谐，将导致放大器的损耗功率增加，效率降低。

7.4　高频功率放大器的动态分析和外部特性

7.4.1　高频功率放大器的动态分析

晶体管的转移特性和输出特性实际上是在其集电极没有外接负载的情况下获得的，也称为静态特性。由前面的讨论可知，晶体管在放大区的静态特性为

$$i_C = g_c(u_{BE} - U_j) \tag{7-23}$$

式(7-23)表明，在没有外接负载时，在放大区，晶体管集电极电流主要受 u_{BE} 控制，而与 u_{CE} 无关。

如果集电极接有负载，则当改变 u_{BE} 使 i_C 变化时，由于负载上有电压降，就必然同时引

起 u_{CE} 的变化。因此，在考虑了负载的反作用后，所获得的 u_{CE}、u_{BE} 与 i_C 的关系曲线就叫动态特性曲线。最常用的是当 u_{CE}、u_{BE} 同时变化时，表示 i_C-u_{CE} 关系的动态特性曲线，也称为负载线。

下面推导高频功率放大器的动态线方程。

由图 7-3 可知，当放大器工作于谐振状态时，其外部电路的关系为

$$\left.\begin{array}{l}u_{BE} = U_{BB} + U_{bm}\cos\omega t \\ u_{CE} = U_{CC} - U_{cm}\cos\omega t\end{array}\right\} \qquad (7\text{-}24)$$

解上述方程组，消去 $\cos\omega t$，得

$$u_{BE} = U_{BB} - \frac{U_{bm}}{U_{cm}}(u_{CE} - U_{CC}) \qquad (7\text{-}25)$$

将式(7-25)代入晶体管在放大区的特性方程式(7-23)得

$$i_C = g_c[-\frac{U_{bm}}{U_{cm}}(u_{CE} - U_{CC}) + U_{BB} - U_j]$$

$$= -g_c\frac{U_{bm}}{U_{cm}}u_{CE} + g_c\frac{U_{CC}U_{bm} + U_{BB}U_{cm} - U_jU_{cm}}{U_{cm}}$$

$$= g_d u_{CE} + V \qquad (7\text{-}26)$$

显然，式(7-26)表示一个斜率为 $g_d = -g_c\dfrac{U_{bm}}{U_{cm}}$、截距为 $V = g_c\cdot\dfrac{U_{CC}U_{bm} + U_{BB}U_{cm} - U_jU_{cm}}{U_{cm}}$ 的直线方程，即高频功率放大器的动态线为斜率为负值的直线。其在坐标系 i_C-u_{CE} 中的位置如图 7-10 所示。

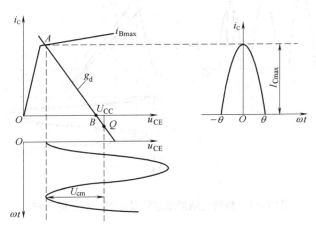

图 7-10 丙类放大器的动态特性

图 7-10 中，直线 AB 即为放大区的动态特性曲线。在动态线上可以找到放大器的静态工作点为

$$u_{CEQ} = U_{CC}$$
$$I_{CQ} = g_c(U_{BB} - U_j) \tag{7-27}$$

U_{BB} 为负值，则放大器的静态工作点电流为负值，即静态工作点位于横轴以下，这正是丙类状态所特有的。

7.4.2 高频功率放大器的负载特性

高频功率放大器的动态线斜率与集电极负载有关，即

$$g_d = -g_c \frac{U_{bm}}{U_{cm}} = -g_c \frac{U_{cm}}{I_{c1}R_e} \tag{7-28}$$

当放大器直流电源电压 U_{BB}、U_{CC} 和激励电压 u_{BE} 不变时，负载 R_e 变化，会使动态线斜率改变，从而引起放大器的集电极电流 I_{c0}、I_{c1m}、回路电压 U_{cm} 输出功率 P_O、效率 η 等发生变化。高频功率放大器的这个特性称为负载特性，它是高频功率放大器的重要特性之一。

三条动态线分别与晶体管的输出特性有三种相交位置。图 7-11 表示在三种不同负载电阻时，所对应的三条动态线及相应的电流、电压波形。

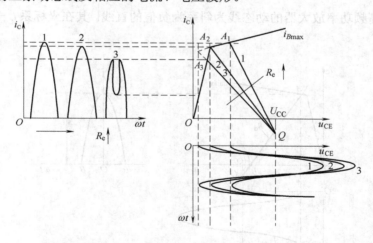

图 7-11 负载电阻对动态线及电流、电压的影响

(1) 动态线 1 与输出特性的 i_{Bmax} 相交。代表 R_e 较小因而 U_{cm} 也较小的情形，此时，放大器的动态工作范围全部在放大区，称为欠压工作状态。动态线与 i_{Bmax} 的交点决定了集电极电流脉动的高度，显然，这时电流波形为尖顶余弦脉冲。

(2) 动态线 2 与临界饱和线及 i_{Bmax} 相交，称为临界状态。在临界状态，电流与电压满足下面的关系：

$$\begin{cases} U_{CES} = U_{CC} - U_{cm} \\ I_{Cmax} = g_{Cr} U_{CES} \end{cases}$$

式中，U_{CES} 为晶体管的临界饱和压降；g_{Cr} 为晶体管输出特性的临界饱和线斜率。

(3) 动态线 3 与输出特性的临界饱和线相交。表明随着负载电阻 R_e 继续增大，放大器的动态工作范围一部分进入饱和区。输出电压进一步增大，处于过压状态。当动态线穿过临界点后，电流沿临界饱和线下降且顶部出现凹陷。

综上所述，当负载电阻 R_e 由小到大，放大器的工作状态将从欠压状态进入临界状态，再进入过压状态。在欠压区，电流 I_{c0} 和 I_{c1m} 沿 I_{Bmax} 略有下降。进入过压后，电流 I_{c0} 和 I_{c1m} 急剧下降并出现凹陷，而且凹陷程度随 R_e 增大而加深。由此可以画出 I_{c0} 和 I_{c1m} 随负载 R_e 变化的曲线，并根据 U_{cm}、P_O、P_D、η、P_C 等的关系式可以依次画出它们随 R_e 变化的曲线，如图 7-12 所示。

观察图 7-12，可知高频功率放大器的负载特性有以下特点。

(1) 在欠压状态，输出电流平稳，即对负载而言，高频功率放大器相当于恒流源。在过压状态，输出电压平稳，即对负载而言，高频功率放大器相当于恒压源。

(2) 在临界状态，输出功率最大。

(3) 在弱过压状态，集电极效率最高。

(4) 在欠压状态，集电极损耗功率较大，易烧毁晶体管，当负载回路严重失谐或短路时，这种情况就可能出现。

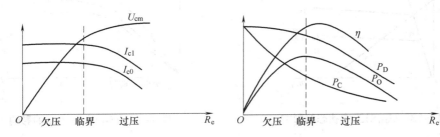

图 7-12 负载特性曲线

可见，三种工作状态具有不同的负载特性，应针对其特点加以利用。例如，作为多级功放，要求足够大的输出功率和较高的效率。显然，应采用临界工作状态较为合理，过压状态具有较高的效率，且有恒压性质，较适用于中间级，这时它能为后级提供较稳定的激励电压；欠压状态的输出功率与效率都较小，而且损耗功率较大，较少采用，但在某些场合，如利用丙类放大器进行基极调幅，必须工作在欠压状态。

7.4.3 高频功率放大器的振幅特性

高频功率放大器的振幅特性是指 U_{CC}、U_{BB}、R_e 一定时，放大器的电流、电压等随输入信号的电压幅值 U_{bm} 的变化关系。讨论振幅特性是为了研究放大器在放大某些振幅变化的高频信号时的特性。

因为 $u_{BE}=U_{BB}+U_{bm}\cos\omega t$，$U_{bm}$ 的增加，将引起 i_{Bmax} 的增加。若当 I_{Bmax2} 时为临界状态，则当 U_{bm} 的增加，使基极电流最大值增加到 i_{Bmax1}，工作状态将变为过压状态；若 U_{bm} 减小，基极电流最大值变为 i_{Bmax3}，工作状态将变为欠压状态，如图 7-13 所示。当 U_{bm} 由小变大，放大器工作状态将从欠压变到临界，再到过压，放大器的集电极电流 I_{c0}、I_{c1m} 和电压 U_{cm} 亦会发生变化，变化规律如图 7-14 所示。可见，在欠压区，放大器集电极电流和电压随 U_{bm} 的变化而变化。而在过压区，电流和电压受 U_{bm} 的影响不大。因此，若放大振幅变化的信号，为了保持输出振幅与输入振幅的线性关系，高频功率放大器应工作在欠压区。

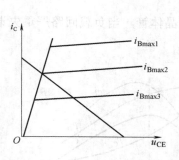

图 7-13 U_{bm} 对工作状态的影响

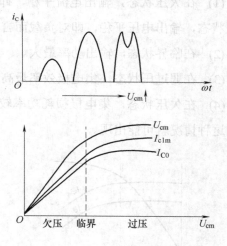

图 7-14 U_{bm} 对 I_{c0}、I_{c1m} 的影响

7.4.4 高频功率放大器的调制特性

当放大器的 U_{CC}、R_e、U_{bm} 一定时，放大器的性能随 U_{BB} 变化的特性称为基极调制特性；当 U_{BB}、R_e、U_{bm} 一定时，放大器的性能随 U_{CC} 变化的特性称为集电极调制特性。讨论放大

器的调制特性是为了说明放大器用于调幅时的特性。

1. 基极调制特性

因为 $u_{BE}=U_{BB}+U_{bm}\cos\omega t$，当 U_{BB} 由负值变到正值过程中 u_{BE} 逐渐增加，其变化规律与 U_{bm} 增大的规律一致，故 U_{BB} 的变化对工作状态及电流、电压的影响与 U_{bm} 的影响一致，示意图如图 7-15 所示。

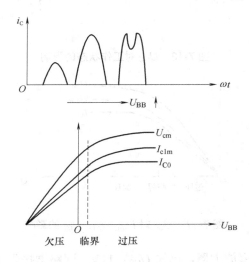

图 7-15　U_{BB} 对 I_{c0} 和 I_{c1m} 的影响

由图 7-15 可见，在欠压区，输出电流和电压随 U_{BB} 的增大而增大，且呈现近似的线性关系；而在过压区，输出电流和电压几乎不随 U_{BB} 的变化而变化。因此，如果需要用 U_{BB} 对 U_{cm} 实现一定的控制作用，即进行基极调幅，则丙类放大器应工作在欠压状态。

2. 集电极调制特性

当 U_{BB}、U_{bm}、R_e 不变时，负载线斜率及 i_{Bmax}、I_{CQ} 均不变，当 U_{CC} 变化，负载线将发生平移。当 U_{CC} 由小变大，负载线将从左向右平移，放大器的工作状态将从过压变到临界，再变到欠压。其示意图如图 7-16 所示。

图 7-17 为 U_{CC} 变化时，集电极电流 I_{c1m}、I_{c0}、U_{cm} 的变化情况。由图可见，在过压区，电流和电压随着 U_{CC} 的增大而增大，且具有一定的线性增加的关系。而在欠压区，几乎不随 U_{CC} 的变化而变化。因此，如果需要用 U_{CC} 对 U_{cm} 实现一定的控制作用，即进行集电极调幅，丙类放大器应工作在过压状态。

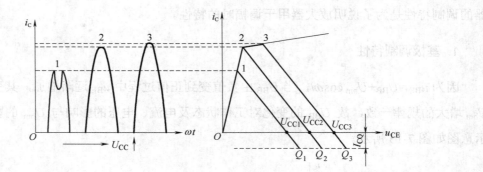

图 7-16 U_{CC} 对工作状态的影响

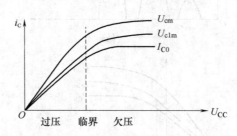

图 7-17 U_{CC} 对 I_{c1m}、I_{c0}、U_{cm} 的影响

例 7-1 有一谐振功率放大器,已知 $U_{CC}=12V$,回路谐振阻抗 $R_e=130\Omega$,集电极效率 $\eta=74.5\%$,输出功率 $P_O=500mW$。为了提高 η,在保持 U_{CC}、R_e、P_O 不变的条件下,将通角减小到 60°,并使放大器工作到临界状态。

(1) 试分析放大器原来的工作状态。

(2) 计算 η 提高的百分比和 $\theta=60°$ 时的效率。

解:

(1) 确定放大器原来的工作状态。

当通角减小时,由于 U_{CC}、R_e、P_O 不变,因此集电极电压 U_{cm} 不变,同时由于 $I_{c1m}=U_{cm}/R_e$ 不变,因而 θ 减小时,要求 i_{Cmax} 增加。根据题意,工作状态的改变应是由 U_{BB} 或 U_{bm} 变化引起的,既然这时放大器工作在临界状态,那么,可推断原来工作在欠压状态。

(2) 计算 η 提高的百分比和 $\theta=60°$ 时的效率 η'。

首先计算欠压状态的集电极电流通角。由题意可知 $P_C=500mW$,$R_e=130\Omega$,$U_{CC}=12V$,$\eta=74.5\%$,则

$$U_{cm}=\sqrt{2P_O R_e}=\sqrt{2\times 0.5\times 130}=11.4V, \quad \xi=\frac{U_{cm}}{U_{CC}}=\frac{11.4}{12}=0.95$$

$$g_1(\theta) = \frac{2\eta}{\xi} = \frac{2 \times 0.745}{0.95} \approx 1.57$$

查表可知，上述 $g_1(\theta)$ 时的通角 $\theta=90°$，还可查得 $\theta=60°$ 时 $g_1(60°)=1.80$。然后计算 η 提高的百分比为

$$\frac{\eta'}{\eta} = \frac{\frac{1}{2}\xi g_1(60°)}{\frac{1}{2}\xi g_1(90°)} = \frac{g_1(60°)}{g_1(90°)} = \frac{1.80}{1.57} = 1.15(倍)$$

即效率提高了 15%。

最后计算 $\theta=60°$ 时的效率 η' 为

$$\eta' = \frac{1}{2}\xi g_1(60°) = \frac{1}{2} \times 0.95 \times 1.8 = 85.5\%$$

7.5 高频功率放大器的馈电电路和输出回路

7.5.1 高频功率放大器的馈电电路

要想使高频功率放大器正常工作，各电极必须接有相应的直流馈电电路。无论是集电极电路还是基极电路，它们的馈电方式都分串联馈电和并联馈电两种。

1. 集电极馈电电路

我们已经知道，流经集电极回路的电流为余弦脉冲电流，它包含直流、基波和各项谐波分量。对于这些频率成分，馈电电路的组成原则如下。

(1) 要求直流电流直接经管外电路供给集电极电源以产生直流能量，除了晶体管内阻外，没有其他电阻消耗能量，其等效电路应如图 7-18(a)所示。

(2) 要求基波分量 I_{c1m} 应通过负载回路，以产生高频输出功率。因此，除调谐回路外，其余部分对于 I_{c1m} 来说都应是短路的，其等效电路如图 7-18(b)所示。

(3) 要求管外电路对于高次谐波均应尽可能接近短路。即高次谐波不应消耗任何能量。其等效电路如图 7-18(c)所示。

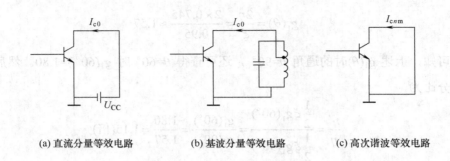

(a) 直流分量等效电路   (b) 基波分量等效电路   (c) 高次谐波等效电路

图 7-18　集电极电路对不同频率电流的等效电路

图 7-19 所示为两种集电极馈电电路,它们的组成均满足以上几条原则。其中,图(a)为串联馈电方式,图(b)为并联馈电方式。

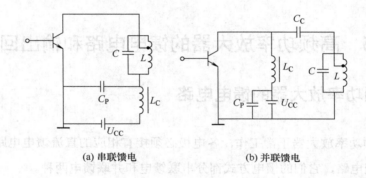

(a) 串联馈电   (b) 并联馈电

图 7-19　集电极馈电电路

串联馈电,是指晶体管、负载电路和电源 U_{CC} 三者为串联方式;并联馈电,是指晶体管、负载回路和电源 U_{CC} 三者为并联方式。图中,L、C 组成负载回路。L_C 为扼流圈,它对直流近似为短路,而对高频则呈现很大的阻抗,近似为开路。C_P 为高频旁路电容,作用是防止高频成分进入直流电源。C_C 为隔直电容,作用是防止直流进入负载回路。

串联馈电的优点是 U_{CC}、L_C、C_P 处于高频地电位,分布电容不影响回路;并联馈电的优点是 LC 处于直流地电位,L、C 元件可以接地,安装方便,但 L_C、C_P 对地的分布电容对回路产生不良影响,限制了放大器的高端频率。因此,串联馈电一般适用于高频电路,并联馈电一般适用于低频电路。

2. 基极馈电电路

基极馈电电路同样有串联馈电和并联馈电两种方式,如图 7-20 所示。图中,C_P 为旁路电容,C_B 为耦合电容,L_C 为高频扼流圈。在实际电路中,工作频率较低或工作频带较宽的功率放大器一般采用互感耦合，因此常采用如图 7-20(a)所示的串联馈电的形式；对于较高频段的功率放大器，由于采用电容耦合比较方便，则通常采用如图 7-20(b)所示的并联馈电的形式。

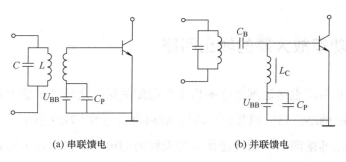

(a) 串联馈电　　　　　　　(b) 并联馈电

图 7-20　基极馈电电路

在实际应用中，高频功率放大器还经常采用自给偏置的方式来获取基极偏置电压。通常有以下三种方式产生基极偏置电压。

（1）利用基极电流在基极电阻上产生偏压，如图 7-21(a)所示。基本原理为：当晶体管导通时，基极电流通过晶体管对基极电容 C_B 充电，当晶体管截止时，电容则通过 $R_B C_B$ 回路放电，并在回路中产生放电电流 I_B。由于充电常数 $\tau_充 = r_i C_B$ 远大于放电常数 $\tau_放 = R_B C_B$，在 $R_B C_B$ 回路两端保持一个近似不变的直流电压，其大小为 $U_{BB} \approx R_B \cdot I_{BO}$，且这个电压对基极而言为负偏置电压。这种方法经常使用，但它的缺点是随着偏置电阻 R_B 的加大，降低了晶体管的集-射间的击穿电压 BV_{CER}。

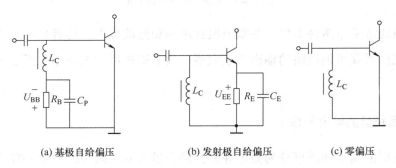

(a) 基极自给偏压　　　(b) 发射极自给偏压　　　(c) 零偏压

图 7-21　产生基极自给偏置电压的几种方式

（2）利用发射极电阻建立偏置电压，如图 7-21(b)所示。其基本原理与上一种情况相似，也是利用基极电流通过晶体管对发射极旁路电容 C_E 进行充放电，建立一个近似不变的直流电压 $U_{BB} \approx I_{EO} \times R_E$。这种方法的优点是可以自动维持放大器的工作稳定。当激励加大时，I_{EO}

增大，使负偏压加大，反之使 I_{EO} 相对增加量减小，这实际上就是直流负反馈作用。

(3) 零偏压，如图 7-21(c)所示。在基极和发射极间用直流电阻很小的扼流圈连通，使发射结没有加任何偏置。但由于晶体管的导通电压的存在，使晶体管的导通角 θ 略小于 $\frac{\pi}{2}$。

7.5.2 高频功率放大器的输出回路

为了与前级和后级电路达到良好的传输和匹配关系，高频功率放大器通常接有输入匹配网络和输出匹配网络，它们通常由二端口网络构成，如图 7-22 所示。

放大器的输出匹配网络一般指晶体管与天线间的电路，也称输出回路。对它的一般要求如下。

(1) 能滤除谐波分量。

(2) 与天线达到良好的匹配，保证获得高的输出功率与效率。

(3) 能适应波段工作的要求，频率调节方便。

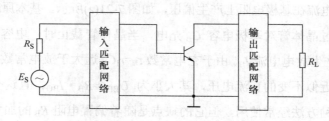

图 7-22　放大器的匹配网络

输出回路通常采用两种类型：并联谐振回路型和滤波器型。前者多用于前级和中间级放大器以及某些需要可调回路的输出级放大器；后者则多用于大功率、低阻抗的宽带输出级放大器。

1. 并联回路型的输出回路

并联回路型的输出回路可分为简单并联回路和耦合回路两种。简单并联回路是将负载通过并联回路接入集电极回路，这种方式的优点是电路简单，缺点是阻抗匹配不易调节，滤波性能不好，因此现已很少采用。耦合回路是将天线回路通过互感或其他电抗元件与集电极调谐回路相耦合。图 7-23 所示为互感耦合的输出回路。

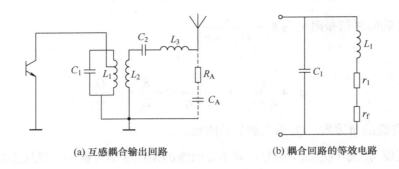

(a) 互感耦合输出回路 (b) 耦合回路的等效电路

图 7-23 互感耦合输出回路

图 7-23(a)中，L_1、C_1 回路称为中介回路，L_2、L_3、C_2 回路称为天线回路。L_3、C_2 为天线回路的调谐元件，它们的作用是使天线回路处于谐振状态，以使天线回路的电流 I_A 达到最大值，即使天线回路的辐射功率达到最大。图 7-23(b)为耦合回路的等效电路，r_f 代表天线回路谐振时反射到中介回路的等效电阻，我们称之为反射电阻，其值可由下面的表达式求出

$$r_f = \frac{(\omega M)^2}{R_A}$$

因而等效回路的谐振阻抗为

$$R'_e = \frac{L_1}{C_1(r_1 + r_f)} = \frac{L_1}{C_1(r_1 + \frac{\omega^2 M^2}{R_A})} \tag{7-29}$$

由式(7-29)可知，改变互感 M 就可以在不影响回路调谐的情况下，调整中介回路的有载等效电阻 R'_e，以达到阻抗匹配的目的。在耦合输出回路中，即使天线开路，对电子器件也不致造成严重的损害，而且它的滤波作用要比单调谐回路好，也因此得到广泛的应用。

为了使器件的输出功率绝大部分送到负载上，需反射电阻 r_f 远大于回路损耗 r_1。我们通常用输出至负载的有效功率与输入到回路的总交流功率之比来衡量回路传输能力的好坏，这个比值称为中介回路的传输效率，用 η_K 表示。

$$\eta_K = \frac{\text{回路送至负载的功率}}{\text{电子器件送至回路的总功率}}$$

$$= \frac{I_k^2 r_f}{I_k^2 (r_1 + r_f)} = \frac{r_f}{r_1 + r_f} = \frac{\frac{(\omega M)^2}{R_A}}{r_1 + \frac{(\omega M)^2}{R_A}} = \frac{(\omega M)^2}{r_1 R_A + (\omega M)^2} \tag{7-30}$$

设无负载时的回路谐振阻抗为 $R_e = \frac{L_1}{C_1 r_1}$。

有负载时的回路谐振阻抗为 $R'_e = \dfrac{L_1}{C_1(r_1 + r_f)}$

则

$$\eta_K = \frac{r_f}{r_1 + r_f} = 1 - \frac{r_1}{r_1 + r_f} = 1 - \frac{R'_e}{R_e} = 1 - \frac{Q_L}{Q_o} \tag{7-31}$$

式中，Q_L 为有载品质因数；Q_o 为空载品质因数。

可见，要使 η_K 高，Q_L 越小越好，即中介回路的损耗应尽可能小。但从要求回路滤波性能良好方面来考虑，Q_L 又应该足够大。因此，Q_L 的选择应两者兼顾。

2. 滤波器型匹配网络

常用的滤波器型匹配网络有 T 型网络和Π型网络等。

图 7-24 所示为两种 T 型网络。

由于电路中的电容值和电感值应为实数，则由图 7-24(a)中电容的表达式可知，图中所示电路应满足

$$\frac{R'_L}{R_L} > \frac{1}{1 + Q_L^2} \tag{7-32}$$

式中

$$Q_L = \frac{\omega_0 L_1}{R'_L} \tag{7-33}$$

上式说明 $R_L \geqslant R'_L$，即实际接的负载电阻可以比需要的最佳电阻大，故电路为升压电路。图 7-24(a)所示电路的主要参数的计算公式如下：

$$L_1 = \frac{Q_L R'_L}{\omega_0} \tag{7-34}$$

$$C_1 = \frac{Q_L - \sqrt{\dfrac{R'_L}{R_L}(1 + Q_L^2) - 1}}{\omega_0 R'_L (1 + Q_L^2)} \tag{7-35}$$

$$C_2 = \frac{1}{\omega_0 R_L \sqrt{\dfrac{R'_L}{R_L}(1 + Q_L^2) - 1}} \tag{7-36}$$

由图 7-24(b)所示电路中电容的表达式可知，图中所示电路应满足

$$\frac{R_L}{R'_L} > \frac{1}{1 + Q_L^2} \tag{7-37}$$

上式说明 $R_L < R'_L$，即实际接的负载电阻比需要的最佳电阻小，此电路为降压电路。图 7-24(b)所示电路的主要参数的计算公式如下：

$$L_1 = \frac{Q_L R'_L}{\omega_0} \tag{7-38}$$

$$C_1 = \frac{1}{\omega_0 R'_L \sqrt{\dfrac{R_L}{R'_L}(1+Q_L^2)-1}} \tag{7-39}$$

$$C_2 = \frac{Q_L - \sqrt{\dfrac{R_L}{R'_L}(1+Q_L^2)-1}}{\omega_0 R_L (1+Q_L^2)} \tag{7-40}$$

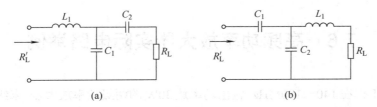

图 7-24　T 型网络

图 7-25 所示为两种 Π 型网络的电路。

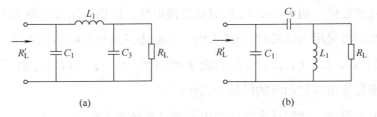

图 7-25　Π 型网络

图 7-25(a)所示电路的主要参数的计算公式如下：

$$L_1 = \frac{R'_L \left(\sqrt{\dfrac{R_L}{R'_L}(1+Q_L^2)-1} + Q_L \right)}{\omega_0 (Q_L^2 + 1)} \tag{7-41}$$

$$C_1 = \frac{Q_L}{\omega_0 R'_L} \tag{7-42}$$

$$C_2 = \frac{\sqrt{\dfrac{R_L}{R'_L}(1+Q_L^2)-1}}{\omega_0 R_L} \tag{7-43}$$

图 7-25(b)所示电路的主要参数的计算公式如下：

$$L_1 = \frac{R_L}{\omega_0 \sqrt{\frac{R_L}{R_L'}(1+Q_L^2)-1}} \tag{7-44}$$

$$C_1 = \frac{R_L'}{\omega_0 Q_L} \tag{7-45}$$

$$C_2 = \frac{Q_L^2 + 1}{\omega_0 R_L' \left(\sqrt{\frac{R_L}{R_L'}(1+Q_L^2)-1} + Q_L \right)} \tag{7-46}$$

7.6 高频功率放大器实际电路举例

图7-26为工作在140～180MHz、输出功率达30W的两级功率放大器。末级采用MRF238作功放管，输出回路采用双T型匹配网络。第一个T型匹配网络由电容C_{10}、C_{11}和电感L_{10}的一部分组成，第二个T型匹配网络由L_9、C_9和L_{10}的另一部分组成，这样将50Ω的负载经双T型网络与放大器所要求的负载阻抗R_e相匹配，且双T型滤波器保证了放大器的输出回路有良好的滤波性能。图中R_1、C_8组成负反馈电路，以保证末级功率放大器的稳定性。

放大器的激励级采用MRF237作放大管，其输出回路与末级功放管输入回路之间采用T-Π型匹配网络，L_4、L_5、C_4、C_5和L_6组成T型网络，C_6、L_7和C_7组成Π型网络。激励级的输入匹配网络与输出匹配网络的结构形式相同。

从图上还可以看出，两级放大管的集电极通过高频扼流圈L_{B1}、L_{B3}和L_{B4}接到+13.5V的直流电源上，构成并联馈电路。

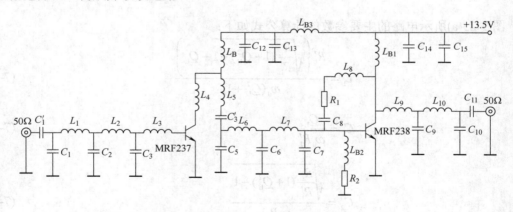

图7-26 高频功率放大器实例之一

图7-27所示为160MHz、13W谐振功率放大器。该功率放大器功率增益达9dB，向负

载提供 13W 功率。基极采用近似零偏压电路(I_{B0} 在 L_b 直流电阻上产生的反偏压很小),使放大器工作在丙类状态,集电极采用并馈电路。L_C 为高频扼流圈,C_C 为高频旁路电容。C_1、C_2、L_1 构成输入 T 型匹配网络,调节 C_1 和 C_2 可使本级输入阻抗等于前级放大器要求的 50Ω 匹配电阻,以传输最大功率。L_2、C_3、C_4 构成输出 L 型匹配网络,调节 C_3、C_4 可使 50Ω 的负载阻抗变换为功率放大器所要求的匹配电阻 R_e。

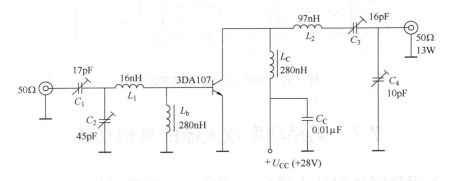

图 7-27 高频功率放大器实例之二

图 7-28 所示为 175MHz VMOS 场效应管谐振功放电路。该电路功率增益 10dB,效率大于 60%,可向负载提供 10W 的功率。栅极采用并馈,漏极采用串馈。栅极采用 C_1、C_2、C_3、L_1 组成的 T 型匹配网络。漏极采用 L_2、L_3、C_5、C_7、C_8 组成的 Π 型匹配网络。

此电路的优点如下。

(1) 动态范围大(电压可达到几百伏,电流达几十安),其转移特性线性范围大。

(2) 输入阻抗高(可达 $10^8\Omega$),要求输入信号功率小,栅偏流小。

(3) 工作频率高(多子导电,不存在少子储存效应)。

(4) 漏极电流的负温度系数可以防止二次击穿。

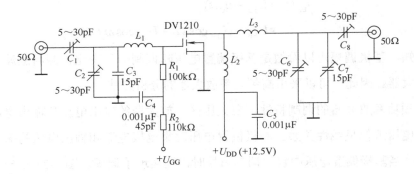

图 7-28 高频功率放大器实例之三

图 7-29 所示是一个工作频率为 150MHz 的谐振功率放大电路。50Ω 外接负载提供 3W 功率，功率增益达 10dB。

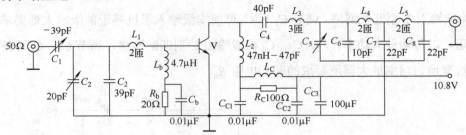

图 7-29　高频功率放大器实例之四

7.7　高频功率放大器的其他功能

7.7.1　利用高频功率放大器实现调幅——高电平调幅

高电平调幅是将调制和功率放大合二为一，调制后信号不需要进行功率放大就可直接发射。采用的方法是将调制信号加到高频功率放大器的某一个电极上，去控制高频功率放大器的输出电压振幅。根据调制信号所加的电极不同，可分为基极调幅、集电极调幅。

1）基极调幅

图 7-30 为基极调幅原理电路。由图可见它与高频功率放大器类似，所不同的是，基极偏压 U'_{BB} 是随调制信号 u_Ω 变化的，即

$$U'_{BB} = U_{BB} + U_{\Omega m}\cos\Omega t \tag{7-47}$$

因此，真正加在晶体管基-射间的电压为

$$\begin{aligned}u_{BE}(t) &= U'_{BB} + u_C(t) \\ &= U_{BB} + U_{\Omega m}\cos\Omega t + U_{cm}\cos\omega_c t\end{aligned} \tag{7-48}$$

由图可知，基极调幅可以看做是基极偏置电压随调制信号变化，并用载波信号激励的高频功率放大器。因此，可以采用高频功率放大器的分析方法。

根据高频功率放大器的调制特性，在欠压区，放大器的输出电流和输出电压随放大器的基极偏置电压近似呈线性关系。基极偏置电压对集电极电流和输出电压的振幅具有一定的控制作用，当基极偏置电压中包含调制信号时，则实现了调幅。图 7-31 给出了基极调幅电路工作在欠压状态时，集电极电流 i_C 的变化波形以及经过选频后的输出电压波形。由图

可见，当基极偏置电压 U'_{BB} 变化，引起集电极余弦脉冲电流的最大值 I_{Cmax} 发生变化，将变化的 i_C 信号通过一个中心频率为 f_c 的带通滤波器，就能得到普通调幅波。

可见，为了实现基极调幅，基极调幅电路必须工作在欠压状态。欠压状态效率低，这正是基极调幅的缺点。当然，由于基极电流较小，消耗功率小，因而只需要较小的调制信号功率，就能获得较大的已调波功率，这又是基极调幅的优点。

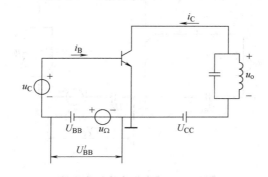

图 7-30 基极调幅原理电路

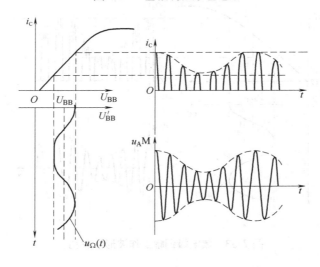

图 7-31 基极调幅工作波形示意图

2) 集电极调幅

集电极调幅原理电路如图 7-32 所示。它与高频功率放大器的区别在于集电极电源随调制信号变化，即调制信号 u_Ω 与电源电压 U_{CC} 叠加后加到晶体管的集电极上。因此有

$$U'_{CC} = U_{CC} + U_{\Omega m}\cos\Omega t \tag{7-49}$$

由谐振功率放大器的集电极调制特性可知，只有在放大器工作在过压区时，集电极电压的变化才会引起集电极电流的明显变化。因此，集电极调幅时，放大器应工作在过压状态。图 7-33 给出了集电极调幅电路工作在过压状态时，集电极电流 i_C 的变化波形以及经过选频后的输出电压波形。

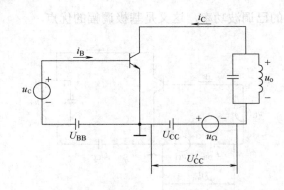

图 7-32　集电极调幅原理电路

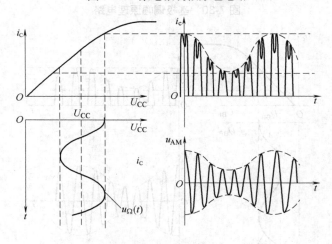

图 7-33　集电极调幅工作波形示意图

7.7.2　利用高频功率放大器实现倍频——丙类倍频器

所谓倍频，是指它的输出信号的频率是输入信号的频率的整数倍。例如，$f_o=2f_i$，$f_o=3f_i$ 等，倍频器在通信系统中被广泛使用，主要基于以下原因。

（1）可以降低发射机主振器的频率，从而保证主振器具有较高的频率稳定度。因为振荡器的频率越高，其频率稳定性越差，故一般主振器频率不宜超过 5MHz，采用晶体振荡器时，其频率也最好限制在 20MHz 以下。因此，对于发射频率较高的发射机，则宜采用倍频器。

(2) 如果中间级既可以工作于放大状态，也可以工作于倍频状态。因此，可在不扩展主振器波段的情况下，扩展发高射机的波段，如图 7-34 所示，这对稳频是有利的。因为振荡器波段越窄，频率稳定性就越高。

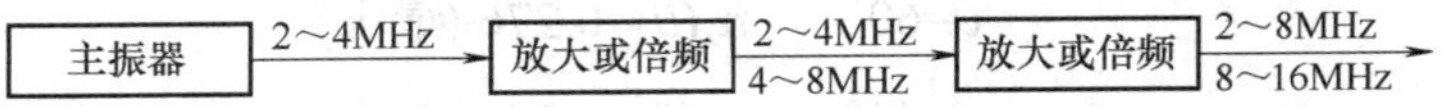

```
主振器 →2～4MHz→ 放大或倍频 →2～4MHz/4～8MHz→ 放大或倍频 →2～8MHz/8～16MHz→
```

图 7-34　倍频器的应用

(3) 因为倍频器的输入与输出频率不同，因而减弱了反馈耦合，这相当于很好的缓冲隔离，使发射机的工作稳定性提高。

(4) 对于调频或调相发射机，还可以采用倍频器来加深调制深度，获得大的频偏或相偏。

倍频作用实际上是一种频率变换作用，因此，只有依靠非线性元件才能实现。倍频按其工作原理可分为两类：一类是利用丙类放大器的集电极脉冲电流的谐波来获得倍频，称为丙类倍频器；另一类是利用其他非线性元件的非线性特性来实现倍频，如利用变容二极管的电容随电压变化的特性实现倍频，称为参量倍频器。这里只讨论丙类倍频器。

图 7-35(a)为丙类倍频器的原理电路，从电路形式看，它与丙类高频功率放大器基本相同。不同之处在于丙类倍频器的集电极谐振回路是对输入频率 f_i 的 n 倍频谐振，而对基波频率和其他谐波频率失谐，因而 i_C 中的 n 次谐振通过谐振回路获得最大电压，而基波和其他谐波被滤除。

例如，二倍频器的负载谐振回路的 f_0 为 $2f_i$，因此，回路能选出二次谐波、输出频率为 $2f_i$ 的电压信号，并滤除基波和其他谐波信号。二倍频器的主要波形如图 7-33(b)所示。

借助于前面对丙类功率放大器的基本分析方法，可以进一步分析丙类倍频器的效率、功率并和变频功率放大器作比较。

丙类倍频器的功率和效率为

$$P_{on} = \frac{1}{2}U_{cnm}I_{cnm} = \frac{1}{2}U_{cnm}\alpha_n(\theta)I_{C\max} \tag{7-50}$$

$$\eta_n = \frac{P_{on}}{P_D} = \frac{1}{2}\frac{U_{cnm}\alpha_n(\theta)I_{C\max}}{U_{CC}I_{CO}}$$

$$= \frac{1}{2}\xi\frac{\alpha_n(\theta)}{\alpha_0(\theta)} \tag{7-51}$$

由分解系数表可以看出,谐波次数越高,α_n 的值越小。即随着倍频次数的增加,倍频器的输出功率和效率会下降,并且倍频器的功率和效率低于功率放大器的功率和效率。

余弦脉冲的分解系数表还可以看出

$$\theta=120°\quad \alpha_1(\theta)=0.536\ (最大) \tag{7-52}$$

$$\theta=60°\quad \alpha_2(\theta)=0.276\ (最大) \tag{7-53}$$

$$\theta=40°\quad \alpha_1(\theta)=0.185\ (最大) \tag{7-54}$$

可见,为了保证倍频器具有高的输出功率和效率,对于二倍频器,θ 应选在 60° 左右;对于三倍频器,θ 应选 40° 左右。它们的输出功率与功率放大器的功率之比为

$$\frac{P_{o2}}{P_{o1}}=\frac{\alpha_2(60°)}{\alpha_1(60°)}=0.52 \tag{7-55}$$

$$\frac{P_{o3}}{P_{o1}}=\frac{\alpha_3(40°)}{\alpha_1(40°)}=0.35 \tag{7-56}$$

可见,二倍频器的输出功率只有放大器的 1/2 左右,三倍频器的输出功率只有放大器的 1/3 左右。因此,倍频器的集电极损耗功率一般比放大器的大得多。

它们的效率之比为

$$\frac{\eta_2}{\eta_1}=\frac{g_2(60°)}{g_1(60°)}=0.96 \tag{7-57}$$

$$\frac{\eta_3}{\eta_1}=\frac{g_3(40°)}{g_1(40°)}=0.95 \tag{7-58}$$

即倍频器的效率相对于放大器也有所下降。综上所述,丙类倍频器的倍频次数不易过大,一般不超过 3～4 倍。

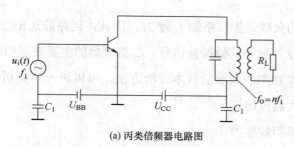

(a) 丙类倍频器电路图

图 7-35 丙类倍频器电路及主要波形

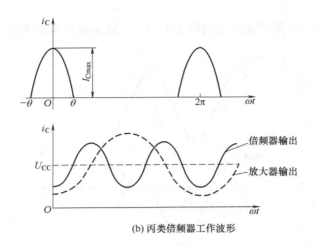

(b) 丙类倍频器工作波形

图 7-35　丙类倍频器电路及主要波形(续)

7.8　技能训练：高频功率放大器的调谐

对高频功率放大器进行工程计算，并按计算结果装配后，还必须调谐。调谐是指把负载回路调到谐振状态。图 7-36 为高频功率放大器调谐用电路图。

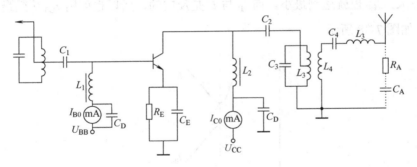

图 7-36　高频功率放大器调谐用电路图

图 7-37 为回路失谐时变频功率放大器各部分电流及电压关系图。由图可见，谐振功率放大器是否谐振，对放大器的工作状态有着重大的影响。因为谐振时阻抗最大，且呈纯阻性；失谐时阻抗减小，且呈容性或感性。谐振放大器的工作状态则随着负载阻抗 R_e 的变化而变化。若回路谐振时放大器工作在过压状态或临界状态，回路失谐后，由于阻抗减小，放大器将向着欠压方向变化。而且，回路失谐将引起回路电压的相移，使 U_{CEmin} 和 U_{BEmax} 不同时出现，导致集电极损耗增大。若集电极损耗超过了所允许的最大集电极损耗 P_{CM}，晶体管将会烧坏。为避免回路严重失谐，因集电极损耗过大而烧毁晶体管，通常调谐先在过

压状态下进行，并将 U_{CC} 降低至正常值的 1/3～1/2，调谐好后再调整至正常状态。

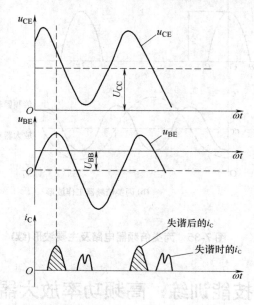

图 7-37　回路失谐时各部分电流与电压的关系

调谐指示通常用 I_{C0} 或 I_{B0} 表示。因为在过压状态下，I_{C0} 随着 R_e 的增大而明显减小，谐振时 R_e 为最大，I_{C0} 也就达到最小。而 i_B 与 i_C 是反向的，所以也可用 I_{B0} 达到最大值时表示已经谐振，如图 7-38 所示。

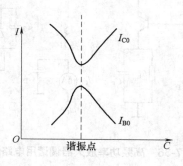

图 7-38　调谐特性

小　　结

高频功率放大器为非线性放大器，其主要指标为输出功率和效率。为了获得足够高的效率，高频功率放大器通常工作在丙类状态，此时，晶体管的发射结处于反向偏置状态，流过晶体管集电极的电流为余弦脉冲形式,通过集电极谐振负载的选频作用,选出基波信号,从而实现无失真的信号传输。适当减小导通角,保证集电极负载回路谐振,可以提高放大器的集电极效率。

高频功率放大器按其动态工作范围是否进入晶体管的饱和区将其工作状态分为欠压、临界和过压三种工作状态。当放大器的负载、输入信号幅度或电源电压发生变化时,工作状态会发生相应变化,并引起集电极电流、电压及功率和效率的变化。不同的工作状态适应不同的应用场合,高频功率放大器通常工作在临界状态,此时,输出功率较大,效率较高。

一个完整的高频功率放大器应由功放管、馈电电路和匹配网络等组成。馈电电路保证将电源电压正确地加到晶体管上。馈电电路包括集电极馈电电路和基极馈电电路,它们的馈电方式包括串联馈电和并联馈电两种。为了与前级和后级电路达到良好的传输和匹配关系,高频功率放大器通常接有输入匹配网络和输出匹配网络,它们通常由二端口网络构成,匹配网络完成选频、滤波和阻抗变换等功能。

倍频作用实际上是一种频率变换作用,因此,只有依靠非线性元件才能实现。利用丙类放大器的集电极脉冲电流的谐波来获得倍频的电路称为丙类倍频器。

利用变频功率放大器的调制特征可以进行调幅,称为高电平调幅电路。有基极调幅电路和集电极调幅电路两种类型。基极调幅电路必须工作在欠压状态,集电极调幅电路必须工作在过压状态。

思考与练习

1. 为什么低频功率放大器不能工作于丙类状态?而高频功率放大器则可工作于丙类状态?丙类放大器比乙类放大器效率高的原因是什么?

2. 提高放大器的效率应从哪几方面入手?

3. 变频功率放大器为什么一定要用谐振回路作为集电极负载?回路为什么一定要调到谐振状态?回路失谐将产生什么结果?

4. 变频功率放大器有几种工作状态?各工作状态有何特点?

5. 什么叫负载特性?什么叫调制特性?什么叫放大特性?为什么它们具有这样的变化规律?

6. 已知某变频功率放大器工作在过压状态,现欲调整使它工作在临界状态,可以改变哪些量来实现？改变不同的量调到临界状态时，放大器的输出功率是否一样大？

7. 集电极调幅和基极调幅应工作在何种状态？为什么？

8. 何谓集电极串馈和并馈电路？它们各有何优缺点？

9. 对匹配网络的基本要求是什么？匹配网络有哪些基本类型？

10. 何谓倍频器？为什么要用倍频器？

11. 晶体管高频功率放大器工作于临界状态，$R_e=200\Omega$，$I_{c0}=100$mA，$U_{CC}=35$V，$\theta=90°$。求 P_O 与 η ($P_O=2.46$W，$\eta=0.7$)。

12. 有一晶体管谐振功率放大器。已知 $U_{CC}=24$V，$I_{c0}=250$mA，$P_O=5$W，$\xi=1$。试求 P_D、η、I_{c1m}、R_e ($P_D=6$W，$\eta=83\%$，$R_e=57\Omega$，$I_{c1m}=417$mA)。

13. 某高频功率放大器工作于临界状态，$\theta=75°$，输出功率 $P_O=30$W，$U_{CC}=24$V，晶体管的饱和临界线斜率 $g_{cr}=1.67$A/V，试求：

（1）集电极效率和临界负载电阻；

（2）若负载电阻、电源电压不变，要使输出功率不变，而提高电极效率，问应如何调整？

（3）输入信号的频率减小一倍，而保持其他条件不变，问功率放大器将变成什么工作状态？其输出功率和集电极效率各为多少？

14. 用 3DA4 高频大功率管装成放大器，测得 $f_T=100$MHz，$\beta=20$w，饱和临界线斜率 $g_{cr}=0.8$A/V。设 $U_{CC}=24$V，$\theta=70°$，$I_{Cmax}=2.2$A，且工作于临界状态，试求 R_e、P_D、P_O、P_C、η ($R_e=22\Omega$，$P_D=13.4$W，$P_O=10.2$W，$P_C=3.2$W，$\eta=76\%$)。

15. 高频功率放大器工作在临界状态 $P_O=5$W，当 $\eta=55\%$ 时，问晶体管的集电极损耗是多少？若用 24V 的直流电源供电，需要给出多大电流？($P_C=4.1$W，$I_{c0}=379$mA)

16. 高频功率放大器工作在临界状态，若已知 $U_{CC}=18$V，$g_{cr}=0.6$A/V，$\theta=90°$，若要求 $P_O=1.8$W，求 P_D、P_C、η、R_e 之值。($P_D=2.39$W，$P_C=0.59$W，$\eta=75.3\%$，$R_e=83\Omega$)

17. 若高频功率放大器工作在欠压状态，为了提高输出功率，将其调整到临界状态，问可以改变哪些参数来实现？当改变不同的参数调到临界状态时，放大器的输出功率是否一样大？

18. 实测一谐振功率放大器，发现 P_O 仅为设计值的 20%，而 I_{c0} 却略大于设计值，问此时该放大器工作于什么状态？如何调整才能使 P_O 和 I_{c0} 接近于设计值？

19. 一谐振功率放大器工作在临界状态，其外接负载为天线，等效阻抗近似为电阻。若天线突然短路，试分析工作状态如何变化？晶体管工作是否安全？

20. 设两个谐振功率放大器具有相同的回路元件参数，它们的输出功率 P_O 分别为 1W 和 0.6W。现增大两放大器的 U_{CC}，发现其中 $P_O=1W$ 放大器的输出功率增加不明显，而 $P_O=0.6W$ 的放大器输出功率增加明显，试分析其原因。若要增大 $P_O=1W$ 放大器的输出功率，还应同时采用什么措施？(不考虑晶体管的安全工作问题)

21. 试画出具有下列特点的共发射极谐振功率放大器实用电路。

(1) 选用 NPN 高频功率管。

(2) 输出回路采用Π型匹配网络，负载为天线，其等效电阻为$[r_A+1/(j\omega c_A)]$，基极回路采用 T 型网络。

(3) 集电极采用串联馈电，基极采用零偏置电路。

22. 二次倍频器工作于临界状态，$\theta_C=60°$，若激励电压的频率提高一倍而幅度不变，问负载功率和工作状态将怎样变化？

任务 8　调频电路与鉴频电路

学习目标

- 认识调频信号。
- 了解调频电路的原理。
- 了解鉴频电路的原理。
- 能够识读调频电路的电路图,并能对调频电路进行检测和调试。

8.1　任务导入：调频发射机有何优势

调频主要应用于调频广播、广播电视、通信及遥测等。

和调幅制相比,调频制具有以下优点。

1. 抗干扰能力强

从前面讨论我们知道,调幅信号的边频功率最大只能等于载波功率的一半（当调幅系数 M_a=1 时）,而调频信号的边频功率远较调幅信号强。边频功率是运载有用信号的,因此调频制具有更强的抗干扰能力。另外,对于信号传输过程中常见的寄生调幅,调频制可以通过限幅的方法加以克服,而调幅制则不可以。

2. 设备的功率利用率高

因为调频信号为等幅信号,最大功率等于平均功率,所以不论调制度为多少,发射机末级功放管均可工作在最大功率状态,晶体管得到充分利用。而调幅制则不然,其平均功率远低于最大功率,因而功率管的利用率不高。

3. 调频信号传输的保真度高

调频信号的频带宽且抗干扰能力强,因此具有较高的保真度。

调频是指用调制信号控制载波的瞬时频率,使之与调制信号的变化规律呈线性关系;

调相是指用调制信号控制载波的瞬时相位,使之与调制信号的变化规律呈线性关系。事实上,无论是调频波还是调相波,它们的振幅均不改变,而频率的变化和相位的变化均表现为相角的变化,故调频和调相统称为角度调制或调角。图 8-1 中的(c)、(d)、(e)给出了调幅、调频、调相三种信号的波形。

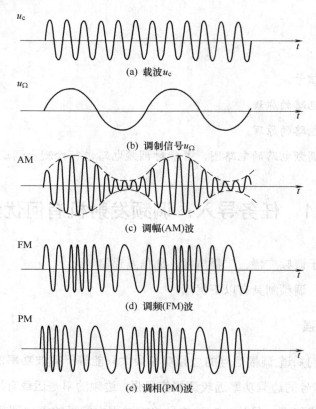

图 8-1　调幅、调频、调相波形

我们已经知道,调幅实际上是将调制信号的频谱搬移到载频的两边,且其频谱结构没有改变,因此,调幅属于线性调制。角度调制中已调信号不再保持调制信号的频谱结构,因而角度调制属于非线性调制。

8.2　调频信号与调相信号的分析

8.2.1　调频信号

如前所述,调频就是用调制信号控制载波的角频率,使之随调制信号而变化。设载波

为一余弦信号

$$u_c(t)=U_{cm}\cos(\omega_c t+\varphi_0)=U_{cm}\cos\varphi(t) \tag{8-1}$$

式中，U_{cm} 为载波振幅，ω_c 为载波角频率，φ_0 为载波的初始相位。

在未进行调制时，$u_c(t)$ 的角频率 ω_c 和初始相位 φ_0 均为常数，ω_c 亦称为中心角频率；在进行调频时，载波的角频率会发生变化，这个角频率称为瞬时角频率，用 $\omega(t)$ 表示，瞬时频率则用 $f(t)$ 表示。

当载波的瞬时角频率变化时，其瞬时相位亦随之变化，它们的关系可用下式表示

$$\varphi(t)=\int_0^t \omega(t)\mathrm{d}t \tag{8-2}$$

根据调频的定义，调频信号的瞬时角频率为

$$\omega(t)=\omega_c+S_f u_\Omega(t)=\omega_c+\Delta\omega(t) \tag{8-3}$$

式中，ω_c 为未调制时的载波中心角频率，S_f 表示瞬时角频率增量与调制信号成正比关系的比例常数，也称为调制灵敏度，单位为 rad/s·v。瞬时角频率的增量可用 $\Delta\omega(t)$ 表示，称为瞬时角频偏。

瞬时角频偏的最大值称为最大角频偏，即

$$\Delta\omega=|\Delta\omega(t)|_{max}=|S_f u_\Omega(t)|_{max} \tag{8-4}$$

根据式(8-2)，调频信号的瞬时相位为

$$\varphi(t)=\int_0^t \omega(t)\mathrm{d}t=\int_0^t [\omega_c+S_f u_\Omega(t)]\mathrm{d}t$$

$$=\omega_c t+S_f\int_0^t u_\Omega(t)\mathrm{d}t \tag{8-5}$$

同理，调频信号的瞬时相偏和最大相偏分别为

$$\Delta\varphi(t)=S_f\int_0^t u_\Omega(t)\mathrm{d}t \tag{8-6}$$

$$\Delta\varphi=\left|S_f\int_0^t u_\Omega(t)\mathrm{d}t\right|_{max} \tag{8-7}$$

如果调制信号 $u_\Omega(t)$ 为单一频率的余弦信号

$$u_\Omega(t)=U_{\Omega m}\cos\Omega t \tag{8-8}$$

则调频波的瞬时角频偏为

$$\omega(t)=\omega_c+S_f U_{\Omega m}\cos\Omega t \tag{8-9}$$

最大角频偏为

$$\Delta\omega=S_f U_{\Omega m} \tag{8-10}$$

瞬时相偏为

$$\varphi(t) = \omega_c t + S_f \int_0^t U_{\Omega m} \cos \Omega t \, dt$$

$$= \omega_c t + \frac{S_f U_{\Omega m}}{\Omega} \sin \Omega t \tag{8-11}$$

最大相偏为

$$\Delta \varphi = \frac{S_f U_{\Omega m}}{\Omega} = \frac{\Delta \omega}{\Omega} \tag{8-12}$$

图 8-2 给出了调制信号为余弦波和方波的调频波波形及其瞬时频率的变化示意图。

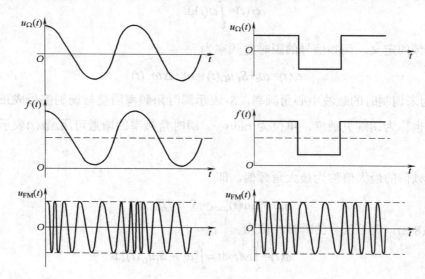

图 8-2 调频波及其瞬时频率的波形

综上所述，若设载波和调制信号分别为

$$u_c(t) = U_{cm} \cos \omega_c t \tag{8-13}$$

$$u_\Omega(t) = U_{\Omega m} \cos \Omega t \tag{8-14}$$

则调频信号的数学表达式可以表示为

$$u_{FM}(t) = U_{cm} \cos \varphi(t)$$

$$= U_{cm} \cos [\omega_c t + S_f \int_0^t U_{\Omega m} \cos \Omega t \, dt]$$

$$= U_{cm} \cos [\omega_c t + \frac{S_f U_{\Omega m}}{\Omega} \sin \Omega t]$$

$$= U_{cm} \cos [\omega_c t + M_f \sin \Omega t] \tag{8-15}$$

式中，$\dfrac{S_f U_{\Omega m}}{\Omega}$ 为调频信号的最大相偏，亦称为调频系数，用 M_f 表示。即有

$$M_f = \frac{S_f U_{\Omega m}}{\Omega} \tag{8-16}$$

8.2.2 调相信号

若载波和调制信号分别为

$$u_c(t) = U_{cm} \cos \omega_c t \tag{8-17}$$

$$u_\Omega(t) = U_{\Omega m} \cos \Omega t \tag{8-18}$$

则根据调相信号的定义，调相信号的瞬时相位为

$$\varphi(t) = \omega_c t + S_p u_\Omega(t)$$

$$= \omega_c t + S_p U_{\Omega m} \cos \Omega t \tag{8-19}$$

其中，瞬时相偏为

$$\Delta\varphi(t) = S_p U_{cm} \cos \Omega t \tag{8-20}$$

最大相偏为

$$\Delta\varphi = S_p U_{cm} \tag{8-21}$$

根据瞬时角频率和瞬时相位的关系，还可以写出调相信号的瞬时角频率的表达式为

$$\omega(t) = \frac{d\varphi(t)}{dt} = \omega_c - S_p U_{\Omega m} \Omega \sin \Omega t \tag{8-22}$$

其中，瞬时角频偏为

$$\Delta\omega(t) = S_p U_{\Omega m} \Omega \sin \Omega t \tag{8-23}$$

最大角频偏为

$$\Delta\omega = S_p U_{\Omega m} \Omega \tag{8-24}$$

据此，可以写出调制信号为单一频率的余弦信号的调相信号数学表达式为

$$u_{pM}(t) = U_{cm} \cos(\omega_c t + S_p U_{\Omega m} \cos \Omega t)$$

$$= U_{cm} \cos(\omega_c t + M_p \cos \Omega t) \tag{8-25}$$

式中，$M_p = S_p U_{\Omega m}$ 称为调相信号的调制系数，亦为调相信号的最大相偏。

图 8-3 给出了调制信号分别为余弦波和方波时的调相信号波形及其瞬时相位的变化示意图。

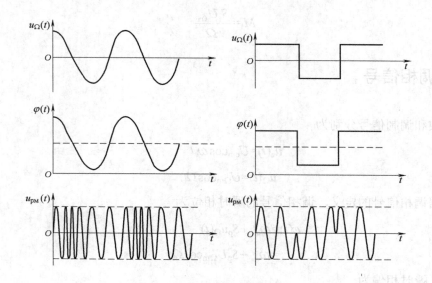

图 8-3 调相信号及其瞬时相位波形

8.2.3 调频信号与调相信号的比较

从前面的讨论可以看出，当调制信号为单一频率的余弦信号时，从数学表达式及波形上均不易区分是调频信号还是调相信号，但它们在性质上存在以下区别。

(1) 无论是调频波还是调相波，它们的瞬时频率和瞬时相位都随时间发生变化，但变化的规律不同。

调频时，瞬时频偏的变化与调制信号呈线性关系，瞬时相偏的变化与调制信号的积分呈线性关系。即

$$\Delta\omega(t) = S_f u_\Omega(t) \tag{8-26}$$

$$\Delta\varphi(t) = S_f \int u_\Omega(t) \mathrm{d}t \tag{8-27}$$

调相时，瞬时相偏的变化与调制信号呈线性关系，瞬时频偏的变化与调制信号的微分呈线性关系。即

$$\Delta\omega(t) = S_p \frac{\mathrm{d}u_\Omega(t)}{\mathrm{d}t} \tag{8-28}$$

$$\Delta\varphi(t) = S_p u_\Omega(t) \tag{8-29}$$

(2) 调频波和调相波的最大角频偏和调制系数均与调制幅度 $U_{\Omega m}$ 成正比。但它们与调制角频率 Ω 的关系不同。

调频波的最大角频偏与调制角频率 Ω 无关，调制系数与调制角频率 Ω 成反比。调相波的

最大角频偏与调制角频率Ω成正比，调制系数与调制角频率Ω无关。即

调频
$$\Delta\omega = S_f U_{\Omega m} \tag{8-30}$$
$$M_f = \frac{S_f U_{\Omega m}}{\Omega} \tag{8-31}$$

调相
$$\Delta\omega = S_p U_{\Omega m} \Omega \tag{8-32}$$
$$M_p = S_p U_{\Omega m} \tag{8-33}$$

比较调频波和调相波的数学表达式及其基本性质，可以画出实现调频及调相的方框图，如图 8-4 所示。

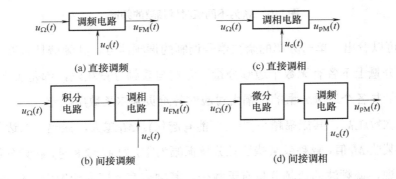

图 8-4 调频及调相方框图

8.2.4 调频波的频谱和频带宽度

为了获得调频波的频谱，可将调频信号的数学表达式展开，为简单计，令 $U_{cm}=1$，则可得

$$u_{FM}(t) = \cos(\omega_c t + M_f \sin\Omega t) \tag{8-34}$$
$$= \cos\omega_c t \cdot \cos(m_f \sin\Omega t) - \sin\omega_0 t \cdot \sin(m_f \sin\Omega t)$$

其中
$$\cos(m_f \sin\Omega t) = J_0(m_f) + 2\sum_{n=1}^{\infty} J_{2n}(m_f)\cos 2n\Omega t \tag{8-35}$$

$$\sin(m_f \sin\Omega t) = 2\sum_{n=0}^{\infty} J_{2n+1}(m_f)\sin(2n+1)\Omega t \tag{8-36}$$

这里 n 均为正整数，$J_n(m_f)$ 称为第一类贝塞尔函数。

现将式(8-35)和式(8-36)代入式(8-34)并进一步展开，获得若干频率分量

$$u_{FM}(t) = J_0(m_f)\cos\omega_c t$$
$$+ J_1(m_f)\cos(\omega_c + \Omega)t - J_1(m_f)\cos(\omega_c - \Omega)t$$
$$+ J_2(m_f)\cos(\omega_c + 2\Omega)t + J_2(m_f)\cos(\omega_c - 2\Omega)t$$

$$+J_3(m_f)\cos(\omega_c+3\Omega)t - J_3(m_f)\cos(\omega_c-3\Omega)t$$
$$+\cdots \tag{8-37}$$

分别对应于中心载频、第一对边频、第二对边频和第三对边频,以此类推,将它们分别标在频率轴上,即可获得调频信号的频谱,如图 8-5 所示。

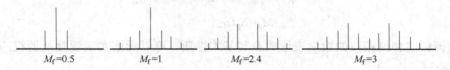

图 8-5　M_f 为不同值时调频波的频谱

由图 8-5 可以看出,单一频率的余弦信号调制的调频信号,其频谱具有以下特点。

(1) 载频分量上下各有无数个边频分量,它们与载频分量相隔,都是贝塞尔函数的整数倍。载频分量与各个边频分量的振幅由对应的各阶贝塞尔函数所确定。

(2) 边频次数越高,其振幅越小(中间可能有起伏)。M_f 越大,振幅大的边频分量越多。

(3) 对于某些 M_f 值,载频或某些边频分量振幅为零,如 M_f=2.8 时,载频分量振幅为零。

从理论上说,调频波的边频分量有无数个,其频带宽度应为无穷大,但是对于任一给定的 M_f 值,高到一定次数的边频分量的振幅已经小到可以忽略,以致忽略这些边频分量对调频波形不会产生显著影响。因此,调频信号的频谱宽度实际上是有限的。如果将小于载波振幅 10%的边频分量略去不计,则频谱的有效带宽 BW 可由下列近似公式求出:

$$BW=2(M_f+1)F \tag{8-38}$$

由于
$$M_f=\frac{S_f U_{\Omega m}}{\Omega}=\frac{\Delta\omega}{\Omega}=\frac{\Delta f}{F} \tag{8-39}$$

则式(8-38)也可以写成

$$BW=2(\Delta f+F) \tag{8-40}$$

我们通常把 M_f<1 的调频称为窄带调频,此时

$$BW\approx 2F \tag{8-41}$$

把 $M_f\gg 1$ 的调频称为宽带调频,此时

$$BW\approx 2\Delta f \tag{8-42}$$

例 8-1　调制信号为频率 1kHz、$M_f=M_p=12$ 的调频信号和调相信号。试求

(1) 它们的最大频偏 Δf 和有效频带宽度 BW;

(2) 如果调制信号振幅不变,而调制信号频率提高到 2kHz,问这时两种信号的 Δf 和 BW 为多少;

(3) 如果调制信号频率不变，仍为 1kHz，而调制信号的振幅降到原来的一半，问这时两种信号的 Δf 和 BW 为多少。

解：

(1) 当 $F=1\text{kHz}$，$M_f=M_p=12$ 时

调频信号：
$$\Delta f = M_f F = 12 \times 1 = 12\text{kHz}$$
$$BW = 2(M_f+1)F = 2(12+1) \times 1 = 26\text{kHz}$$

调相信号：
$$\Delta f = M_p F = 12 \times 1 = 12\text{kHz}$$
$$BW = 2(M_p+1)F = 2(12+1) \times 1 = 26\text{kHz}$$

这表明，当 M_f 和 M_p 相同时，调频信号和调相信号的最大频偏和有效频带宽度完全相同。

(2) 当调制幅度不变，调制频率变化时

调频信号：Δf 与调制频率无关，故仍有

$$\Delta f = 12\text{kHz}$$

但
$$M_f = \frac{\Delta f}{F} = \frac{12}{2} = 6$$

则
$$BW = 2(M_f+1)F = 2(6+1) \times 2 = 28\text{kHz}$$

调相信号中 Δf 与调制频率成正比，故有

$$\Delta f = 12 \times 2 = 24\text{kHz}$$

M_p 与调制频率无关，故有

$$BW = 2(M_p+1)F = 2(12+1) \times 2 = 52\text{kHz}$$

这表明，当调制幅度不变、调制频率成倍变化时，调频信号最大频偏不变，频带宽度增加有限，而调相信号最大频偏和频带宽度都将成倍增加。所以调相信号在频带利用率方面不及调频优越。

(3) 调频信号和调相信号的 Δf 和 M 均与调制幅度成正比，故当调制频率不变，调制幅度减半，调频信号和调相信号均有

$$\Delta f = \frac{12}{2} = 6\text{kHz}$$

$$M_f = \frac{\Delta f}{F} = \frac{6}{1} = 6$$

$$BW = 2(M_f+1)F = 2(6+1) \times 1 = 14\text{kHz}$$

这表明，这两种信号对调制幅度的变化规律是相同的。

8.3 调频原理及调频电路

8.3.1 调频的实现方法

由调频信号的频谱分析可知，调制后的调频信号中包含许多的新的频率分量，因此，要产生调频信号就必须利用非线性器件进行频率变换。

产生调频信号的方法主要有两种：直接调频和间接调频。直接调频是用调制信号直接控制载波的瞬时频率，产生调频信号。间接调频则是先将调制信号进行积分，再对载波进行调相，获得调频信号。

1. 直接调频原理

直接调频的基本原理是利用调制信号直接线性地改变载波振荡的瞬时频率，使之按调制信号的变化规律而变化。只要在电路中找出能直接影响载波振荡频率的电路参数，就可用调制信号去控制振荡器的这些电路参数，从而使载波的瞬时频率随调制信号的变化规律线性地改变。

由 LC 正弦振荡器的原理可知，振荡器的频率主要取决于振荡回路的电感量和电容量。如果在振荡回路中并入可变电抗元件，作为振荡回路的一部分，再用调制信号去控制可变电抗元件的参数，即可产生振荡频率随调制信号变化的调频信号。图 8-6 为直接调频原理电路。

在实际运用中，可变电抗元件的类型有许多，如变容二极管、电抗管。最常见的直接调频电路是变容二极管调频电路。

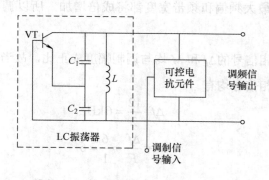

图 8-6 直接调频原理电路

2. 间接调频原理

从式(8-15)可以看出，用调制信号对载波进行调频时，其瞬时相位也随之变化，相偏与调制信号成积分关系，即有 $\Delta\varphi(t) = s_f \int u_\Omega \, dt$。所以，如果先对调制信号积分，然后再对载波进行调相，则所得到的调相信号就是用 u_Ω 作为调制信号的调频信号。图 8-7 所示为间接调频的组成原理方框图。这种调频方法的优点是可以采用频率稳定度非常高的振荡器(如石英晶体振荡器)作为载波振荡器，而在它的后级进行调相，就可以得到中心频率稳定度很高的调频波。

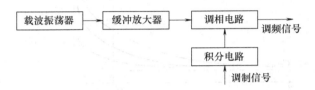

图 8-7　间接调频原理方框图

8.3.2　调频电路

1. 变容二极管直接调频电路

1) 变容二极管的工作原理

变容二极管实际上是一个电压控制可变电容元件。当外加反向偏置电压变化时，变容二极管 PN 结的结电容会随之变化。变容二极管调频主要优点是工作频率高，固有损耗小，几乎不消耗能量，能够获得较大的频偏，线路简单，因而获得广泛的应用。

变容二极管特性如图 8-8 所示。变容二极管的结电容 C_j 与变容二极管两端所加的反向偏置电压 u 之间的关系可以用下式来表示：

$$C_j = \frac{C_0}{(1+\dfrac{u}{U_\varphi})^\gamma} \tag{8-43}$$

式中，U_φ 为 PN 结的势垒电位差(硅管约为 0.7V，锗管约为 0.2～0.3V)；C_0 为未加外电压时的耗尽层电容值；u 为变容二极管两端所加的反向偏置电压；γ 为变容二极管结电容变化指数，它与 PN 结掺杂情况有关。图 8-9 给出了不同 γ 值时的 $C_j \sim u$ 曲线。图中 $C_{\min}$ 表示 u 等于反向击穿电压时的结电容值(为最小值)。

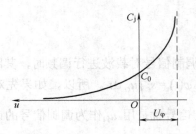

图 8-8 变容二极管的 $C_j \sim u$ 曲线

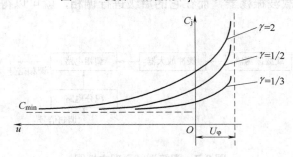

图 8-9 不同 γ 值时变容二极管的 $C_j \sim u$ 曲线

变容二极管的外形与普通二极管没有什么区别，它在电路中的符号如图 8-10 所示。为了保证反向偏置，往往在变容二极管的两端加上负偏压 E，此电压为变容二极管的静态工作电压，在此基础上加入调制信号电压 $u_\Omega(t)$，若信号电压 $u_\Omega(t)$ 为单一频率调制信号电压，则

$$u(t) = E + u_\Omega(t) = E + U_{\Omega m} \cos \Omega t \tag{8-44}$$

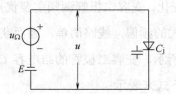

图 8-10 变容二极管的符号及偏置

把式(8-44)代入式(8-43)，得

$$C_j = C_0 \left[1 + \frac{E + U_{\Omega m} \cos \Omega t}{U_\varphi}\right]^{-\gamma} = C_0 \left[\frac{U_\varphi + E}{U_\varphi}\right]^{-\gamma} \left[1 + \frac{U_{\Omega m}}{U_\varphi + E} \cos \Omega t\right]^{-\gamma} \tag{8-45}$$

令

任务 8 调频电路与鉴频电路

$$C_{jQ} = C_0 \left[\frac{U_\varphi + E}{U_\varphi} \right]^{-\gamma} \tag{8-46}$$

$$m = \frac{U_{\Omega m}}{U_\varphi + E} \tag{8-47}$$

则由式(8-45)可得

$$C_j = C_{jQ} (1 + m\cos\Omega t)^{-\gamma} \tag{8-48}$$

上式为变容二极管在单一频率调制信号 u_Ω 控制下的结电容 C_j 的数学表达式。式中，C_{jQ} 为变容二极管在静态工作点处的电容量；m 为结电容调制指数，反映了结电容受调制的深浅程度。由式(8-48)可以看出，变容二极管电容量 C_j 受信号 u_Ω 所调制，C_j 的变化规律一般不是与 u_Ω 成正比而是决定于电容变化指数 γ。

2) 变容二极管调频原理分析

假设振荡回路由变容二极管电容 C_j 与电感 L 组成，如图 8-11 所示，其振荡频率为

$$\omega = \frac{1}{\sqrt{LC_j}} \tag{8-49}$$

将式(8-48)代入式(8-49)得

$$\omega = \frac{1}{\sqrt{LC_{jQ}}} [1 + m\cos\Omega t]^{\frac{\gamma}{2}} = \omega_c [1 + m\cos\Omega t]^{\frac{\gamma}{2}} \tag{8-50}$$

式中，$\omega_c = \dfrac{1}{\sqrt{LC_{jQ}}}$ 是未加调制信号($u_\Omega=0$)时的振荡频率，即调频振荡器的中心频率。由上式可知，调频振荡器的振荡频率是随着调制信号的 $\dfrac{\gamma}{2}$ 次方变化。如果我们适当选择 γ 值，就可改善调制线性。下面分析受调后的变容二极管调频振荡器的振荡频率。

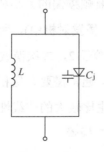

图 8-11 变容管组成的谐振回路

当 $\gamma=2$ 时，由式(8-50)即可得到简单的振荡角频率表达式

$$\omega(t) = \omega_c [1 + m\cos\Omega t] = \omega_c + \Delta\omega(t) \tag{8-51}$$

式中

$$\Delta\omega(t) = \omega_c m \cos\Omega t = \frac{\omega_c U_{\Omega m}\cos\Omega t}{E+U_\varphi} \tag{8-52}$$

上式为瞬时角频偏，正比于调制信号 $u_\Omega(t)$，即当 $\gamma=2$ 时，瞬时角频偏 $\Delta\omega(t)$ 则随调制信号作线性变化，调制过程中不会产生调制失真。

当 $\gamma \neq 2$ 时，则可用泰勒级数将式(8-50)展开为

$$\omega(t) = \omega_c[1+\frac{\gamma}{2}m\cos\Omega t + \frac{\gamma}{8}(\frac{\gamma}{2}-1)m^2 + \frac{\gamma}{8}(\frac{\gamma}{2}-1)m^2\cos 2\Omega t + \cdots] \tag{8-53}$$

如忽略高次项，上式可以近似为

$$\omega(t) = \omega_c[1+\frac{\gamma}{8}(\frac{\gamma}{2}-1)m^2] + \frac{\gamma}{2}\omega_c m\cos\Omega t + \frac{\gamma}{8}(\frac{\gamma}{2}-1)\omega_c m^2\cos 2\Omega t$$

$$= (\omega_c+\Delta\omega_c) + \Delta\omega_m\cos\Omega t + \Delta\omega_{2m}\cos 2\Omega t \tag{8-54}$$

式中，$\Delta\omega_c = \frac{\gamma}{8}(\frac{\gamma}{2}-1)m^2\omega_c$；$\Delta\omega_m = \frac{\gamma}{2}m\omega_c$；$\Delta\omega_{2m} = \frac{\gamma}{8}(\frac{\gamma}{2}-1)m^2\omega_c$。

在式(8-54)中，第一项表示中心角频率，但中心角频率有偏移，其偏移量为 $\Delta\omega_c$；第二项表示瞬时角频偏；第三项表示二次谐波失真分量的频率偏移量。当 m 很小时，可近似认为 $\Delta\omega_c$ 和 $\Delta\omega_{2m}$ 为零，调制特性是线性的；m 减小时，频偏 $\Delta\omega_m = \frac{\gamma}{2}m\omega_c$ 和调制灵敏度 k_f $\frac{\Delta\omega_m}{\Delta U} = \frac{\gamma}{2}\frac{m\omega_c}{U_{\Omega m}}$ 也都要减小。

由以上分析可知，实现理想直接调频的条件是 $\gamma=2$，理想直接调频的最大角频偏为 $m\omega_c$，m 受调制线性的限制。要想提高调频灵敏度，则应加大变容管的结电容调制度 m。而要降低非线性失真和减小中心频率偏移，则应减小 m。这就说明，获得大的频偏和提高调制线性度之间存在着矛盾。实际情况下，需要兼顾频偏的大小和非线性失真的程度，就要适当选择 m 值。在某些应用场合中(例如在调频广播发射机中)，所要求的相对频偏是比较小的，也就是所要求的 m 值较小，所以，即使 γ 不等于 2，二次谐波引起的非线性失真和中心频率偏移也是比较小的。但在无线电测量仪器中，通常需要产生相对频偏比较大的调频波。这时由于 m 值较大，当 γ 值不等于 2 时，就会产生比较大的非线性失真和中心频率偏移，这种情况下就应该尽可能地选用 γ 接近于 2 的变容二极管。

变容二极管直接调频的最大缺点是中心频率不稳定。提高其中心频率稳定性的措施包括：采用含变容管的晶体振荡器直接调频；采用自动频率控制电路；采用锁相环路实现中心频率稳定及采用间接调频等。

3) 变容二极管直接调频的实际电路分析

图 8-12 是变容二极管调频的实际电路。从图上看出，变容管 C_j 直接接在振荡回路中，故可以获得较大的频偏。该电路中，振荡器的基本工作频率为 52MHz。利用调制电压改变变容二极管的结电容 C_j，可以得到 ±75kHz 的频偏。当调制信号为 ±200mV 时，仍可得到良好的调制线性度。图中 L_2、C_2 为滤波器，L_B 为高频扼流圈。

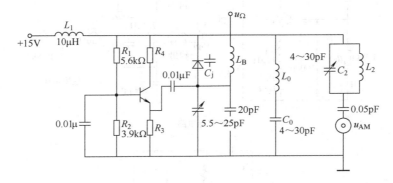

图 8-12　变容二极管直接调频电路实例之一

图 8-13(a) 是一个通信机的变容二极管调频器的实际电路。图(b)是它的简化原理图。由图 8-13 可知，调频电路采用电容三点式振荡器作为振荡电路，晶体管的集电极和基极间的振荡回路由 L_1、C_2、C_3、C_5 和反向串联的两个变容二极管 C_j 共同组成；L_3、C_8、C_9 组成电源滤波电路，R_1、R_2 是偏置电阻。L_2 为高频扼流圈，使直流反向偏置电压同时加于反向串联的两个变容二极管的正极；调制信号经高频扼流圈 L_B 加到两个变容二极管的负极，使这两个变容二极管都加有反向偏置电压和调制信号电压。这样两个变容管结电容将受到调制信号电压的控制，两管串联后的总电容 $C_j' = C_j/2$。C_j 与 C_5 电容串联后接入振荡回路。所以，变容管串联结电容对振荡回路是部分接入的。

改变两变容管的工作点反向偏置电压，并调节可变电感 L_1，即可使变容管调频器的中心频率在 50~100MHz 范围变化。两变容管的结电容 C_j 是随输入调制信号电压 u_Ω 变化，两变容管结电容 C_j 串联后再与 C_5 固定电容串联后，控制回路总电容随调制信号电压而变化，从而实现频率调制。

在这个实例中，变容二极管结电容采用的是部分接入调频器的振荡回路的方式，这样，结电容 C_j 只是振荡回路总电容的一部分。使得结电容 C_j 对回路总电容的控制能力比全部接入振荡回路时减小了。也就是说，随着 C_j 接入系数的减小，调频器的最大角频偏 $\Delta\omega_m$ 及调频灵敏度都将相应地减小。但是，随着变容管结电容 C_j 的部分接入，使变容管静态工作点

电容 C_{jQ} 随温度、电源电压变化和 C_j 的非线性导致调频波中心频率偏移 $\Delta\omega_c$ 的影响均减小了。这有利于调频波的中心频率的稳定性。此外，C_j 的部分接入，还可减少寄生调幅。

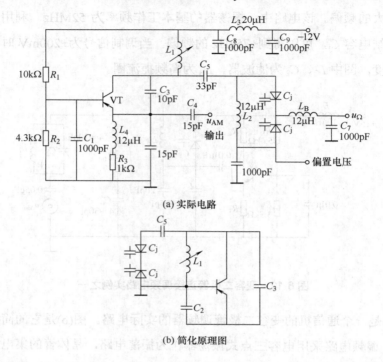

图 8-13 变容二极管直接调频电路实例之二

变容二极管调频电路的优点是电路简单，容易获得较大的频偏，因此在频偏不大的场合，线性可以很好，非线性失真可以很小。这种电路的缺点是变容二极管的一致性较差，给生产工艺带来复杂性。另外，变容管的结电容易受环境温度、电源电压的变化影响，使结电容产生漂移，从而造成调频波的中心频率不稳。因此在频率稳定度要求较高的场合，就不能用简单变容二极管调频电路。

由于变容二极管(对 LC 振荡器)直接调频电路的中心频率稳定度较差。为得到高稳定度调频信号，须采取稳频措施，如增加自动频率微调电路或锁相环路。还有一种稳频的简单方法就是直接对晶体振荡器调频。

图 8-14(a)为变容二极管对晶体振荡器直接调频电路，图 8-14(b)为其交流等效电路。由图可知，此电路为并联型晶振皮尔斯电路，其稳定度高于密勒电路。其中，变容二极管相当于晶体振荡器中的微调电容，它与 C_1、C_2 的串联等效电容作为石英谐振器的负载电容 C_L。此电路的振荡频率为

$$f_1 = f_q[1 + \frac{C_q}{2(C_L + C_0)}] \tag{8-55}$$

晶振变容二极管调频电路的突出优点是中心频率稳定度高,可达 10^{-5} 左右,因而在调频通信发送设备中得到了广泛应用。为了增大最大线性频偏,即扩展晶振的频率控制范围,可以采用串联或并联电感的方法。

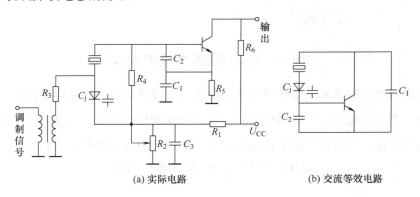

(a) 实际电路　　　　　　　　(b) 交流等效电路

图 8-14　晶体振荡器直接调频电路

2. 变容二极管间接调频电路

直接调频电路的优点是容易获得较大的频偏,缺点是中心频率稳定度低,即使是直接对石英晶体振荡器进行调频,中心频率的稳定度也会受到调制电路的影响。

为了避免调制电路对振荡电路的影响,在调频时,想办法把调制与振荡两个功能分开,再采用稳定度很高的振荡器来产生频率稳定度很高的载波。其方法是:采用高稳定度的晶体振荡器作为主振,然后再对这个稳定的载频信号用积分后的调制信号对其进行调相,则可从调相器输出中心频率稳定度很高的调频波。

实现间接调频的关键电路是调相器。调相器的种类很多,常见的有三类:第一类是用调制信号控制谐振回路或移相网络的电抗的调相电路(如变容二极管调相器);第二类是矢量合成的移相电路;第三类是脉冲调相电路。下面仅对第一类调相电路进行讨论。

图 8-15 是变容管移相的单回路移相电路。由图可以看出,电感 L 和变容管的结电容 C_j 构成谐振回路。+9V 的电源经电阻 R_1、R_2 供给变容管静态偏置电压;调制信号经 C_4 和 R_2 加到变容管上以改变它的等效电容,从而使回路的谐振频率发生改变;C_1、C_2、C_3 对高频短路,且有隔直流作用(对调制信号是开路的);R_3、R_4 用来做前后级隔离。

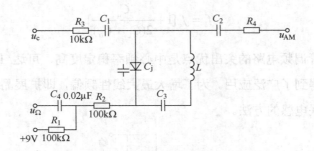

图 8-15 变容管移相的单回路移相电路

变容管移相电路的基本工作原理如下：由变容二极管电容 C_j、电容 C_3 和电感 L 组成的谐振回路中，变容二极管加有反向偏置工作电压和调制信号电压，这使变容管电容 C_j 随调制信号电压而变化，从而使回路的谐振频率随调制信号电压而变化，根据式(8-51)，有

$$\omega(t) = \omega_c [1 + m\cos\Omega t] = \omega_c + \Delta\omega(t) \tag{8-56}$$

即

$$\Delta\omega(t) = \omega_c m\cos\Omega t \tag{8-57}$$

这使固定频率的高频载波通过这个回路时，由于回路失谐而产生相移。失谐不大时，回路的相移可表示为

$$\Delta\varphi(t) = \arctan Q_L \frac{2\Delta\omega(t)}{\omega_c} \approx Q_L \frac{2\Delta\omega(t)}{\omega_c} = 2Q_L m\cos\Omega t \tag{8-58}$$

即瞬时相位与调制信号成线性关系，从而产生高频调相电压信号输出。

3. 扩展直接调频电路最大线性频偏的方法

如前所述，变容管直接调频电路的最大相对线性频偏受到变容管参数的限制。晶振直接调频电路的最大相对线性频偏也受到晶振特性的限制。显然，提高载频是扩展最大线性频偏最直接的方法。例如，当载频为 100MHz 时，即使最大相对线性频偏仅 0.01%，最大线性频偏也可达到 10kHz，这对于一般语音通信已足够。

如需要进一步扩展最大线性频偏，则可采用倍频和混频的方法。

设调频电路产生的单频调频信号的瞬时角频率为

$$\omega_1(t) = \omega_c + S_f U_{\Omega m}\cos\Omega t = \omega_c + \Delta\omega_m\cos\Omega t \tag{8-59}$$

经过 n 倍频电路之后，瞬时角频率变成

$$\omega_2(t) = n\omega_c + n\Delta\omega_m\cos\Omega t \tag{8-60}$$

可见 n 倍频电路可将调频信号的载频和最大频偏同时扩大 n 倍，但最大相对频偏仍保

持不变。

若将瞬时角频率为 ω_2 的调频信号与固定角频率为 $\omega_3=(n+1)\omega_c$ 的高频正弦信号进行混频，则差频为

$$\omega_4(t) = \omega_3(t) - \omega_2(t) = \omega_c - n\Delta\omega_m \cos\Omega t \tag{8-61}$$

可见混频能使调频信号最大频偏保持不变，而最大相对频偏发生变化。

根据以上分析，由直接调频、倍频和混频电路三者的组合可使产生的调频信号的载频不变，最大线性频偏扩大为原来的 n 倍。

如果将直接调频电路的中心频率提高为原来的 n 倍，保持最大相对频偏不变，则可直接得到瞬时角频率为 $\omega_2(t)$ 的调频信号，这样可以省去倍频电路。图 8-16 为其原理方框图。

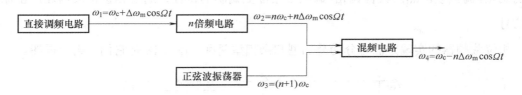

图 8-16　扩展直接调频电路最大线性频偏原理图

8.4　鉴频原理及鉴频电路

8.4.1　鉴频概述

对调频信号的解调就是从调频波中恢复原调制信号，这个过程又称为鉴频，完成对调频信号解调的电路称为鉴频器。

1. 鉴频的实现方法

鉴频就是把调频波瞬时频率变化转换成电压的变化，完成频率-电压的变换。鉴频的方法有两种。一种方法是振幅鉴频，另一种方法是相位鉴频。

1）振幅鉴频法

调频波振幅恒定，所以无法直接用包络检波器解调。鉴于二极管峰值包络检波器线路简单、性能好，可以考虑把包络检波器用于调频解调器中。显然，若能将等幅的调频信号变换成振幅也随瞬时频率变化、既调频又调幅的 FM-AM 波，就可以通过包络检波器解调此调频信号。用此原理构成的鉴频器称为振幅鉴频器，其工作原理如图 8-17 所示。

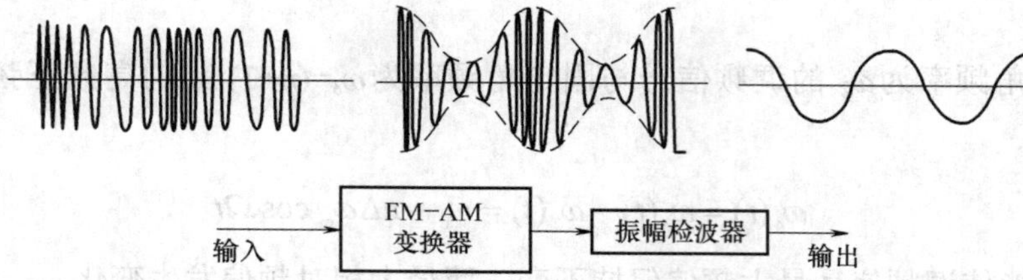

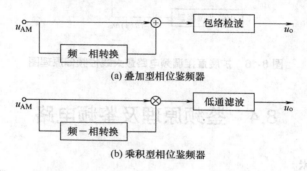

图 8-17 振幅鉴频器的基本原理框图

2) 相位鉴频

相位鉴频是先对输入的调频信号进行频–相变换，变换为频率和相位都随调制信号而变化的调相–调频波，然后根据调相–调频波相位受调制的特征，通过相位检波器还原出原调制信号。

相位鉴频器的实现方法可分为叠加型和乘积型两种。图 8-18 是它们的组成框图。

(a) 叠加型相位鉴频器

(b) 乘积型相位鉴频器

图 8-18 相位鉴频器的组成框图

2. 鉴频特性

鉴频器的主要特性表现为它的输出电压 U_o 的大小与输入调频波频率 f 之间的关系，也称为鉴频特性，它们的关系曲线称为鉴频特性曲线。如图 8-19 所示为典型的鉴频特性曲线，由于它的曲线像英文字母"S"形，所以有时又称为 S 曲线。图中横坐标代表输入调频信号的频率 f，纵坐标代表输出电压，f_c 是调频信号的中心频率，即载波频率，对应的输出电压为零。当输入 FM 信号的瞬时频率按调制信号的变化规律，以 f_c 为中心频率向左、右偏离时，分别得到负、正输出电压，从而还原了调制信号。通常总是希望鉴频特性是线性的，以免产生解调失真，但实际上只是在某一范围内，S 曲线才能近似为直线。鉴频器的主要技术指标大都与鉴频曲线有关。

任务 8　调频电路与鉴频电路

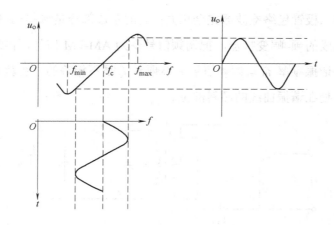

图 8-19　鉴频特性曲线

3. 鉴频器的主要技术指标

1) 鉴频灵敏度

假设在中心频率 f_c 附近，频率偏离 Δf 时的输出为 ΔU_o，则 $\Delta U_o / \Delta f$ 称为鉴频灵敏度。实际上，它是鉴频特性曲线在 f_c 附近的斜率。灵敏度越高意味着 S 曲线越陡，即在相同的频偏 Δf 下，输出电压越大。显然，鉴频器的鉴频灵敏度越高越好。

2) 线性范围

线性范围是指鉴频曲线可以近似为直线的频率范围。在图 8-19 中，两弯曲点 f_{min} 与 f_{max} 之间的频率范围(BW)为线性范围。此范围应该不小于调频信号最大频偏 Δf_m 的两倍，否则将产生严重失真。

3) 非线性失真

为了实现线性鉴频，鉴频曲线在线性范围内必须呈线性。但在实际上，鉴频曲线在两峰之间都存在着一定的非线性，通常只有在 $\Delta f=0$ 附近才有较好的线性。

8.4.2　振幅鉴频器

振幅鉴频器的基本思想是，把等幅调频波通过频-幅变换器变换为频率和振幅都随调制信号而变化的调幅-调频波，再通过包络检波器检出调幅-调频波的包络变化，还原出原调制信号，达到调频波解调的目的。

1. 单调谐回路斜率鉴频器

如图 8-20 所示是一种最简单的斜率鉴频的原理电路。图中，T 的右边是包络检波器，它与解调调幅波的二极管包络检波器完全相同；T 的左边部分是调频-调幅变换电路，即晶体管与谐振回路组成的频–幅变换器，把调频信号变为 AM-FM 信号，再经包络检波变为低频调制信号。回路谐振频率 f_0 与调频信号中心频率 f_c 是不相等的，也就是说，使回路对 f_c 失谐，让调频信号处在谐振曲线的倾斜部位。

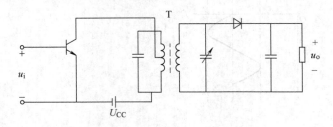

图 8-20　单调谐回路鉴频器原理电路

鉴频器的关键部分就是 AM-FM 变换器。把调频波转换成 AM-FM 波最简单的电路就是利用失谐的 LC 并联回路。LC 并联回路的幅–频转换原理如图 8-21 所示，当调频信号中心频率 f_c 与 LC 并联回路中心角频率 f_0 不相同时，输入调频信号的振幅将随频率的变化而变化。为取得较好的线性转换特性，可将 f_c 置于幅频特性曲线上升段线性部分中点，如图 8-21 中的 A 点。

设输入为单频调频信号，其瞬时频偏为

$$\Delta f(t) = S_\mathrm{f} u_\Omega(t) = S_\mathrm{f} U_{\Omega\mathrm{m}} \cos \Omega t \tag{8-62}$$

回路幅频特性曲线在 A 点处的斜率即为幅-频转换灵敏度 $S_\mathrm{m} = \dfrac{\Delta U}{\Delta f}$，$\Delta U$ 和 Δf 分别是线性范围内的振幅变化量和频率变化量。由图 8-21 可写出输出信号振幅表达式：

$$U_\mathrm{m} = U_\mathrm{m0} + S_\mathrm{m} \Delta f(t) = U_\mathrm{m0} + S_\mathrm{m} \cdot S_\mathrm{f} u_\Omega(t) \tag{8-63}$$

可见输出是一个 AM-FM 信号。由于此工作频段对应回路相频特性曲线的非线性部分，故引起的相移变化与调制电压不成正比，而且变化量很小。

图 8-21(a)为单调谐回路的工作波形示意图。变换后的 AM-FM 波如图 8-21(b)所示。因此，一个单调谐回路就是一个能够把调频波变换成 AM-FM 波的变换器。变换后得到调幅–调频波通过包络检波器，就可以解调出反映在包络变化上的调制信号。

由于上述这种简单的单调谐回路鉴频器的幅频特性曲线斜坡部分不完全是直线，或者说线性范围较窄，当频偏较大时，非线性失真就很严重，因此只能解调频偏小的调频信号。实际应用中不采用这种单调谐回路的鉴频器。

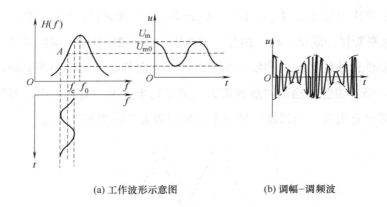

(a) 工作波形示意图　　　　(b) 调幅-调频波

图 8-21　单调谐回路斜率鉴频器的幅频特性曲线

2. 双失谐回路斜率鉴频器

为了获得较好的线性鉴频特性以减小失真，并适用于解调较大频偏的调频信号，一般采用由两个失谐回路构成的斜率鉴频器，其原理电路如图 8-22 所示，称为双失谐回路(斜率)鉴频器。

双失谐回路鉴频器也由频-幅变换器和振幅检波器两部分组成。由图 8-22 可见，它共有三个谐振回路，初级回路调谐于调频信号的中心频率 f_c，次级的两个回路分别调谐于 f_1 和 f_2，且 $f_1 > f_c > f_2$。并且 f_1 和 f_2 对 f_c 是对称的，即

$$f_1 - f_c = f_c - f_2 \tag{8-64}$$

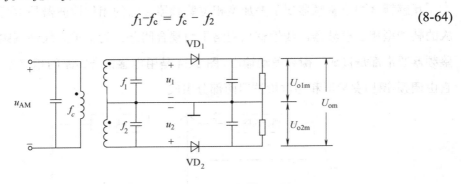

图 8-22　双失谐回路鉴频原理电路

调频信号在回路两端产生的电压 u_1 和 u_2 的幅度分别用 U_{1m} 和 U_{2m} 表示，假设两个二极管检波器的参数一致（$C_1=C_2$，$R_1=R_2$，VD_1 和 VD_2 的参数一样）。U_{1m} 和 U_{2m} 分别经二极管检波器得到输出电压 U_{o1m} 和 U_{o2m}，由于次级两回路线圈与 VD_1、VD_2 接法相反(如图中所标示的同名端)，所以 U_{o1m} 和 U_{o2m} 极性相反，合成的总输出电压为 $U_{om} = U_{o1m} - U_{o2m}$。如果认为两个检波器的传输系数近似为 $k_{d1} = k_{d2} = k_d = 1$，则检波输出电压等于检波输入高频电压的振

幅，且可得到总输出电压 $U_{om}=U_{o1m}-U_{o2m}=U_{1m}-U_{2m}$，也就是说，$U_{om}$ 随频率变化的规律与 $(U_{1m}-U_{2m})$ 随频率变化的规律一样。由此，可得出如图 8-23 所示的鉴频曲线。显然，双失谐回路的鉴频特性曲线的直线性和线性范围这两个方面都比单失谐回路鉴频器有显著的改善。这是因为，当一边鉴频输出波形有失真，例如正半周大，负半周小，对称的另一边鉴频输出波形也必定有失真，但却是正半周小，负半周大，因而相互抵消。

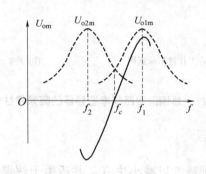

图 8-23 双失谐回路鉴频器的鉴频曲线

8.4.3 相位鉴频器

1. 互感耦合相位鉴频器

互感耦合相位鉴频器属于叠加型相位鉴频器，它的相位检波器是由两个包络检波器组成的叠加型相位检波器，线性移相网络采用耦合回路。为了扩大线性鉴频范围，这种相位鉴频器通常都是接成平衡和差动输出。图 8-24 是用电感耦合回路的相位鉴频器原理电路图。它由调频-调相变换器和相位检波器两部分组成。

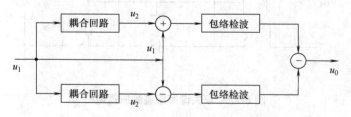

图 8-24 耦合回路相位鉴频器框图

图 8-25 为电感耦合回路相位鉴频器原理电路。图中，L_1C_1 为初级调谐回路，L_2C_2 为次级调谐回路，初次级回路均调谐在输入调频波的中心频率 f_c 上。两二极管 VD_1、VD_2 和两电阻 R_1、R_2 以及电容 C_3、C_4 分别构成两个对称的包络检波器。图中 C_c 为耦合电容，对于

输入信号频率短路，L_B 为高频扼流圈，对输入信号频率近似于开路，并为二极管提供直流通路。电感耦合回路相位鉴频器的工作原理包括频率-相位变换、相位-幅度变换和检波输出三个过程。

1) 频率-相位变换

频率-相位变换是由图 8-26 所示的互感耦合回路完成的。由图可知，初级回路电感 L_1 中的电流为

$$\dot{I}_1 = \frac{\dot{U}_1}{r_1 + j\omega L_1 + Z_f} \tag{8-65}$$

考虑到初、次级回路均为高 Q 值回路，r_1 也可忽略，则式(8-65)近似为

$$\dot{I}_1 \approx \frac{\dot{U}_1}{j\omega L_1} \tag{8-66}$$

初级电流在次级产生的感应电动势为

$$\dot{E}_2 = j\omega M \dot{I}_1 = \frac{M}{L_1} \dot{U}_1 \tag{8-67}$$

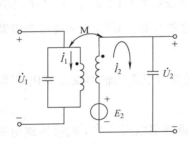

图 8-26 互感耦合回路

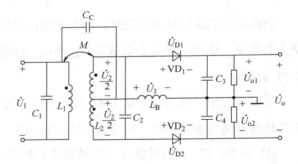

图 8-25 电感耦合回路相位鉴频器原理电路

感应电动势 $\dot{E}_2$ 在次级回路形成的电流 $\dot{I}_2$ 为

$$\dot{I}_2 = \frac{\dot{E}_2}{r_2 + j\left(\omega L_2 - \dfrac{1}{\omega C_2}\right)} = \frac{M}{L_1} \cdot \frac{\dot{U}_1}{r_2 + j\left(\omega L_2 - \dfrac{1}{\omega C_2}\right)} \tag{8-68}$$

$\dot{I}_2$ 流过 C_2，则有

$$\dot{U}_2 = \frac{1}{j\omega C_2} \dot{I}_2 \tag{8-69}$$

可见，当 $\dot{U}_1$ 的瞬时角频率 ω 改变时，$\dot{U}_2$ 与 $\dot{U}_1$ 的相位关系也会随之而改变。从而完成频率-相位变换。

2) 相位–幅度变换

假如没有高频耦合电容 C_C 和扼流圈 L_B 引入初级电压，那么，不论输入信号的频率如何变化，经互感耦合加在两个检波器上的电压总是大小相等，方向相反。由于幅度检波器的对称性，检波后的电压互相抵消，输出电压 U_o 永远等于零。现在接入 C_C 和 L_B 后，把初级两端的电压也引入到检波器的输入端，即 $\dot{U}_1$ 经电容 C_C（对高频信号短路）加到次级回路的中心点上，因此在 L_B 两端的电压就等于 $\dot{U}_1$。另外以互感 M 耦合的初次级双调谐回路组成的相移网络，$\dot{U}_1$ 经过相移网络移相后生成调相–调频波 $\dot{U}_2$。移相网络使 $\dot{U}_1$ 和 $\dot{U}_2$ 在载频 f_c 处形成固定的 $\pi/2$ 相移；当 $\dot{U}_1$ 的瞬时频率在 f_c 的基础上线性调变时，$\dot{U}_1$ 与 $\dot{U}_2$ 之间的相位差也在 $\pi/2$ 的基础上线性调变。由图 8-25 可见，加在两个检波管上的高频信号电压就分别等于

$$\dot{U}_{D2} = -\frac{\dot{U}_2}{2} + \dot{U}_1 \tag{8-70}$$

$$\dot{U}_{D1} = \frac{\dot{U}_2}{2} + \dot{U}_1 \tag{8-71}$$

当调频波的瞬时频率改变时，由于谐振回路的相位特性随频率而变化，$\dot{U}_1$ 和 $\dot{U}_2$ 的相位差就要改变，这两个复数量合成的 $\dot{U}_{D1}$ 和 $\dot{U}_{D2}$ 的幅度也随之改变，导致调频波转变成调幅–调相–调频波。

下面利用相量图来讨论 $\dot{U}_1$ 和 $\dot{U}_2$ 两高频信号之间的相位差引起的输出幅度变化规律。对应调频波不同的瞬时频率，可分为以下三种情况。

(1) 当 $f=f_c$ 时，即瞬时频率为调频波中心频率时，初级回路电压为 $\dot{U}_1$，初级回路电流 $\dot{I}_1$，则 $\dot{U}_1$ 超前 $\dot{I}_1$ $90°$。次级回路感应的电动势：$\dot{E}_2 = j\omega M \dot{I}_1$，它也超前 $\dot{I}_1$ $90°$ 而与 $\dot{U}_1$ 同相。由于此时调频信号正处在频率 $f=f_c$ 的时刻，次级回路串联谐振，其谐振电流 $\dot{I}_2$ 与 $\dot{E}_2$ 相位相同，而电容 C_2 两端的电压 $\dot{U}_2$ 又落后于 $\dot{I}_2$ $90°$，所以 $\dot{U}_2$ 落后 $\dot{E}$ $90°$ 而与 $\dot{I}_1$ 同相，所以次级回路端电压 $\dot{U}_2$ 落后于初级回路端电压 $\dot{U}_1$ $90°$。根据 $\dot{U}_1$ 和 $\dot{U}_2$ 的相位关系，用相量相加的方法，又可画出表示二极管 VD_1、VD_2 两端的高频电压 $\dot{U}_{D1} = \frac{\dot{U}_2}{2} + \dot{U}_1$ 和 $\dot{U}_{D2} = -\frac{\dot{U}_2}{2} + \dot{U}_1$ 的相量，这些关系用相量表示在图 8-27(a)中。可见，$\dot{U}_{D1}$ 和 $\dot{U}_{D2}$ 两电压的大小相等，即 $\dot{U}_{D1} = \dot{U}_{D2}$。检波后电压 $\dot{U}_{o1}$ 和 $\dot{U}_{o2}$ 也大小相等，但相位相反，因而输出电压 $U_o = U_{o1} - U_{o2} = 0$。

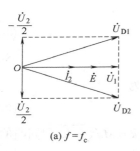
(a) $f=f_c$

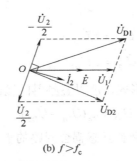
(b) $f>f_c$

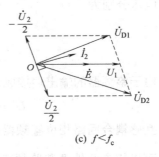
(c) $f<f_c$

图 8-27　不同瞬时频率回路电压电流的相位关系

(2) 当 $f>f_c$ 时，即瞬时频率大于调频波中心频率时，$\dot{U}_1$、$\dot{E}$、$\dot{I}_1$ 的相量关系与 $f=f_c$ 情况相同，但是由于 $f>f_c$，回路失谐，使得次级串联回路呈感性，$\dot{I}_2$ 不再与 $\dot{E}$ 同相，而是落后于 $\dot{E}$，且 $\dot{U}_2$ 还是要落后于 $\dot{I}_2$ 90°，显然此时 $\dot{U}_2$ 与 $\dot{U}_1$ 的相位差不再是 90°，而是大于 90°了，由此可画出 $\dot{U}_{D1}$ 和 $\dot{U}_{D2}$ 的矢量图如图 8-27(b)所示，显然有 $\dot{U}_{D2}>\dot{U}_{D1}$，经检波后输出电压 $U_o = U_{o1} - U_{o2}$ 为负值。

(3) 当 $f<f_c$ 时，即瞬时频率小于调频波的中心频率时，$\dot{U}_1$、$\dot{I}_1$、$\dot{E}$ 的相位情况与 $f=f_c$ 时仍然一样。但是，由于 $f<f_c$，回路呈容性，$\dot{I}_2$ 超前于 $\dot{E}$，$\dot{U}_2$ 仍落后于 $\dot{I}_2$ 90°，，此时 $\dot{U}_2$ 与 $\dot{U}_1$ 的相位差小于 90°，$\dot{U}_{D1}$ 和 $\dot{U}_{D2}$ 及其矢量图如图 8-27(c)所示，可见 $\dot{U}_{D2}<\dot{U}_{D1}$，经检波后 U_o 为正值。

由以上的分析，可绘出输出电压 U_o 与频率 f 的关系曲线，如图 8-28 所示，即为电感耦合的相位鉴频器的鉴频特性曲线。在 $f=f_c$ 点时，$U_o=0$；随着失谐加剧，$\dot{U}_{D1}$ 和 $\dot{U}_{D2}$ 幅度的差增长，U_o 的绝对值加大；当 $f>f_c$ 时 U_o 为负值，$f<f_c$ 时，U_o 为正值。当失谐太严重时，$\dot{U}_{D1}$ 和 $\dot{U}_{D2}$ 幅度急剧下降，合成电压 U_o 就不再增长，反而减小了。

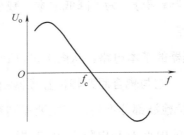

图 8-28　电感耦合相位鉴频器的鉴频特性曲线

3) 检波输出

设两个二极管检波器的电压传输系数分别为 k_{d1} 和 k_{d2}，并令 $k_{d1}=k_{d2}=k_d$，则两检波器的输出电压分别为：

$$\dot{U}_{o1} = k_d \dot{U}_{D1} \tag{8-72}$$

$$\dot{U}_{o2} = k_d \dot{U}_{D2} \tag{8-73}$$

由于鉴频器的输出端接成差动形式，所以鉴频器的输出电压为：

$$\dot{U}_o = \dot{U}_{o1} - \dot{U}_{o2} = k_d(\dot{U}_{D1} - \dot{U}_{D2}) \tag{8-74}$$

互感耦合回路相位鉴频器通过调整互感耦合回路的耦合系数 $k = M/\sqrt{L_1L_2}$ 和回路的 Q 值，可以较方便地调节鉴频特性曲线的形状，从而获得较好的线性解调，较高的鉴频灵敏度，它的带宽能满足调频波的 $2\Delta f_m$ 频偏范围的要求。

相位鉴频器与斜率鉴频器比较，它的优点是线性较好，灵敏度较高，电路简单，调整方便。缺点是工作频带较窄。

2. 比例鉴频器

对于前面所讨论过的斜率鉴频器和相位鉴频器，当输入调频波的振幅变化时，鉴频输出电压的幅度也会发生变化。这一点从图 8-27 所示的矢量图不难看出。也就是说这些电路不具备自限幅能力。因此，噪声、各种干扰以及电路频率特性的不均匀而引起的输入信号的寄生调幅，都将直接在鉴频器的输出信号中反映出来。为了抑制这些寄生调幅的影响，要求在鉴频器之前预先接有限幅器。而且为了使限幅器能有效地起限幅作用，要求限幅器输入端电压必须大于一定的电压(往往要求输入电压在 1V 左右)，这就需要在限幅器之前对调频信号有较大的放大量，导致接收机高频放大级数的增加。

能否对前面的相位鉴频器的电路作某些改动来获得一定的自限幅作用，以省掉限幅器呢？比例鉴频器就是一种兼有限幅作用的鉴频器，它是在相位鉴频器的基础上改进而来的。目前，调频接收机和电视机的伴音部分，为了降低成本、减小体积，广泛采用比例鉴频器。

1) 比例鉴频器的基本电路

如图 8-29 所示为比例鉴频器的基本电路。从图上可以看出，比例鉴频器也是由两部分组成：一部分为频-相变换网络，它与耦合回路相位鉴频器相同；另一部分为相位检波器，它与耦合回路相位鉴频器的相位检波部分不同，其主要差别有：

① 将电容 C_3 和 C_4 相串联的中点 D 与电阻 R_1 和 R_2 相串联的中点 O 分开，鉴频器输出电压 $\dot{U}_o$ 是从这两个中点之间取出。

② 在 A、B 两端增接了一个大电容量的电容 C_5，其容量约为 $10\mu F$，它和电阻(R_1+R_2)组成的时间常数很大，约为 $0.1\sim0.2s$，这样在检波过程中，该并联电路对 15Hz 以上变化的

寄生调幅呈惰性,使其两端电压来不及跟着寄生调幅的幅度变化,而保持在某一恒定不变的数值 E_0 上。

③ 为了构成检波器的直流通路,其中一个二极管必须反接。因而在电容 C_3 和 C_4 上产生的检波电压 U_3 和 U_4 的极性相同。这样,A、B 两端就不像耦合回路相位鉴频器那样属于差动输出,而是这两个电压之和,即 $U_{AB}=U_3+U_4=E_0$,且数值基本上保持不变。

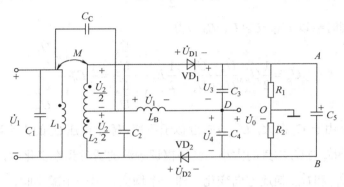

图 8-29 比例鉴频器电路

2) 比例鉴频器工作原理

尽管此电路与相位鉴频器有以上三点不同,但加在每个检波二极管上的电压并没有区别,仍然是

$$\dot{U}_{D1} = \frac{\dot{U}_2}{2} + \dot{U}_1 \tag{8-75}$$

$$\dot{U}_{D2} = \frac{\dot{U}_2}{2} - \dot{U}_1 \tag{8-76}$$

所以耦合回路将调频波变换的过程也是调频-调相-调幅,其原理与相位鉴频器是一样的。下面我们来讨论比例鉴频器的输出电压 $\dot{U}_o$。由图 8-27 可以看出,当 $R_1=R_2$ 时有

$$\dot{U}_o = \dot{U}_4 - \frac{1}{2}\dot{U}_{AB} \tag{8-77}$$

或

$$\dot{U}_o = -\dot{U}_3 + \frac{1}{2}\dot{U}_{AB} \tag{8-78}$$

将上述两式相加,就可得到

$$\dot{U}_o = \frac{1}{2}|\dot{U}_4 - \dot{U}_3| \tag{8-79}$$

把式(8-79)与相位鉴频器的输出电压公式式(8-74)

$$U_o = U_{o1} - U_{o2} = k_d(U_{D1} - U_{D2}) = -k_d(U_{D2} - U_{D1}) \tag{8-80}$$

进行比较，结果表明，比例鉴频器与相位鉴频器的鉴频特性曲线形式一样，但是在电路参数相同的情况下，比例鉴频器的灵敏度较低，只有耦合回路相位鉴频器的一半。

3) 比例鉴频器抑制寄生调幅原理(自限幅原理)

由式(8-79)有

$$U_o = \frac{1}{2}(U_4 - U_3)$$

把分子分母同时乘以 $U_{AB}=U_4+U_3=E_0$ 即得

$$\dot{U}_o = \frac{1}{2}\dot{U}_{AB}\frac{\dot{U}_4 - \dot{U}_3}{\dot{U}_4 + \dot{U}_3} = \frac{1}{2}E_0\frac{1-\frac{\dot{U}_3}{\dot{U}_4}}{1+\frac{\dot{U}_3}{\dot{U}_4}} = \frac{1}{2}E_0\frac{1-\frac{\dot{U}_{D1}}{\dot{U}_{D2}}}{1+\frac{\dot{U}_{D1}}{\dot{U}_{D2}}} \tag{8-81}$$

在图 8-29 中，由于 C_5 很大，$\dot{U}_{AB}=E_0$ 近似于不变，输出电压 $\dot{U}_o$ 的大小取决于 $\dot{U}_3$ 与 $\dot{U}_4$ 的比值，而不取决于 $\dot{U}_3$ 与 $\dot{U}_4$ 本身的大小。当等幅调频波的瞬时频率变化时，比例鉴频器两个二极管上的电压 $\dot{U}_{D1}$ 和 $\dot{U}_{D2}$ 朝反方向变化，即一个增大，另一个减小时，$\dot{U}_3$ 与 $\dot{U}_4$ 的比值也随 $\dot{U}_{D1}$ 与 $\dot{U}_{D2}$ 的比值而变化，所以鉴频器的输出电压 $\dot{U}_o$ 随调频波的瞬时频率而变化，进而完成鉴频任务。当输入调波的振幅发生变化时(寄生调幅)，$\dot{U}_3$ 和 $\dot{U}_4$ 在以等幅情况变化的基础上，还会跟随寄生幅度的变化而变化，但其比值保持不变，即比值 $\dot{U}_3/\dot{U}_4$ 不受调频波振幅变化的影响。所以，比例鉴频器的输出电压 $\dot{U}_o$ 与调频波振幅变化无关。起到了自限幅的作用。正因为输出电压 $\dot{U}_o$ 决定于检波二极管两端的高频电压 $\dot{U}_{D1}$ 和 $\dot{U}_{D2}$ 的比值大小，所以这种电路称为比例鉴频器。

从上分析可知，比例鉴频器的自限幅作用实际上是利用了输入电路的可变衰减的结果。二极管检波器构成了一个自动控制衰减的系统，它总是力图维持输入信号的振幅稳定。

4) 比例鉴频器电路实例

图 8-30 为电视机伴音电路中所用比例鉴频器电路。VT 为鉴频推动级，L_1C_1 回路为集电极负载回路。L_2C_2 为鉴频器械的输入回路。两回路都调谐于第二伴音中频信号的中心频率 6.5MHz 上。鉴频器由 VD_1、VD_2、R_3、R_4、C_3、C_4、R_1、R_2 和大电容 C 所组成。其中 VD_1、VD_2 为检波二极管，R_3、R_4 为二极管的均衡电阻，用以弥补二极管的差异。C_3、C_4、R_1、R_2 为负载，R_1、R_2 中心接地。它与基本电路比较，有几个特点。

（1）它的初、次级回路电感线圈不是直接耦合的，而是安装在不同的屏罩内，它们之间的耦合则是通过与 L_1 串联，且与 L_2 耦合的线圈 L_4 实现的。如果需要调整耦合强弱，只要调整 L_4 就可以了，不用改变 L_1 或 L_2。

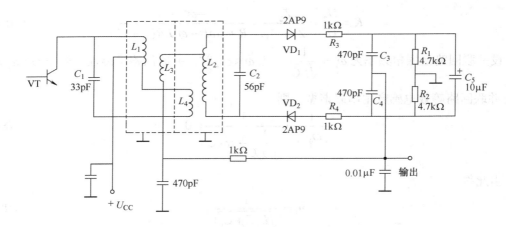

图 8-30　电视机伴音电路中所用比例鉴频器电路实例

(2) 初级回路上的电压通过耦合线圈 L_3 经 L_2 的中心抽头加到二极管上，这样，不仅省掉隔直流电容和高频扼流圈，而且还可以通过改变 L_3 的匝数来控制检波器输入电阻对初级回路的阻尼程度。

(3) 增加了阻值为 $1\mathrm{k}\Omega$ 的电阻 R_3 和 R_4 是为了避免寄生调幅可能引起的阻塞现象。由于 U_{AB} 是恒定的，这相当于给二极管 VD_1、VD_2 提供了一个反向偏置电压，这样，如果调频波振幅瞬时减小过多，就会使二极管截止，结果鉴频器在这一瞬时却失去鉴频作用，这种现象称为寄生调幅阻塞效应。串联 R_3 和 R_4 后，流经它们的检波平均电流产生的电压，对 VD_1、VD_2 也起负偏作用，只不过它是不固定的，是随信号的强弱变化的。当输入信号振幅瞬时值减小时，R_3、R_4 上的电压也跟着减小，二极管的负偏电压也减小，这样就可以防止阻塞现象的发生。

3. 乘积型相位鉴频器

利用模拟相乘器的相乘特性，可以实现相位鉴频。乘积型相位鉴频器包含频率-相位变换网络(移相延时网络)、相乘器和低通滤波器三个部分。

1) 频-相变换网络

在乘积型相位鉴频器中，广泛采用谐振回路作为频率-相位变换网络。图 8-31(a)为相移网络电路。设并联电路的阻抗为 Z_2，电容支路的阻抗为 Z_1，则

$$Z_2=\frac{j\omega LR}{R+j\omega L-\omega^2 LCR},\quad Z_1=\frac{1}{j\omega C_1} \tag{8-82}$$

网络传输系数 $\dot{K}$ 等于

$$\dot{K} = \frac{\dot{U}_2}{\dot{U}_1} = \frac{Z_2}{Z_1 + Z_2} = \frac{-\omega^2 LC_1 R}{R + j\omega L - \omega^2 LR(C + C_1)} \qquad (8\text{-}83)$$

设并联回路谐振角频率为 $\omega_1 = \dfrac{1}{\sqrt{LC}}$，当 $\omega < \omega_1$ 时，并联回路呈感性。若在 $\omega = \omega_1$ 时，C_1 与并联回路等效电感产生串联谐振，则

$$\frac{1}{j\omega_0 C_1} + \frac{1}{\dfrac{1}{j\omega_0 L} + j\omega_0 C} = 0 \qquad (8\text{-}84)$$

由此得

$$\omega_0 = \frac{1}{\sqrt{L(C + C_1)}} \qquad (8\text{-}85)$$

在 $\omega = \omega_1$ 时，电流 $\dot{I}_1$ 与 $\dot{U}_1$ 同相，电感上的电压 $\dot{U}_2$ 超前 $\dot{I}_1$ $\dfrac{\pi}{2}$，即 $\dot{U}_2$ 超前 $\dot{U}_1$ $\dfrac{\pi}{2}$。

设原调频信号的中心频率为 ω_{c0}，并令 $\omega_0 = \omega_{c0}$，将式(8-85)代入式(8-83)得

$$\dot{K} = \frac{\dot{U}_2}{\dot{U}_1} = \frac{j\omega C_1 R}{1 - jQ\left(\dfrac{\omega_0}{\omega} - \dfrac{\omega}{\omega_0}\right)} \qquad (8\text{-}86)$$

在失谐较小的情况下，上式可简化为

$$\dot{K} \approx \frac{j\omega C_1 R}{1 + jQ\dfrac{2(\omega - \omega_0)}{\omega_0}} \qquad (8\text{-}87)$$

由此可得到网络的幅频特性和相频特性分别为

$$K \approx \frac{\omega C_1 R}{\sqrt{1 + (2Q\dfrac{\omega - \omega_0}{\omega_0})^2}} \qquad (8\text{-}88)$$

$$\varphi(t) \approx \frac{\pi}{2} - \arctan\left(2Q\frac{\omega - \omega_0}{\omega_0}\right) \qquad (8\text{-}89)$$

根据式(8-89)可作出相频特性曲线，如图 8-31(b)所示。由图可见，当输入信号频率 $\omega = \omega_0$ 时，$\varphi = \dfrac{\pi}{2}$；当 $\omega > \omega_0$ 时，随着 ω 增大，φ 减小。当 $\omega < \omega_0$ 时，随着 ω 减小，φ 增大。但上述频相转换是非线性的，只有在 ω_0 附近的较小范围内，相频特性曲线才近似为线性，此时

$$\varphi(t) \approx \frac{\pi}{2} - 2Q\frac{\omega - \omega_0}{\omega_0} \qquad (8\text{-}90)$$

从式(8-90)可见，相位随频率线性变化。通过相移网络的转换，FM 波变成 PM-FM 波。

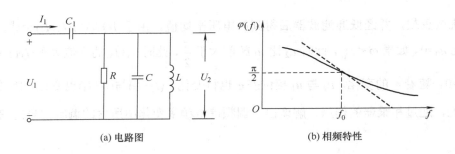

(a) 电路图　　　　　　　　　　(b) 相频特性

图 8-31　频率-相位变换网络及相频特性

2) 乘积型相位鉴频器电路

图 8-32 是集成的乘积型相位鉴频器电路。它有两个相移延时网络：C_1 与 L_2C_2、C_3 与 L_4C_4。$VT_1 \sim VT_6$ 组成双差分模拟相乘器。输出信号经低通滤波器(图中未画出)输出。

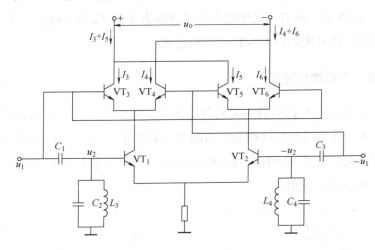

图 8-32　乘积型相位鉴频器

从图 8-32 可见，通过相移网络的作用后，u_1 转换为 2 个信号，即 u_1 与 u_2，其中 u_2 与 u_1 的中心频率的相位差 $\frac{\pi}{2}$，同时 $-u_1$ 转换为 $-u_2$。u_2 与 $-u_2$ 作为相乘器的一对输入，加在 VT_1、VT_2 输入端；u_1 与 $-u_1$ 作为相乘器的第二对输入，加在 VT_3、VT_4 与 VT_5、VT_6 的输入端。

双差分模拟相乘器只有在输入信号很小时，才能实现相乘特性。为了增大鉴频特性的线性范围，此处差分电路工作在开关状态，即 u_1、u_2 均为大信号，$VT_1 \sim VT_6$ 只在部分时间导通。从图可见，只有 VT_3、VT_1 均导通才有 I_3；VT_4、VT_1 均导通时才有 I_4；VT_5、VT_2 均导通时才有 I_5；VT_6、VT_2 均导通才有 I_6。如果 $\omega = \omega_0$，此时 u_2 比 u_1 超前 $\frac{\pi}{2}$。由于 u_2、u_1、$-u_2$、$-u_1$ 的组合，使 $VT_3 \sim VT_6$ 导通时间不同。输出端解调所得到的电压 u_0 是电流$[(I_5+I_6)-$

(I_3+I_4)]流过负载,并经低通滤波器后得到的电压平均值。由于(I_5+I_6)与(I_3+I_4)合成的均值为零,因此$u_0=0$。如果$\omega<\omega_0$,此时u_2比u_1超前大于$\frac{\pi}{2}$,此时(I_5+I_6)的均值大于(I_3+I_4)的均值,因此$u_0>0$。随着ω的变化,u_2与u_1相位差φ也将变化,(I_5+I_6)与(I_3+I_4)也变化,因此u_0也变化。可见,通过相乘器的作用,解调出了调频信号频率变化中所含的调制信号的信息。

8.5 技能训练：变容二极管调频电路的测试

变容二极管调频电路的测试内容包括：观察输出波形,静态调制特性测试,测量频偏等。图 8-33 为变容二极管调频电路的实际电路,VT_1为振荡管,振荡回路由L_2、$C_2 \sim C_5$和变容二极管C_j组成,振荡频率约为 15MHz。变容二极管的反偏电压U由U_{EE}经R_7、R_{W2}和R_6分压供给,并由R_{W2}调节。调制电压经经济隔直电容C_9和高频扼流圈L_3加到变容二极管上。产生的调频信号经射随器VT_2由②端输出。

1. 电路调整,观察输出波形

接通电源,调节R_{W2}使T_1的静态发射极电流I_{EQ1}为 3mA 左右。示波器接在输出端②观察振荡波形,用电子计数式频率计测量振荡频率。如果电路工作正常,则改变R_{W2}时,振荡频率应有相应的变化,使$C_5=0.01\mu F$,$C_6=0$,$U=4V$,调节L_2使振荡频率约为 13MHz。示波器接在②端,可观察输出波形。

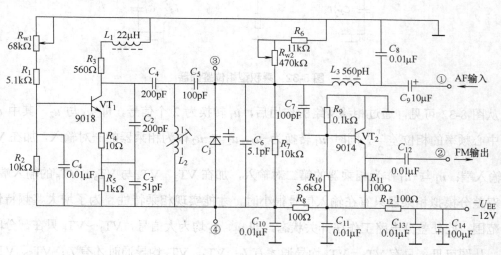

图 8-33 变容二极管调频电路

2. 测量静态调制特性

(1) 在上述条件下测量静态调制特性 $f = g(U)$。改变 R_{w2}，使 U 从 0.5V 变化到 8V，间隔为 0.5~1V。用电子计数式频率计测量振荡频率 f，可绘制静态调制特性。

(2) 使 $C_6=0$，改变 C_5（例如：$C_5=50$pF，100pF，200pF）重复上述步骤，可描绘 C_5 为不同值静态调制特性曲线。

(3) 使 $C_5=0.01\mu F$，改变 C_6（例如：$C_6=3.9$pF、82pF），重复上述步骤，可描绘 C_6 为不同值的静态调制特性曲线。

(4) 根据上述测量得到的实验曲线，选出高频端和低频端调制线性较好的 C_5 和 C_6 值。在接近选定的 C_5 和 C_6 值时，测量和描绘静态调制特性。

对上述测量结果的比较可知，调 C_5 的大小可以较有效地改变静态调制特性低频端的曲线形状，调节 C_6 的大小可以较有效地改变静态调制特性高频端的曲线形状，如图 8-34、图 8-35 所示。当 C_5 和 C_6 同时存在时，反复调节 C_5、C_6 的数值，利用它们对静态调制特性不同频段有不同影响的性质，就有可能获得较为接近理想直线的静态调制特性曲线。

3. 测量调制电压为不同值时的最大频偏

如要求最大频偏 $\Delta f_m = \pm 75$kHz，根据上面实验选定的静态调制特性曲线，选择调制线性较好的静态工作点，并估计调制电压（音频信号电压）的大小。

改变 R_{w2}，使电路达到要求的偏置电压，再将调制电压接到①端，使调制频率 $F=1$kHz，在上述估计的电压范围内改变调制电压，使用调制度测量仪在②端测量相应的上、下最大频偏，画出 Δf_m 与 U_Ω 之间的关系曲线，并用示波器监视调频信号波形。

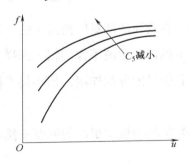

图 8-34 C_5 对静态调制特性的影响

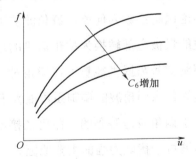

图 8-35 C_6 对静态调制特性的影响

4. 问题与思考

(1) 测试调制特性时，如果振荡器 T_1 的工作点 I_{EQ1} 发生变化，将产生什么影响？

(2) 如果 C_7 改用 0.22μF，②端的输出波形将会发生什么变化？

小　　结

调频是一种性能比较优良的调制方式。与调幅制相比，它具有良好的抗干扰能力、信号传输保真度高、发射机功率管利用率高等优点。但是调频信号所占用的频带宽度要比调幅信号频带宽(调频波 $BW=2(M_f+1)F_{max}$，调幅波 $BW=2F_{max}$)，所以主要工作在超短波以上的波段。

在调频时，必然会引起瞬时相位的变化；而在调相时，也必然会引起瞬时频率的变化。因此，调频与调相是相互关联的，可以相互转换。为了便于比较，将调频波和调相波性质对比列于表 8-1 中。

从调相波和调频波的数学表达式可知，单频调角波有无穷多个频率分量，它们分散在载波 ω_c 的两侧。虽然调角波有无穷多个边频分量，但其中起主要作用者仅是一小部分，它们决定了该调角波的有效带宽，其取值大小决定调制系数(M_f、M_p)的大小。

调频波的频带宽度与调频系数 M_f 有关。调频系数越大，产生的边频数量就越多，频带就越宽。当 $M_f<1$ 时，为窄带调频，起主要作用者有载频两侧的几对边频分量，甚至只是一对边频分量，此时频谱宽度约为调制信号频率的两倍。当 $M_f\gg1$ 时，为宽带调频，应有更多对边频分量起作用，此时的带宽约为频偏的两倍。

不论调制系数为何值，调角波的边频能量是由未调制载波的能量转换而来的，调角波的载波能量被全部转换为携带信息的边频能量，这就是说，调角波不像调幅波那样，在调制时调制信号需提供能量。在调角时，调制信号只起着能量的分配作用，但不提供能量，这就是为什么调角波的调制系数能大于 1 的原因。

由于调角波是等幅的，故可在接收端通过限幅器来抑制信道中引起的幅度干扰，这就是调角波抗干扰能力强的主要原因。

实现调频的方法有直接调频和间接调频两种。直接调频方法的频偏可以较大，但中心频率稳定度差；间接调频方法的中心频率稳定度较高，但频偏不能太大。

调频信号的解调称为鉴频。鉴频的基本方法有两种：一种是先将 FM 波转换成 AM-FM

波，再进行振幅检波，检出原调制信号；另一种是先将 FM 波转换成 PM-FM 波，再进行相位鉴频取出原调制信号。

表 8-1 调频波与调相波的比较

调制信号为 $u_\Omega = U_{\Omega m} \cos \Omega t$；载波信号为 $u_c = U_{cm} \cos \omega_c t$

	调频波	调相波
数学表达式	$u_{FM}(t) = U_{cm} \cos(\omega_c t + M_f \sin \Omega t)$	$u_{PM}(t) = U_{cm} \cos(\omega_c t + M_p \cos \Omega t)$
瞬时角频率	$\omega_c + S_f U_{\Omega m} \cos \Omega t = \omega_c + \Delta \omega_m \cos \Omega t$	$\omega_c - M_p \Omega \sin \Omega t = \omega_c - \Delta \omega_m \sin \Omega t$
瞬时相位	$\omega_c t + \dfrac{S_f U_{\Omega m}}{\Omega} \sin \Omega t = \omega_c t + M_f \sin \Omega t$	$\omega_c t + S_p U_{\Omega m} \cos \Omega t = \omega_c t + M_p \cos \Omega t$
调制系数	$M_f = \dfrac{S_f U_{\Omega m}}{\Omega} = \dfrac{\Delta \omega_m}{\Omega} = \dfrac{\Delta f_m}{F}$	$M_p = S_p U_{\Omega m} = \Delta \varphi_m$
中心角频率或中心相位	中心角频率 ω_c	中心相位 $\omega_c t$
角频偏	$\Delta \omega_m = S_f U_{\Omega m} = M_f \Omega$	$\Delta \omega_m = S_p U_{\Omega m} \Omega = M_p \Omega$
相偏	$\Delta \varphi_m = M_f$	$\Delta \varphi_m = M_p$

思考与练习

1. 什么叫调频波的瞬时相位和瞬时频率？它们二者之间有怎样的关系？

2. 什么是调频波的(最大)频偏？它由什么决定？

3. 若给定载波的振荡频率为 30MHz，振幅为 5V；调制信号为单一频率余弦波，其频率为 300Hz，频偏为 15kHz。

(1) 分别写出调频波和调相波的数学表达式。

(2) 调制信号频率变为 3kHz，所有其他参数不变，再分别写出调频波和调相波的数学表达式。

4. 调频信号的中心频率为 f_c=50MHz，振幅 U_{cm}=5V，频偏 Δf_m=75kHz。试求：当调制信号为下列不同频率时的 M_f 及 BW，并写出调频波的数学表达式。

(1) 调制信号频率为 F=300kHz。

(2) 调制信号频率为 3kHz。

(3) 调制信号频率为 15kHz。

5. 对调频波而言，若保持调制信号幅度不变，但将调制频率加大到 2 倍，问频偏及频宽如何改变？若保持调制信号的频率不变，而将幅度增加到 2 倍，问频偏及频宽又如何改变？如果同时将调制信号幅度和频率增大到2倍，问频偏及频宽如何改变？

6. 设角度调制波为 $u(t)=15\cos(2\times10^5\pi t+10\cos2\times10^3\pi t)$(V)，试求：

(1) 最大频偏。

(2) 最大相移。

(3) 频带宽度。

(4) 这是调频波还是调相波？

7. 有一调幅和一调频波，它们的载频均为 1MHz，调制信号电压均为 u_Ω=0.1sin2π×10^3t(V)，已知在调频时，0.1V 的调制信号幅度产生的频率偏移为 100Hz，试回答下面问题：

(1) 比较这两个已调波的频带宽度相差多少？

(2) 若调制信号变为 u_Ω=20sin2π×10^3t(V)，问它们的频带宽度有何变化？

8. 变容二极管是根据什么原理进行工作的？它的工作状态与外加电压的大小有什么关系？

9. 变容二极管调频电路是如何实现调频的？如果要求调频过程中不产生失真，要求变容二极管的电容变化指数 γ 是多少？

10. 调频波为什么不能用包络检波器解调？实现调频波解调的基本思想是什么？

11. 什么是鉴频器的鉴频特性？衡量鉴频特性质量的指标有哪些？

12. 斜率鉴频器和相位鉴频器实现调频-调幅的变换过程有何不同？

13. 比例鉴频器为什么具有抑制寄生调幅作用？

14. 针对以下几种要求，分别说明宜采用哪种鉴频器？

(1) 频带很宽。

(2) 频带较窄，非线性失真要小。

(3) 为节省元件，不用限幅器。

15. 试比较调频制与调幅制的主要优缺点。

任务 9 项目实训：小功率调频发射机的设计与调试

实训要求

- 掌握调频发射机整机电路的设计与调试方法。
- 学会将高频单元电路组合起来并满足工程实际要求。
- 学会对高频电路的调试中常见故障进行分析与排除。

9.1 任务导入：调频发射机的原理

1. 调频发射机的组成

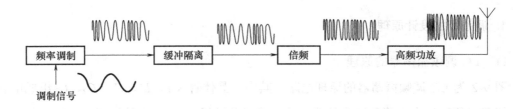

图 9-1 调频发射机的组成框图

图 9-1 为调频发射机的组成框图。调频发射机由调频振荡级、缓冲隔离级、倍频级和高频隔离放大级等组成，如果振荡器的振荡频率可以满足发射机载波频率的要求，则可省去倍频级。

调频振荡器采用变容二极管线性调频电路，发射机的频率稳定度由该级决定。缓冲隔离级将调频电路与功放级隔离，以减小后级对调频振荡器频率稳定度级振荡波形的影响，缓冲级通常采用射级跟随器电路。功率激励级为末级功放提供激励功率，可以选择弱过压状态的丙类隔离放大器或甲类隔离放大器承担，如果发射功率不大，且振荡级的输出功率能够满足末级功放的输入要求，则功率激励级可以省去。末级功放将前级送来的信号进行功率放大，使负载(天线)上获得满足要求的发射功率。如果要求整机效率较高，则应采用丙类功率放大器。

2. 主要技术指标

1) 发射功率

发射功率一般是指发射机输送到天线上的功率。

2) 总效率

发射机发射的总功率 P_A 与其消耗的总功率 P_C' 之比，称为发射机的总效率 η_A。即

$$\eta_A = \frac{P_A}{P_C'} \tag{9-1}$$

3) 非线性失真

要求调频发射机的非线性失真系数 g 应小于 1%。

4) 杂音电平

杂音电平应小于 -65dB。

9.2 主要单元电路设计

1. 调频级的设计原理

1) LC 调频振荡器的原理

图 9-2 为 LC 调频振荡器的原理电路，其中，晶体管 VT、L_1、C_1、C_2、C_3 组成电容三点式振荡器的改进型电路，即克拉泼电路，接成共基组态，C_B 为基极耦合电容，其静态工作点由 R_{B1}、R_{B2}、R_E 及 R_C 所决定。I_{CQ} 一般为 1～4mA。I_{CQ} 偏大，振荡幅度增加，但波形失真严重，频率稳定性变差。L_1、C_1 与 C_2、C_3 组成并联谐振回路，其中 C_3 两端的电压构成振荡器的反馈电压，以满足相位平衡条件 $\Sigma\varphi=2n\pi$。比值 $C_2/C_3=F$，决定反馈电压的大小，反馈系数 F 一般取 1/8~1/2。

为减小晶体管的极间电容对回路振荡频率的影响，C_2、C_3 的取值要大。如果选 $C_1 \ll C_2$，$C_1 \ll C_3$，则回路的谐振频率 f_o 主要由 C_1 决定，即

$$f_o \approx \frac{1}{2\pi\sqrt{L_1 C_1}} \tag{9-2}$$

调频电路由变容二极管 C_j 及耦合电容 C_C 组成，R_1 与 R_2 为变容二极管，提供静态时的反向直流偏置电压 U_Q，电阻 R_3 称为隔离电阻，常取 $R_3 \gg R_2$，$R_3 \gg R_1$，以减小调制信号 U_Ω

对 U_Q 的影响。C_5 与高频扼流圈 L_2 给 U_Ω 提供通路，C_6 起高频滤波作用。变容二极管 C_j 通过 C_C 部分接入振荡回路，有利于提高主振频率 f_o 的稳定性，减小调制失真，图 9-3 为变容二极管部分接入振荡回路的等效电路。接入系数 p 及回路总电容 C_Σ 分别为

$$p = \frac{C_C}{C_C + C_j} \tag{9-3}$$

$$C_\Sigma = C_1 + \frac{C_C}{C_C + C_j} \tag{9-4}$$

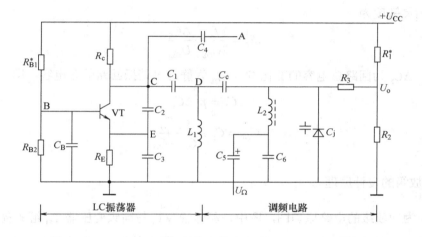

图 9-2　LC 调频振荡器的原理电路

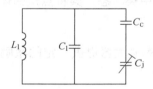

图 9-3　变容二极管部分接入振荡回路的等效电路

2) LC 调频振荡器主要性能参数及其测试方法

主振频率：LC 振荡器的输出频率 f_o 称为主振频率或载波频率。用数字频率计测量回路的谐振频率 f_o，高频电压表测量谐振电压 U_o，示波器监测振荡波形。

频率稳定度：主振频率 f_o 的相对稳定性用频率稳定度表示。

$$\Delta f_o / f_o = \frac{f_{\max} - f_{\min}}{f_o} / 小时 \tag{9-5}$$

最大频偏：指在一定的调制电压作用下所能达到的最大频率偏移值，称为相对频偏。

调制灵敏度：单位调制电压所引起的最大频偏称为调制灵敏度，以 S_f 表示，单位为 kHz/V，即

$$S_f = \frac{\Delta f_m}{U_{\Omega m}} \tag{9-6}$$

式中，$U_{\Omega m}$ 为调制信号的幅度；Δf_m 为变容管的结电容变化 ΔC_j 时引起的最大频偏。

若回路总电容的变化量为 ΔC_Σ，则在频偏较小时，Δf_m 与 ΔC_Σ 的关系可采用下面近似公式，即

$$\frac{\Delta f_m}{f_o} \approx -\frac{1}{2} \cdot \frac{\Delta C_\Sigma}{C_{Q\Sigma}} \tag{9-7}$$

则调制灵敏度为

$$S_f = \frac{f_o}{2C_{Q\Sigma}} \cdot \frac{\Delta C_\Sigma}{U_{\Omega m}} \tag{9-8}$$

式中，ΔC_Σ 为回路总电容的变化量；$C_{Q\Sigma}$ 为静态时谐振回路的总电容，即

$$\Delta C_\Sigma = p^2 \Delta C_j \tag{9-9}$$

$$C_{Q\Sigma} = C_1 + \frac{C_C C_Q}{C_C + C_Q} \tag{9-10}$$

2. 功放级的设计原理

图 9-4 为功放级的电路原理图，图中，晶体管 VT_1 与高频变压器 T_{r1} 组成宽带功率放大器，晶体管 VT_2 与选频网络 L_2、C_2 组成丙类谐振功率放大器。晶体管 VT_1 与 R_{B1}、R_{B2}、R_{E1}、R_F 组成的宽带功率放大器工作在甲类状态。其特点是晶体管工作在线性放大区。其静态工作点的计算方法与低频电路相同。

宽带功放要为下一级丙类功率放大器提供一定的激励功率，必须将前级输入的信号进行功率放大，功率增益为

$$A_p = P_o / P_i \tag{9-11}$$

式中，P_i 为功放的输入功率，它与功放的输入电压 U_{im} 及输入电阻 R_i 的关系为

$$U_{im} = \sqrt{2R_i P_i} \tag{9-12}$$

丙类功率放大器的基极偏置电压 $-U_{BB}$ 是利用发射极电流的直流分量 $I_{E0}(I_{E0} \gg I_{c0})$ 在射极电阻 R_{E2} 上产生的压降来提供的，故称为自给偏压电路。

集电极基波电压的振幅

$$U_{c1m} = I_{c1m} R_p \tag{9-13}$$

式中，I_{c1m} 为集电极基波电流的振幅；R_p 为集电极负载阻抗。

丙类功率放大器的输出回路采用变压器耦合方式。其作用一是实现阻抗匹配，将集电极的输出功率送至负载；二是与谐振回路配合，滤除谐波分量。

任务 9　项目实训：小功率调频发射机的设计与调试

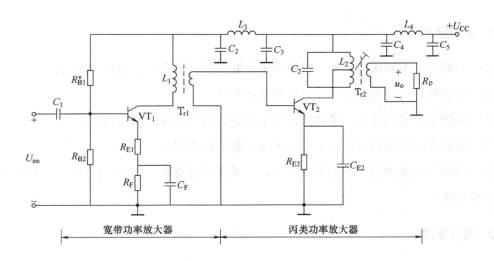

图 9-4　功放级的电路原理图

9.3　整机电路的安装与调试

整机电路的设计计算顺序一般是从末级单元电路开始，向前逐级进行。而电路的装调顺序一般从前级单元电路开始，向后逐级进行。

1. 整机电路图

整机电路如图 9-5 所示。

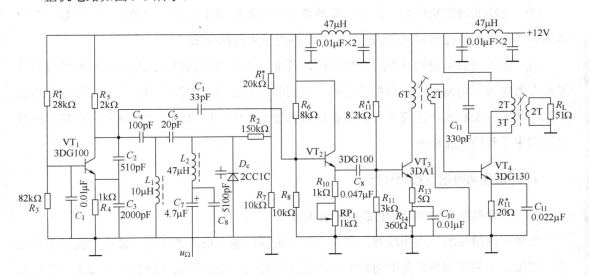

图 9-5　整机电路图

2. 安装要点

(1) 电路元件不要排得太松，引线尽量不要平行，否则会引起寄生反馈。

(2) 安装时应合理布局，减小分布参数的影响。

(3) 多级放大器应排成一条直线，尽量减小末级与前级之间的耦合。

(4) 地线应尽可能粗，以减小分布电感引起的高频损耗。

(5) 为减小电源内阻形成的寄生反馈，应采用滤波电容 C_φ 及滤波电感 L_φ 组成的Π型或Γ型滤波电路。

3. 调试要点

(1) 正确选择测试点，减小仪器对被测电路的影响。在高频情况下，测量仪器的输入阻抗(包含电阻和电容)及连接电缆的分布参数都有可能影响被测电路的谐振频率及谐振回路的 Q 值，为减小这种影响，应使仪器的输入阻抗远大于电路测试点的输出阻抗。

(2) 所有测量仪器如高频电压表、示波器、扫频仪、数字频率计等的地线及输入电缆的地线都要与被测电路的地线连接好，接线尽量短。

(3) 观测动态波形并测量电路的性能参数。与低频电路的调试基本相同，所不同的是按照理论公式计算的电路参数与实际参数可能相差较大，电路的调试要复杂一些。

(4) 观测动态波形并测量电路的性能参数。与低频电路的调试基本相同，所不同的是按照理论公式计算的电路参数与实际参数可能相差较大，电路的调试要复杂一些。

(5) 电路的调试顺序为：先分级调整单元电路的静态工作点，测量其性能参数；然后再逐级进行联调，直到整机调试；最后进行整机技术指标测试。

(6) 由于功放运用的是折线分析方法，其理论计算为近似值。此外单元电路的设计计算没有考虑实际电路中分布参数的影响，级间的相互影响，所以电路的实际工作状态与理论工作状态相差较大，因而元件参数在整机调整过程中，修改比较大，这是在高频电路整机调试中需要特别注意的。

4. 整机联调时常见故障分析

1) 调频振荡级与缓冲级相联时的常见故障

调频振荡级与缓冲级相联时，可能出现振荡级的输出电压幅度明显减小或波形失真变大。产生的主要原因可能是射随器的输入阻抗不够大，使振荡级的输出负载加重，可通过改变射极电阻 RP_1，提高射随器的输入阻抗。

2) 功放级与前级级联时的常见故障

输出功率明显减小、波形失真增大产生的原因可能是级间相互影响,使末级丙类功放谐振回路的阻抗发生变化,可以重新调谐,使回路谐振。

主振级的振荡频率改变或停振产生的原因可能是后级功放的输出信号较强,经公共地线、电源线或连接导线耦合至主振级,从而改变了振荡回路的参数或主振级的工作状态。可以加电源去耦滤波网络,修改振荡回路参数,或重新布线,减小级间相互耦合。

小　　结

调频发射机由调频振荡级、缓冲隔离级、倍频级和高频隔离放大级等组成。

调频振荡级采用变容二极管线性调频电路,发射机的频率稳定度由该级决定。缓冲隔离级将调频电路与功放级隔离,以减小后级对调频振荡器评论稳定度级振荡波形的影响,缓冲级通常采用射级跟随器电路。功率激励级为末级功放提供激励功率,可以选择弱过压状态的丙类隔离放大器或甲类隔离放大器承担,末级功放将前级送来的信号进行功率放大,使负载(天线)上获得满足要求的发射功率,一般采用丙类功率放大器。

调频发射机的主要技术指标包括发射功率、效率、非线性失真、杂音电平等。

调频发射机的装调顺序一般从前级单元电路开始,向后逐级进行。装配前应对调频发射机的原理、线路设计、元器件的选择、总体结构及电路板的布线与设计等一系列问题进行了解,严格按照技术规范要求完成收音机的焊接、安装。

在调试过程中,应正确选择测试点,减小仪器对被测电路的影响。在高频情况下,测量仪器的输入阻抗(包含电阻和电容)及连接电缆的分布参数都有可能影响被测电路的谐振频率及谐振回路的 Q 值,为减小这种影响,应使仪器的输入阻抗远大于电路测试点的输出阻抗。所有测量仪器如高频电压表、示波器、扫频仪、数字频率计等的地线及输入电缆的地线都要与被测电路的地线连接好,接线尽量短。观测动态波形并测量电路的性能参数。与低频电路的调试基本相同,所不同的是按照理论公式计算的电路参数与实际参数可能相差较大,电路的调试要复杂一些。

思考与练习

1. 说明调频发射机的组成和工作原理。
2. 调频发射机中的调频级采用什么电路？末级功放采用什么电路？
3. 调频发射机在调试时应注意什么？
4. 整机联调时可能会遇见哪些故障？

任务 10 扩展知识：锁相环路

学习目标

- 了解锁相环路的工作原理。
- 了解锁相环路的应用。
- 能对锁相调频和鉴频电路进行分析。
- 了解集成锁相环及其应用。

锁相环路(PLL)是一种自动相位控制系统，它能使受控振荡器的频率和相位均与输入信号保持确定的关系，即保持相位同步，称为锁相。已获得相位锁定的锁相环路有两个突出的特性：一是载波跟踪特性，即锁相环路对输入信号而言，可等效为一个窄带跟踪滤波器，它不但能有效地利用窄带滤除干扰和噪声，而且能跟踪输入信号的载频变化，从受噪声污染的输入信号中提取纯净的载波。二是调制跟踪特性。若适当设计环路的通频带，使输入已调信号的频谱落在环路的通频带内，则环路输出信号的频率和相位能够良好的跟踪输入信号的频率和相位的调制变化，输出经过提纯的已调信号，其信噪比较输入的已调信号明显提高。这两个突出特性使得锁相环路成为相干通信、稳频、位同步、跟踪与测距等技术中的重要手段，在通信、雷达、导航、遥测遥控、仪表测量等领域有着广泛的应用。

10.1 锁相环路的组成和工作原理及性能分析

10.1.1 锁相环路的基本组成

基本锁相环路由鉴相器(PD)、环路滤波器(LF)、压控振荡器(VCO)三部分组成，如图 10-1 所示。

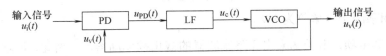

图 10-1 锁相环路的基本组成框图

图中，$u_i(t)$表示环路输入信号电压，$u_v(t)$表示环路的输出信号电压，应当注意到，这种自动相位控制系统中，系统给定值是输入信号的相位，输出值是输出信号的相位，因此电压信号$u_i(t)$和$u_v(t)$只能看做是测量相位的一种表现形式。在环路中，鉴相器相当于比较装置，比较环路的输入和输出相位，输出误差信号$u_{PD}(t)$。环路滤波器是一个控制信号发生器，它对误差信号进行处理，输出控制信号$u_c(t)$，然后加到压控振荡器上调节输出信号的相位。

下面具体介绍组成锁相环路各个部件。

1. 鉴相器

鉴相器是一个相位比较装置，对$u_i(t)$和$u_v(t)$的相位进行比较，产生输出电压，这个电压的大小直接反应两个信号相位差的大小。即鉴相器的作用是完成相位差-电压的变换作用。

设
$$u_i(t)=U_{im}\sin[\omega_i t+\varphi_i(t)] \tag{10-1}$$

$$u_v(t)=U_{vm}\cos[\omega_0 t+\varphi_v(t)] \tag{10-2}$$

若以$\omega_0 t$为参考相位，则

$$\omega_i t+\varphi_i(t)=\omega_0 t+(\omega_i-\omega_0)t+\varphi_i(t)$$
$$=\omega_0 t+\Delta\omega_0 t+\varphi_i(t) \tag{10-3}$$

式中，$\Delta\omega_0$为输入信号角频率与压控振荡器固有角频率之差，称为环路的固有角频差。

令 $\varphi_1(t)=\Delta\omega_0 t+\varphi_i(t)$

则
$$u_i(t)=U_{im}\sin[\omega_0 t+\varphi_1(t)] \tag{10-4}$$

同理，令
$$\varphi_2(t)=\varphi_v(t)$$

则
$$u_v(t)=U_{vm}\cos[\omega_0 t+\varphi_2(t)] \tag{10-5}$$

鉴相器的电路有很多，有模拟电路，也有数字电路。较为典型的鉴相器是模拟乘法器，如图10-2所示为其原理框图，经过模拟乘法器相乘的输出为

$$\begin{aligned}u_{PD}(t)&=K_m u_i(t)u_v(t)\\&=K_m U_{im}\sin[\omega_0 t+\varphi_1(t)]U_{vm}\cos[\omega_0 t+\varphi_2(t)]\\&=1/2 K_m U_{im}U_{vm}\sin[2\omega_0 t+\varphi_1(t)+\varphi_2(t)]+\\&\quad 1/2 K_m U_{im}U_{vm}\sin[\varphi_1(t)-\varphi_2(t)]\end{aligned} \tag{10-6}$$

式中，K_m为相乘因子，单位为 I/V。

上式中含$2\omega_0$项，由于$2\omega_0$比环路滤波器的截止频率高得多，因此，该项可被环路滤波器滤掉，在环路中不起作用。故起作用的鉴相器的输出电压为

$$u_{PD}(t) = 1/2\, K_m U_{im} U_{vm} \sin[\varphi_1(t) - \varphi_2(t)] \quad (10\text{-}7)$$

若令
$$K_d = 1/2\, K_m U_{im} U_{vm}$$
$$\varphi_e(t) = \varphi_1(t) - \varphi_2(t)$$

则
$$u_{PD}(t) = K_d \sin \varphi_e(t) \quad (10\text{-}8)$$

式中，K_d 为鉴相器的传输系数，单位为 V，它与两相乘电压振幅的乘积成正比；$\varphi_e(t)$ 为两相乘电压的瞬时相位差。

由此可见，鉴相器的输出电压与两个输入电压的瞬时相位差之间的关系是以 2π 为周期的正弦函数关系。如图 10-3 所示。这种鉴相器称为正弦鉴相器。

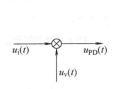

图 10-2 模拟乘法器

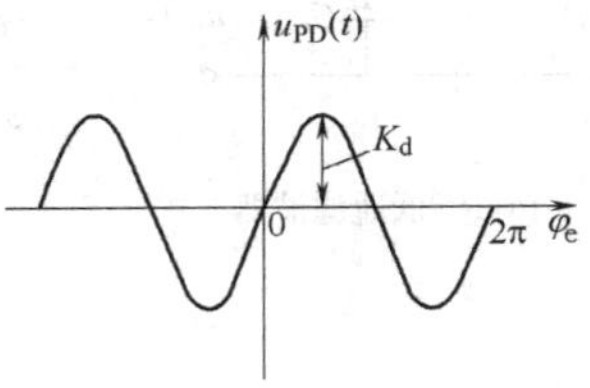

图 10-3 正弦鉴相器特性曲线

图 10-4 为正弦鉴相器的模型图，它是用一个减法器和一个正弦运算器来表示正弦鉴相器的功能的。

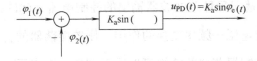

图 10-4 正弦鉴相器模型图

由此可见，鉴相器的作用是将误差相位转化为误差电压输出。当鉴相器的两个输入信号间无相位差，则鉴相器的输出电压为零；当鉴相器的两个输入信号间有相位差，则鉴相器按其特性曲线输出相应的电压。

2. 环路滤波器

环路滤波器是低通滤波器，用来滤除误差电压 $u_{PD}(t)$ 中的高频分量和噪声。此外，由于环路滤波器的传递函数对环路性能有相当大的影响，因而还可以调整环路滤波器的参数来获得环路所需要的性能。

环路滤波器输入和输出的关系可表示为

$$u_c(t)=F(p)u_{PD}(t) \tag{10-9}$$

式中，$F(p)$ 为传递函数，图 10-5 为环路滤波器的模型图。

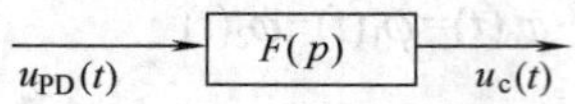

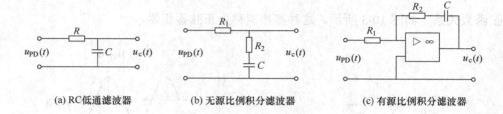

图 10-5 环路滤波器模型图

锁相环中常见的滤波器如图 10-6 所示。

(a) RC低通滤波器　　　(b) 无源比例积分滤波器　　　(c) 有源比例积分滤波器

图 10-6 环路滤波器

3. 压控振荡器

压控振荡器是指振荡角频率受控制电压 $u_c(t)$ 控制的振荡器。任何一种振荡器，如 LC 振荡器、RC 振荡器，多谐振荡器等均可构成压控振荡器。

在锁相环中，压控振荡器受环路滤波器输出的控制电压 $u_c(t)$ 的控制，其振荡角频率 $\omega_v(t)$ 随 $u_c(t)$ 而变化，实际上起电压—频率变换的作用。压控振荡器的特性曲线如图 10-7 所示。

在线性范围内，在控制振荡器的特性可以用下列方程来表示。

$$\omega_v(t)=\omega_0+K_V u_c(t) \tag{10-10}$$

式中，$\omega_v(t)$ 为压控振荡器的瞬时角频率；ω_0 为压控振荡器的固有角频率；K_v 表示单位控制电压可使压控振荡器角频率变化的大小，称为压控振荡器的控制灵敏度或增益系数，单位为 rad/v·s。

在锁相环路中，压控振荡器输出对鉴相器起作用的不是瞬时角频率而是它的瞬时相位。此瞬时相位可由式(10-10)积分获得

$$\varphi(t)=\int_0^t \omega_v(t)dt=\omega_0 t+K_v\int_0^t u_c(t)dt$$
$$=\omega_0 t+\varphi_2(t) \tag{10-11}$$

式中

$$\varphi_2(t) = K_v \int_0^t u_c(t) dt \qquad (10\text{-}12)$$

$\varphi_2(t)$表示压控振荡器输出中以$\omega_0 t$为参考相位的瞬时相位。由此可见，压控振荡器在锁相环路中实际上起了一次积分作用。若将式(10-12)中的积分符号改用微分算子 p 的倒数表示，则可写为

$$\varphi_2(t) = \frac{K_v}{p} u_c(t) \qquad (10\text{-}13)$$

根据式(10-13)可以画出压控振荡器的模型图，如图 10-8 所示。由图可见，压控振荡器具有把电压变化转化为相位变化的功能。

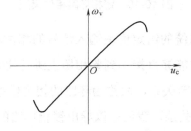

图 10-7　压控振荡器的特性曲线

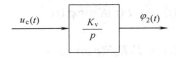

图 10-8　压控振荡器的模型图

压控振荡器的电路形式有多种，最常见是利用变容二极管实现控制电压对振荡频率的控制，变容二极管压控振荡器的基本电路形式如图 10-9 所示。

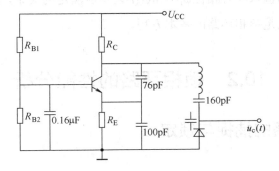

图 10-9　变容二极管压控振荡器

10.1.2 锁相环路的相位模型

以上我们讨论了锁相环路的三个基本部件的特性和模型图。若按锁相环路的基本构成把三个部件的模型图连接起来，就构成了锁相环路相位模型，如图 10-10 所示。

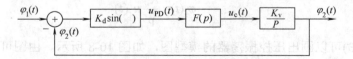

图 10-10　锁相环路相位模型

由这个图清楚地看出，系统的给定值是输入信号的相位 φ_1，系统受控值是压控振荡器的输出信号相位 φ_2。输出相位能够直接加到鉴相器上进行比较，无需进行测量变换，它明确地表示了环路相位的反馈调节关系，故称为环路的相位模型。

根据图 10-10 所示的相位关系，我们可以导出锁相环路的基本方程

$$\begin{aligned}\varphi_e(t) &= \varphi_1(t) - \frac{K_v}{p} F(p) u_{PD}(t) \\ &= \varphi_1(t) - \frac{K_v}{p} F(p) K_d \sin\varphi_e(t) \\ &= \varphi_1(t) - \frac{1}{p} K_v K_d F(p) \sin\varphi_e(t) \\ &= \varphi_1(t) - \frac{1}{p} K F(p) \sin\varphi_e(t) \end{aligned} \tag{10-14}$$

式中，$\varphi_1(t)$ 为环路的输入瞬时相位；$\varphi_e(t)$ 为 $u_i(t)$ 和 $u_v(t)$ 的瞬时相位差。

上式给出了环路的输入瞬时相位 $\varphi_1(t)$ 和 $\varphi_e(t)$ 之间应满足的关系，它描述了环路的整个相位调节的动态过程，也是锁相环路的基本方程。

10.2　锁相环路的性能分析

10.2.1　锁相环路的捕捉与锁定

式(10-16)包含了环路动态工作的全部信息。现在我们从最简单的情况，即输入信号是一固定频率(ω_i，φ_i 均不随时间变化)的正弦信号的情况出发，来考察环路的工作过程。

按照(10-4)式，输入信号的相位 $\varphi_1(t)$ 为

则
$$\varphi_1(t)=(\omega_i-\omega_0)t+\varphi_i=\Delta\omega_0 t+\varphi_i$$
$$\frac{d\varphi_1(t)}{dt}=p\varphi_1(t)=\Delta\omega_0 \tag{10-15}$$

式中，$\Delta\omega_0$ 为环路的固有角频差。

将式(10-14)表示的环路方程式改写为
$$p\varphi_e(t)=p\varphi_1(t)-K_vK_dF(p)\sin\varphi_e(t) \tag{10-16}$$

再将式(10-15)代入上式，得
$$p\varphi_e+K_vK_dF(p)\sin\varphi_e=\Delta\omega_0 \tag{10-17}$$

令
$$K=K_vK_d$$
$$F(p)=1$$

$F(p)=1$ 的锁相环称为一阶环，则式(10-19)可写为
$$p\varphi_e+K\sin\varphi_e=\Delta\omega_0 \tag{10-18}$$

式中，第一项是环路瞬时相位差的微分，表示环路的瞬时角频差($\omega_i-\omega_v$)；第二项表示闭环后压控振荡器受控制电压作用而产生的角频率变化($\omega_v-\omega_0$)，称为控制角频差(ω_v 为压控振荡器的瞬时角频率)，K 为环路增益。在闭环后任何时刻，有

瞬时角频差+控制角频差=固有角频差

为了说明问题方便，设想在环路压控振荡器前一个开关，如图 10-11 所示。

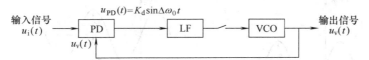

图 10-11 环路的捕捉和锁定

当打开开关时，鉴相器输入端的两信号间存在固有角频差 $\Delta\omega_0$，鉴相器输出为一个角频率等于固有角频差的差拍信号，即
$$u_{PD}(t)=K_d\sin\Delta\omega_0 t \tag{10-19}$$

若两信号间的角频差 $\Delta\omega_0$ 很大，则差拍信号 $u_{PD}(t)$ 很容易受到环路滤波器的抑制，当开关合上时，差拍信号加不到压控振荡器上，控制频差建立不起来，压控振荡器输出角频率为固有角频率 ω_0 的信号，环路未起控制作用。

一旦输入信号频率 ω_i 很接近 ω_0，两信号差频很小(要求 $\Delta\omega_0\leqslant K$)，差拍信号就很容易通过环路滤波器加到压控振荡器上。在这个差拍电压信号作用下，压控振荡器的瞬时角频率 ω_v 就会围绕固有角频率 ω_0 在一定范围内来回摆动。

由于 ω_i 与 ω_0 很接近，故压控振荡器的瞬时角频率 ω_v 有可能摆动到等于 ω_i，并且在满足

一定条件时在这个频率上稳定下来,此时,瞬时角频差$\omega_v-\omega_i$等于零,固有角频差等于控制角频差。鉴相器两输入信号的相位差φ_e不再随时间变化,鉴相器输出一个数值较小的直流误差信号,环路进入锁定状态。

即环路锁定时

$$\omega_v=\omega_i \tag{10-20}$$

$$\frac{d\varphi_e(t)}{dt}=0 \tag{10-21}$$

$$KF(p)\sin\varphi_e=\Delta\omega_0 \tag{10-22}$$

$$\varphi_e(\infty)=\arcsin\frac{\Delta\omega_0}{KF(p)} \tag{10-23}$$

这时

$$u_{PD}(t)=K_d\sin\varphi_e \tag{10-24}$$

$$u_c(t)=K_d\sin\varphi_e F(p) \tag{10-25}$$

均为直流。

图10-12为式(10-20)表示的环路动态方程的图解过程,它表示了捕捉过程中的瞬时角频差$p\varphi_e$的变化过程。根据式(10-20),$p\varphi_e$与φ_e在相平面$[p\varphi_e,\varphi_e]$内按正弦规律变化且可分为$\Delta\omega_0<K$,$\Delta\omega_0>K$和$\Delta\omega_0=K$三种情况。

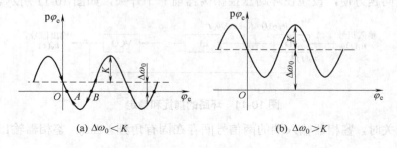

(a) $\Delta\omega_0<K$ (b) $\Delta\omega_0>K$

图10-12 环路动态方程图解

当$\Delta\omega_0<K$即固有角频差$\Delta\omega_0$较小时,曲线与横轴相交,在每一个2π内有A与B两个交点,交点A、B对应的状态为$p\varphi_e=0$,即为环路锁定状态,A点和B点称为平衡点。在横轴以上,$p\varphi_e>0$,意味着相位差$\varphi_e(t)$是随时间增长的,故状态必然沿曲线向右移动;反之,在横轴以下,$p\varphi_e<0$,意味着φ_e是随时间减小的,故状态沿曲线向左移动,移动方向已在曲线上标出。根据箭头所指,A点应为稳定平稳点,因为无论什么原因使状态偏离A点后,状态会按箭头所指方向朝A点移动,最终稳定在A点。B点则是不稳定平衡点,因为一旦状态偏离了B点,就会沿箭头所指方向进一步偏离B点,最终抵达相邻的稳定平衡点——A

点,而不可能再返回到 B 点。由此可见,不论初始状态处于曲线上哪一点,随着时间的推移,状态一定会沿着曲线上箭头所指方向朝稳定平衡点 A 移动,在移动过程中,越接近 A 点,$p\varphi_e$ 越小,φ_e 变化越缓慢,就这样逐渐向 A 点靠拢,最终稳定在 A 点,达到相位锁定,此时 $p\varphi_e=0$。

当 $\Delta\omega_0>K$,即固有角频差较大时,曲线不与横轴相交,平衡点消失,曲线为一条单方向运动的正弦曲线,不论初始状态处于曲线的哪一点,状态都会按箭头所指方向沿曲线一直向右移动,环路无法锁定,处于失锁状态。

$\Delta\omega_0=K$ 则为临界状态。此时曲线与横轴相切,A 点与 B 点重合。可见,环路锁定的条件是 $\Delta\omega_0 \leqslant K$。

捕捉过程中的 $u_c(t)$ 波形如图 10-13 所示。

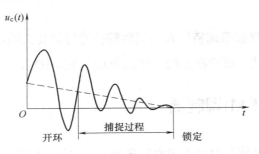

图 10-13　环路捕捉区的 $u_c(t)$ 波形

由图 10-13 可见,锁相环路具有自动把压控振荡器频率牵引到输入信号频率的能力。当然,捕捉及锁定是有条件的,即输入信号的频率必须与压控振荡器的固有频率相近,否则不能锁定。

10.2.2　锁相环路的跟踪

当环路处于锁定状态时,$\omega_v=\omega_i$。此时若 ω_i 改变,只要变化的范围不大,ω_v 能跟随 ω_i 而变化,并始终保持 $\omega_v=\omega_i$,这一过程称为跟踪。这是因为已处于锁定状态的环路处于一种动态平衡,一旦 ω_i 改变,平衡被打破,首先在相位差上会反映出来,从而使鉴相器输出电压 $u_{PD}(t)$ 变化,经过滤波器加到压控振荡器上,迫使 ω_v 改变,使它等于变化后的 ω_i,再次达到动态平衡,这就是自动跟踪特性。

锁相环路的跟踪范围有限,它取决于环路的固有频差。即 ω_i 的变化会引起固有频差 $\Delta\omega_0$ 的变化范围,不能超出环路的锁定条件($\Delta\omega_0 \leqslant K$),否则不能跟踪。

10.2.3 锁相环路的窄带特性

输入信号中不可避免地混杂着大量的噪声和干扰。当环路处于锁定状态时，输入信号频率 ω_i 附近的干扰信号将以差拍形式在鉴相器输出端产生差拍电压。差拍频率就是干扰频率与压控振荡器的锁定输出频率 $\omega_v(\omega_v=\omega_i)$ 之差。其中，差频较高的大部分差拍干扰信号被环路滤波器抑制，施于压控振荡器上的干扰控制电压很小，所以压控振荡器的输出信号可以看成是经过环路提纯了的输出信号。在这里，环路起了滤除噪声的窄带滤波器的作用。

10.3 锁相环路的应用

由于锁相环路具有载波跟踪特性及调制跟踪特性等优良性能，它在无线电技术领域有着广泛的用途。下面简要介绍它在无线电通信中几个主要应用。

10.3.1 锁相 FM(PM)调制器

利用锁相环调频，能够获得中心频率稳定性高，频偏大的调频信号，其组成如图 10-14 所示。

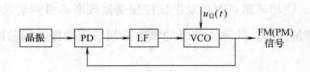

图 10-14 锁相环调频器

设计锁相环路为载波跟踪环，让调制信号不参与环路的反馈，当环路锁定后，压控振荡器的中心频率锁定在晶体振荡器的频率上，同时，调制信号加在压控振荡器上，对中心频率进行调制。这时，输出调频信号的中心频率与晶体振荡器的振荡频率有着相同数量级的稳定度，而调频的调制灵敏度与压控振荡器的电压控制灵敏度相同。

10.3.2 锁相鉴频(鉴相)器

鉴频器是用来对调频信号进行解调的。如果欲使用锁相环对调频信号进行解调，以还原调制信号,就要把环路带宽设计为具有适当宽度的低频通带,也就是使锁相环工作于调制跟踪状态。当输入信号的频率变化时,环路滤波器就输出一个控制电压,迫使压控振荡器的频率与输入信号频率同步。这时,环路滤波器输出的控制电压与输入信号的频率变化规律相同,如果输入信号为调频信号,则此控制电压与调制信号 $u_\Omega(t)$ 相同,将此信号输出,即得到了调频波的解调信号。锁相环鉴频器的原理方框图如图 10-15 所示。

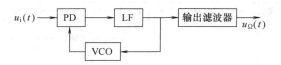

图 10-15 锁相环鉴频器

10.3.3 同步检波器

普通的调幅(AM)信号频谱中,除包含调制信息的边带成分外,还含有较强的载波分量,使用载波跟踪环可将载波分量提取出来,再经 90°相移,可用作同步检波的相干基准信号,这种检波器的方框图如图 10-16 所示。

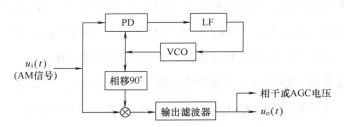

图 10-16 同步检波器

锁相同步检波可避免一般包络检波器检波微弱信号时存在门限、效率低与失真大等缺陷。此电路可用作相干式自动增益控制的振幅检波器。在相乘器输出端的直流成分为

$$\frac{1}{2}K_\mathrm{m} U_\mathrm{i} U_\mathrm{o} \cos \varphi_\mathrm{e}(\infty)$$

当环路处于锁定状态时,$\cos\varphi_\mathrm{e} \approx 1$,所以直流成分与输入信号 $u_\mathrm{i}(t)$ 成正比。用窄带滤波器取出这个成分,可作自动增益控制电压用。相干自动增益控制的特点是,信号被噪声淹没的情况下,只要环路仍能正常工作,就可提供一个与信号强度成正比的自动增益控制电压。

10.3.4 锁相频率合成

在窄带锁相环的压控振荡器输出到鉴相器的反馈支路中，插入一个分频器就得到一个锁相倍频器，如图10-17所示。

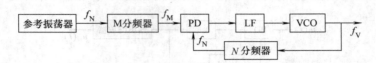

图 10-17 锁相倍频器

设参考振荡器的输出参考频率为 f_0，经 M 分频后频率为 f_0/M。压控振荡器输出频率为 f_V，经 N 分频后频率为 f_V/N。N 分频器为一可编程控制的分频器，其分频比 N 可用预先编定的程序予以设置。当环路锁定时，两个输入到鉴相器的信号频率应相等，即

$$f_M = f_N$$

所以
$$f_V = Nf_N = Nf_M = \frac{Nf_0}{M}$$

这说明环路的输出频率 f_V 为输入频率 f_M 的 N 倍。当参考振荡器的振荡频率固定，两个分频器为可变分频器，即 M 和 N 可调，则改变 M 和 N，可获得需要的频率，从而实现频率合成。由于 f_V 与 f_0 成比例，若 f_0 的稳定度高，则 f_V 的稳定度也高。

锁相频率合成器的关键部分是可编程分频器，因为它决定了合成器的最高输出。在超高频工作情况下，压控振荡器的输出频率很高，使实用分频器的分频比大，因此分频器的级数多，使电路复杂且功耗大。目前比较实用的降低可变分频器的输入频率的方法是在可变分频器与压控振荡器之间插入一个高速前置分频器($\div P$)，显然，此时的频率关系变为 $f_V = NPf_M$，通常 P 是不可调的，N 是可调的($N=1, 2, 3\cdots$)。N 最小间隔为1，因此，频率点的间隔为 Pf_M，它与未加高速前置分频器的锁相环频率合成器相比较，频率点的间隔增加了 P 倍。为减小频率点的间隔，在实际应用中，通常采用双模前置分频器，$\div P$ 或 $\div(P+1)$，和含有吞食计数器的可编程分频器，其方框图如图10-18所示。

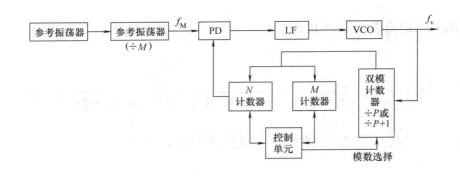

图 10-18 吞脉冲式锁相环频率合成器方框图

图中，双模计数器可在控制信号控制下按模 P 或 $P+1$ 计数，输出信号频率为 f_V/P 或 $f_V/(P+1)$。"模数选择"控制信号由控制逻辑根据 A 计数器和 N 计数器的状态决定。在一个循环周期内，开始时控制逻辑的模数选择信号输出有效电平，使双模计数器按模 $P+1$ 计数，直到 A 计数器溢出，这段时间共计了 $A(P+1)$ 个高频(f_V)脉冲。在余下的 $N-A$ 个计数节拍(A 计数器和 N 计数器的一个 CP 脉冲为一拍)内，模数选择输出无效电平，双模计数器按模 P 计数，直到 N 计数器溢出，这段时间内共计了 $(N-A)P$ 个高频脉冲。这样，完成了一个计数循环周期，共计 $A(P+1)+(N-A)P=NP+A$ 个高频脉冲。即这种分频器的分频比为 $NP+A$，让 A 在 $0\sim P$ 之间取值，$N\geqslant P$。当 $N=P$ 时，可得到 P^2 到 P 之间任意的分频比。例如取 $P=32$，$N_{max}=1024$，则上述分频比的范围为 $10106\sim32800$，若 $f_M=f_0/M=26KHz$，则 VCO 输出频率范围为 $f_V=(26.6\sim820.000)MHz$，频道间隔为 $26MHz$。由于吞脉冲式锁相环频率合成器解决了降低可变分频器个位输入脉冲频率及减小频率点间隔的问题,且结构简单,因而获得广泛应用。

10.3.5 锁相接收机

锁相接收机是一种具有窄带跟踪性能的接收机，它主要用于空间通信中。因为从人造卫星、宇宙飞船上的发射机向地面发回的信号，常常具有以下特点：信号微弱、信号频率漂移严重。采用一般的接收机接收非常困难。采用锁相接收机，当输入信号载频因频率漂移而变化时，压控振荡器的频率可以跟踪输入信号的载频变化，使中频信号准确地落在中频之内，而环路对噪声的窄带滤波性能又保证了在低信噪比下可靠地接收。

锁相接收机也可用在地面跟踪设备中，通常环路设计成载波跟踪环。锁相接收机还广泛地用于测量仪表、水文测量和地质探矿等设备中。

锁相接收机的组成如图 10-19 所示。

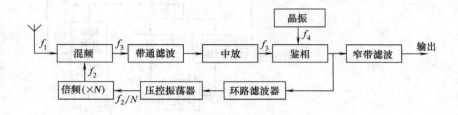

图 10-19　锁相接收机方框图

锁相接收机的工作过程如下。

调频高频信号(中心频率为 f_1)与频率为 f_2 的外差本振信号相混频。本振信号 f_2 是由压控振荡器频率 f_2/N 经 N 次倍频后所供给的。混频后，输出中心频率为 f_3 的信号，经过中频放大，在鉴相器内与一个频率稳定的参考频率 f_4 进行相位比较。经鉴相后，解调出来的单音调制信号直接通过环路输出端的窄带滤波器输出。由于环路滤波器的带宽选得很窄，因此鉴相器输出中的调制信号分量不能进入环路。但以参考频率 f_4 为基准的已调信号的载频发生漂移时，它所对应的鉴相器直流输出控制电压却能够进入环路，来控制压控振荡器的振荡频率，使混频后的中频已调信号的载频漂移减小，以至到零。显然，在锁定状态下，必有 $f_3=f_4$。因此窄带跟踪环路的作用就是使载频有漂移的已调信号频谱，经混频后，能准确地落在中频通频带的中央，从而实现窄带跟踪。

10.4　集成锁相环简介

集成锁相环按其内部电路的形式，可分为模拟锁相环和数字锁相环两类：前者的内部电路主要由模拟电路组成；后者的内部电路主要由数字电路组成。每一类又可分为通用型和专用型，目前已生产出数百种型号的集成锁相环路。

通用型集成锁相环内部电路主要是鉴相器和压控振荡器，环路滤波器一般需外接，如果采用有源滤波器，则放大器部分在集成电路内部，RC 元件外接。

常用的模拟鉴相器是模拟乘法器，数字鉴相器有异或门鉴相器等。

常用的压控振荡器有射极耦合多谐振荡器、积分—施密特触发型多谐振荡器等，这些电路在"脉冲与数字电路"中已有介绍。由于多谐振荡器输出为方波，如需要得到正弦波，需加整形电路，从方波中提取正弦波。

集成锁相环具有成本低、体积小、可靠性好且调整方便等优点,因而得到了广泛的应用。

下面介绍一种目前广泛使用的高频集成锁相环路 L562(国外型号为 NE562),其内部电路方框图如图 10-20 所示。

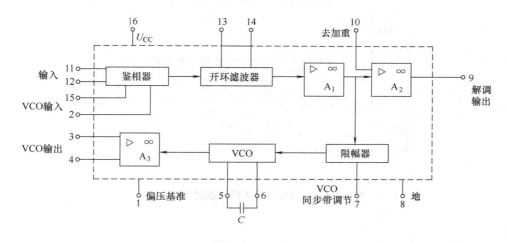

图 10-20　L562 内部电路方框图

L562 主要由鉴相器、压控振荡器、放大器三部分组成,环路滤波器外接。其中,鉴相器由双差分模拟乘法器构成,输入信号从 11、12 双端输入。鉴相器与压控振荡器之间是断开的,可以插入外接部件,发挥多功能的作用。压控振荡器输出的信号经过外接电路处理后从 2、15 双端输入到鉴相器提供比较信号。误差信号从 13、14 双端输出,经外接的环路滤波器产生控制电压。

压控振荡器是射极定时压控多谐振荡器,定时电容从 5、6 端接入。限幅器是与压控振荡器恒流串接的一级控制电路,从 7 端注入电流的大小可以控制环路的跟踪范围。环路中的放大器 A_1、A_2、A_3 作隔离和缓冲作用。

L562 的最高工作频率为 30MHz,最大锁定范围 $\pm 15\% f_0$(f_0 为压控振荡器中心频率),电源电压为 15~30V,典型工作电流 12mA。

图 10-21 为采用 L562 组成 FM 解调电路的外接电路图。

FM 信号由 11、12 端加到鉴相器上,解调电压经放大器 A_2 放大后,由 9 端输出。压控振荡器的电压从 3 端经 11kΩ 和 1kΩ 分压,经 C_C 耦合加到鉴相器的输入端 2 和 15 端,完成闭环。

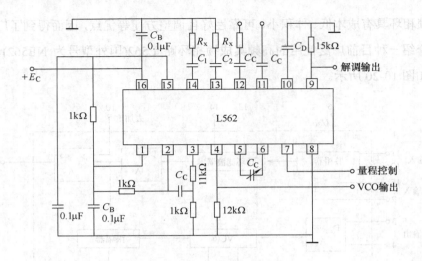

图 10-21 L562 作 FM 解调器的外接电路

小 结

锁相环路是一种用途更为广泛的反馈控制电路。锁相环路由鉴相器、环路滤波器和压控振荡器组成。鉴相器是一个相位比较装置，对 $u_i(t)$ 和 $u_v(t)$ 的相位进行比较，产生输出电压，这个电压的大小直接反应两个信号相位差的大小。环路滤波器是低通滤波器，用来滤除误差电压 $u_{PD}(t)$ 中的高频分量和噪声。压控振荡器是指振荡角频率受控制电压 $u_c(t)$ 控制的振荡器。

锁相环路利用输入与输出信号的相位误差通过鉴相器得到控制电压，经滤波去除干扰后控制压控振荡器的频率，达到锁定。回路锁定后，输出信号能在一定范围内跟踪输入信号的频率变化，且具有窄带特性，能滤除干扰和噪声。

由于锁相环路具有载波跟踪特性及调制跟踪特性等优良性能，它在无线电技术领域有着广泛的用途。锁相环路在通信领域的主要应用有调制、解调、分频、倍频、频率合成。

锁相环路易于集成化，目前已生产出几百种型号的集成锁相环，集成锁相环体积小，可靠性好，使用十分方便。

思考与练习

1. 锁相环有何特性？

2. 为什么说锁相环相当于一个窄带跟踪滤波器？

3. 试画出锁相环路的方框图，并回答以下问题：

(1) 环路锁定时压控振荡器的频率和输入信号频率是何关系？

(2) 在鉴相器中比较的是哪些参量？

4. 鉴相器的特点是什么？用模拟乘法器构成的鉴相器，其鉴相特性有什么特点？

5. 某模拟乘法器上作用的输入信号 $u_i = \cos(\omega_0 t + \varphi_1)$，压控振荡器输出信号为 $u_v = \cos(\omega_0 t + \varphi_2)$，求相乘器输出电压 u_{PD} 的表达式。

6. 为什么我们把压控振荡器输出的瞬时相位作为输出量？为什么说压控振荡器在锁相环中起了积分作用？

7. 环路的基本方程是什么？它对于研究锁环有什么作用？试述在输入信号的频率和相位不变的情况环路的基本方程的物理意义。

8. 锁相状态应满足什么条件？锁定状态下有什么特点？

9. 锁定状态下，是否一定有一个稳定相差？试说明之。

10. 什么是跟踪状态？它与锁定状态有什么区别？

11. 锁相环路的频率特性为什么不等于环路滤波器的频率特性？锁相环路中环路滤波器的作用是什么？

12. 锁相环路的框图如图 10-22，回答以下问题：

(1) 环路锁定时压控振荡器的频率 ω_0 和输入信号频率 ω_i 是什么关系？

(2) 在鉴相器中比较的是何参量？

(3) 当输入信号为调频波时，从环路的哪一部分取出调解信号？

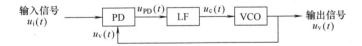

图 10-22 题 12 图

13. 某数字式频率合成器如图 10-23 所示，进入鉴相器的标准信号频率 $f_i = 100$Hz，可变分频器的分频比为 10000～20000，试求该合成器的输出频率范围？合成器输出稳定频率点的数目及环路的波道间隔各为多少？

图 10-23　题 13 图

14. 图 10-24 虚线框中的电路是什么电路？达到稳定状态后的频率比 f_2/f_1 为何值？

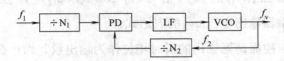

图 10-24　题 14 图

附录　仿真软件 EWB 的使用及高频电子线路的仿真

仿真软件 Electronics Workbench (EWB)是加拿大 Interactive Image Technology 公司推出的用于电子电路仿真的虚拟电子工作台软件。它可以对模拟、数字或混合电路进行仿真。该软件的特点是采用直观的图形界面，在计算机屏幕上模仿真实实验室的工作台，用屏幕抓取的方式选用元器件，创建电路连接测量仪器。软件仪器的控制面板外形和操作方式都与实物相似，可以实时显示测量结果。EWB 软件带有丰富的电路元件库，提供多种电路分析方法。作为设计工具，它可以同其他流行的电路分析、设计和制板软件交换数据。EWB 还是一个优秀的电子技术训练工具，利用它提供的虚拟仪器可以用比实验室中更灵活的方式进行电路实验，仿真电路的实际运行情况，熟悉常用电子仪器测量方法。

使用 EWB 对电路进行设计和实验仿真的基本步骤如下。

(1) 用虚拟器件在工作区建立电路。
(2) 选定元件的模式、参数值和标号。
(3) 连接信号源等虚拟仪器。
(4) 选择分析功能和参数。
(5) 激活电路进行仿真。
(6) 保存电路图和仿真结果。

F.1　EWB5.0 的安装和启动

EWB5.0 版的安装文件是 EWB50C.EXE。新建一个目录 EWB5.0 作为 EWB 的工作目录，将安装文件复制到工作目录，双击运行即可完成安装。安装成功后，在工作目录下会产生可执行文件 EWB32.EXE 和其他一些文件，双击 EWB32.EXE 图标即可运行 EWB。

EWB 与其他 Windows 应用程序一样，有一个标准的工作界面，它的窗口由标题栏、菜单栏、常用工具栏、虚拟仪器按钮、器件库图标栏、仿真开关、工作区窗口及滚动条等部分组成，如图 F-1 所示。

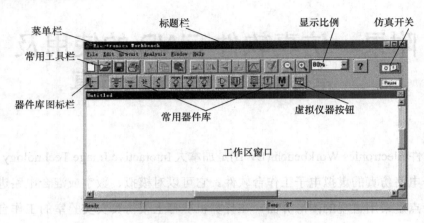

图 F-1　EWB 的工作窗口

标题栏中显示出当前的应用程序名 Electronics Workbench，即电子工作平台。标题栏左端有一个控制菜单框，右边是最小化、最大化(还原)和关闭三个按钮。菜单栏位于标题栏的下方，如图 F-2 所示。共有六组菜单：File(文件)、Edit(编辑)、Circuit(电路)、Analysis(分析)、Window(窗口)和 Help(帮助)。每组菜单里包含有一些命令和选项，建立电路、实验分析和结果输出均可在这个集成菜单系统中完成。

图 F-2　EWB 的标题栏和菜单栏

在常用工具栏中，是一些常用工具按钮，各按钮的意义如图 F-3 所示。

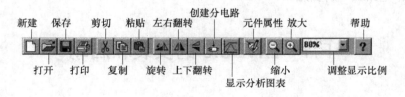

图 F-3　EWB 的常用工具栏

常用器件库按钮栏中包含电源器件、模拟器件、数字器件等 12 个按钮，单击按钮可打开相应器件库，用鼠标可将其中的器件拖放到工作区，以完成电路的连接。图 F-4 即为常用器件库按钮栏，其中打开了晶体管器件库。

附录 仿真软件 EWB 的使用及高频电子线路的仿真

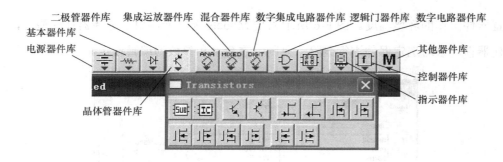

图 F-4 打开了晶体管器件库的常用器件库按钮栏

单击虚拟仪器按钮可打开虚拟仪器库,其中从左到右排列的仪器图标分别是:逻辑分析仪、逻辑转换器、数字万用表、信号发生器、示波器、扫频仪、数字信号发生器,如图 F-5 所示。可用鼠标将虚拟仪器拖放到工作区,并对电路参数进行测试。

图 F-5 打开了虚拟仪器库的虚拟仪器按钮

工作区窗口是进行虚拟实验使用的最基本的窗口,在其中可以放置元件、虚拟仪器,连接电路以及对电路进行即时的修改和控制。

F.2 EWB 上的虚拟器件

1. EWB5.0 系统器件

EWB5.0 上有 12 个系统预设的器件库,其中包括 146 种器件,每种器件又可被设置为不同的型号或被赋予不同的参数,常用器件库包括电源器件库、基本器件库、二极管、晶体管器件库、指示器件库等。

2. 器件属性的设置

双击工作区中的器件,便会弹出器件属性设置对话框。下面以晶体管为例来看一下器件属性的设置。晶体管的属性设置对话框共有 5 个选项卡,其中 Label 选项卡用来设置器件的显示标签和 ID 标号,Display 选项卡用来设置器件的显示项目,Analysis Setup 选项卡用来设置器件工作的环境温度。图 F-6 所示的是 Models 选项卡，用于选择器件的型号，还可以新建器件，或对选定器件进行删除、复制、重命名和参数的编辑设定。

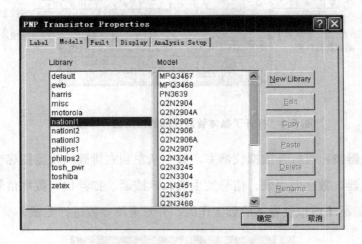

图 F-6　晶体管属性设置对话框之一

如图 F-7 所示的是 Fault 选项卡，用于设置器件故障。不同的器件会有不同的故障类型，对于晶体管，可以设置其任意两极为短路、开路或有一定的泄漏电阻。

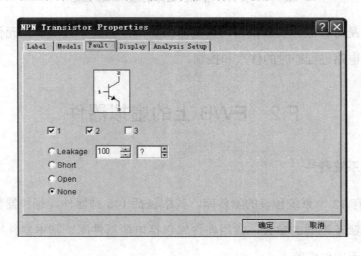

图 F-7　晶体管属性设置对话框之二

3. 用户器件库的使用

我们可以把一些常用的器件或电路模块保存在用户器件库中供以后使用时调用，从而可以避免重复，提高效率。要把系统器件库中的器件添加到用户器件库，只需在该器件的图标上右击，再选择快捷菜单中的 Add to favorites 命令即可。而要把电路模块作为器件添加到用户器件库中，则要通过分支电路来实现。下面以一个 RC 串并联网络为例来说明用户器件库的建立和使用方法。首先建立如图 F-8(a)所示的电路，并选中 L、C 以及接点 B 和 C(方法是按住 Shift 键的同时用鼠标单击各个器件，或用鼠标拖出一个包含被选器件的矩形区域即可)，然后单击工具栏中的创建分支电路按钮，弹出 Subcircuit (创建分支电路)对话框，如图 F-8(b)所示，在对话框中输入分支电路名称，并单击 Move from Circuit 按钮(其他按钮的作用请自己体会)，会弹出如图 F-8(c)所示的分支电路窗口，此时该分支电路已添加到了用户器件库，我们可以像调用其他器件一样调用它。

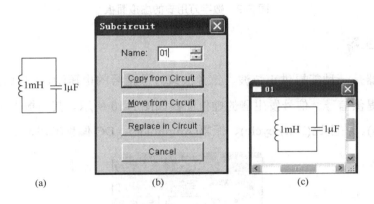

图 F-8 用户器件库的建立

需要说明的是，用户自定义器件是随着当前文件保存的，也就是说，在这个文件中定义的用户器件库只有在打开这个文件时有效，在其他文件中是找不到的。

F.3 EWB 上的虚拟仪器

虚拟仪器是一种具有虚拟面板的计算机仪器，主要由计算机和控制软件组成。操作人员通过图形用户界面用鼠标或键盘来控制仪器运行，以完成对电路的电压、电流、电阻及波形等物理量的测量，用起来几乎和真的仪器一样。下面分别作以介绍。

1. 数字万用表

万用表的虚拟面板如图 F-9 所示，这是一种 4 位数字万用表，面板上有一个数字显示窗口和 7 个按钮，分别为电流(A)、电压(V)、电阻(Ω)、电平(dB)、交流(~)、直流(—)和设置(Settings)转换按钮，单击这些按钮便可进行相应的转换。用万用表可测量交直流电压、电流、电阻和电路中两点间的分贝损失,并具有自动量程转换功能。利用 Settings 按钮可调整电流表内阻、电压表内阻、欧姆表电流和电平表 0dB 标准电压。虚拟万用表的使用方法与真实的数字万用表基本相同。

图 F-9　数字万用表的虚拟面板

2. 信号发生器

信号发生器是一种能提供正弦波、三角波或方波信号的电压源,它以方便而又不失真的方式向电路提供信号。信号发生器的虚拟面板如图 F-10 所示。其面板上可调整的参数有频率(Frequency)、占空比(Duty cycle)、振幅(Amplitude)、DC 偏移(Offset)。

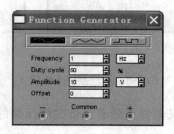

图 F-10　信号发生器的电路符号和虚拟面板

虚拟信号发生器有三个输出端:"−"为负波形端,"Common"为公共(接地)端、"+"为正波形端。虚拟信号发生器的使用方法与实际的信号发生器基本相同。

3. 示波器

示波器的电路符号和虚拟面板如图 F-11 所示,这是一种可用黑、红、绿、蓝、青、紫 6 种颜色显示波形的 1000MHz 双通道数字存储示波器。它工作起来像真的仪器一样,可用正边缘或负边缘进行内触发或外触发,时基可在秒至纳秒的范围内调整。

为了提高测量精度,可卷动时间轴,用数显游标对电压进行精确测量。只要单击仿真电源开关,示波器便可马上显示波形,将探头移到新的测试点时可以不关电源。X 轴可左右移动,Y 轴可上下移动。当 X 轴为时间轴时,时基可在 0.01ns/div~1s/div 的范围内调整。

X 轴还可以作为 A 通道或 B 通道来使用，例如，Y 轴和 X 轴均输入正弦电压时，便可观察到李沙育图。A/B 通道可分别设置。Y 轴范围为 0.01mV/div～5kV/div。还可选择 AC 或 DC 两种耦合方式。虚拟示波器不一定要接地，只要电路中有接地元件便可。单击示波器面板上的 Expand 按钮，可放大屏幕显示的波形。还可以将波形数据保存，用以在图表窗口中打开、显示或打印。要改变波形的显示颜色，可双击电路中示波器的连线，设置连线属性。

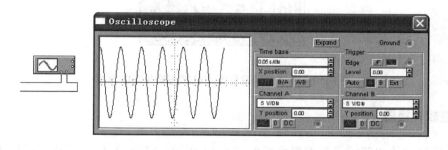

图 F-11　示波器的电路符号和虚拟面板

4. 扫频仪

扫频仪能显示电路的频率响应曲线，这对分析滤波器等电路是很有用的。可用扫频仪来测量一个信号的电压增益(单位：dB)或相移(单位：度)。扫频仪的电路符号和虚拟面板如图 F-12 所示。使用时仪器面板上的输入端 IN 接频率源，输出端 OUT 接被测电路的输出端。

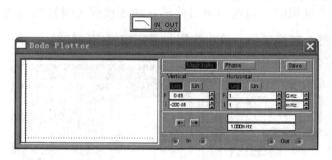

图 F-12　扫频仪的电路符号和虚拟面板

5. 数字信号发生器

数字信号发生器可将数字或二进制数字信号送入电路，用来驱动或测试电路。数字信号发生器的电路符号和虚拟面板如图 F-13 所示。仪器面板的左边为数据存储区，每行可存储 4 位十六进制数，对应 16 个二进制数。激活仪器后，便可将每行数据依次送入电路。仪器发出信号时，可在底部的引脚上显示每一位二进制数。

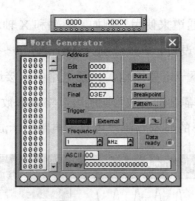

图 F-13　数字信号发生器的电路符号和虚拟面板

6. 逻辑转换器

逻辑转换器的电路符号和虚拟面板如图 F-14 所示。目前世界上还没有与逻辑转换器类似的物理仪器。在电路中加上逻辑转换器可导出真值表或逻辑表达式；或者输入逻辑表达式，电子工作平台就会为你建立相应的逻辑电路。在仪器面板的上方，有 8 个输入端 A～H 和一个输出端 Out，单击输入端可在下边的窗口中显示出各个输入信号的逻辑组合 (1 或 0)。在面板的右边排列着 6 个转换(Conversions)按钮，分别是：从逻辑电路导出真值表、将真值表转换为逻辑表达式、化简逻辑表达式、从逻辑表达式导出逻辑电路和将逻辑电路转换为只用与非门的电路。使用时，将逻辑电路的输入端连接到逻辑转换器的输入端，输出端连接到输出端，只要符合转换条件，单击按钮即可完成相应的转换。

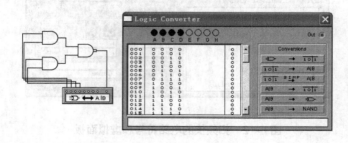

图 F-14　逻辑转换器的电路符号和虚拟面板

另外，在电子工作平台的指示器件库中，还有虚拟电流表和电压表。虚拟电流表是一种自动转换量程、交直流两用的三位数字表，测量范围为 0.01μA～999kA，交流频率范围 0.001Hz～9999MHz。这种优越的性能是实际的电流表无法相比的。虚拟电压表也是一种交直流两用的三位数字表，测量范围为 0.01μV～999kV，交流频率范围为 0.001Hz～9999MHz，这种电压表在电子工作平台上的使用数量也不限。在电流表和电压表的图标中，带粗黑线的一端为负极。双击它的图标，会弹出其属性设置对话框，可用来设置标签、改变内阻、切换直流(DC)与交流(AC)测量方式等。

F.4　高频电子线路的仿真

1. 小信号调谐放大器的仿真

小信号调谐放大器的仿真步骤如下。

(1) 放置器件，并调整其位置和方向。

启动 EWB，用鼠标单击电源器件库按钮打开电源器件库，将器件拖放到工作区，可用鼠标拖动改变其位置，用旋转或翻转按钮使其旋转或翻转，单击工作区空白处可取消选择，单击元件符号可重新选定该元件，对选定的元件可进行剪切、复制、删除等操作。

(2) 连接电路。

把鼠标指向一个器件的接线端，这时会出现一个小黑点，拖动鼠标(按住左键，移动鼠标)，使光标指向另一器件的接线端，这时又出现一个黑点，放开鼠标左键，这两个器件的接线端就连接起来了。照此将工作区中的器件连成如图 F-15 所示的单调谐回路谐振放大器的电路。

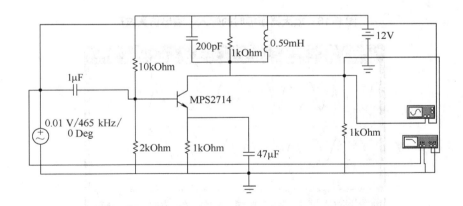

图 F-15　单调谐回路谐振放大器仿真电路

单击工具栏中的保存按钮会弹出保存文件对话框，选择路径并输入文件名，单击确定可将电路保存为*.EWB 文件。

(3) 静态测量：选用虚拟万用表测量各静态工作点，双击万用表符号，会弹出万用表面板，单击仿真开关，电路即被激活，开始仿真。

(4) 显示放大器的输入、输出波形。

将虚拟示波器的 A 通道和 B 通道分别接放大器的输入端和输出端,将时基调节旋钮 t/div 和垂直偏转因数旋钮 v/div 调节到合适的位置，观察放大器的输入和输出波形。图 F-16 所示为放大器谐振时的输入、输出仿真波形。其中，A 通道为输出信号，波形位于显示屏下方；B 通道为输入信号，波形位于显示屏上方。

(5) 改变谐振回路元件 L 或 C 的参数，使放大器处于失谐状态，观察失谐时放大器的输入和输出仿真波形。图 F-17 所示为失谐时放大器的输入、输出仿真波形。其中，A 通道为输出信号，波形位于显示屏下方；B 通道为输入信号，波形位于显示屏上方。

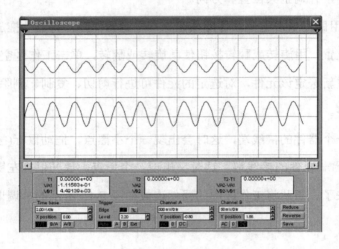

图 F-16　放大器谐振时的输入、输出仿真波形

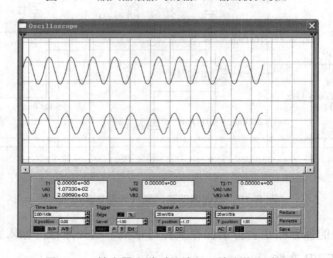

图 F-17　放大器失谐时的输入、输出仿真波形

(6) 将输入信号增大,观察晶体管处于非线性状态时的输入和输出波形,如图 F-18 所示。其中,A 通道为输出信号,波形位于显示屏下方;B 通道为输入信号,波形位于显示屏上方。

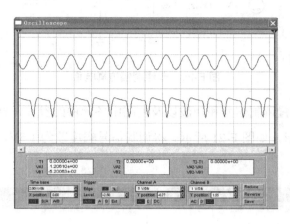

图 F-18　输入信号较大时出现的非线性失真

(7) 用扫频仪调回路谐振曲线。

将扫频仪射频输出送入电路输入端,电路输出接至扫频仪检波器输入端。观察回路谐振曲线(扫频仪输出衰减挡位应根据实际情况来选择适当位置)。图 F-19 所示为由虚拟扫频仪测出的幅频特性曲线。

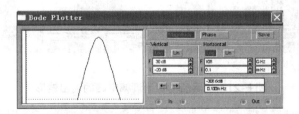

图 F-19　虚拟扫频仪测出的幅频特性曲线

2. 普通调幅电路的仿真

普通调幅电路的仿真步骤如下。

(1) 利用 EWB 绘制出如图 F-20 所示的普通调幅仿真电路。

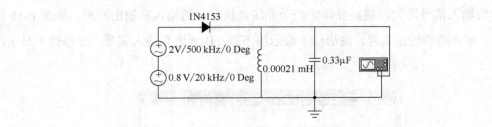

图 F-20　普通调幅仿真电路

(2) 按图 F-20 设置调制信号和载波以及电路中各元件的参数，打开仿真开关，从示波器上观察调幅波的波形，如图 F-21 所示。将调制信号幅度改为 1.5V，可观察过调幅时的波形，如图 F-22 所示。

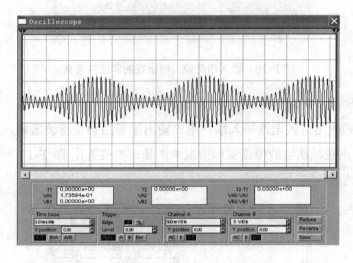

图 F-21　扩展后的普通调幅电路的输出波形

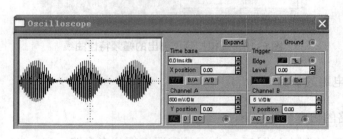

图 F-22　过调幅时的输出波形

3. 双边带调制电路的仿真

双边带调制电路的仿真步骤如下。

(1) 利用 EWB 绘制出双边带调制仿真电路，接上载波信号源 u_1、调制信号 u_2 以及示波器，如图 F-23 所示。

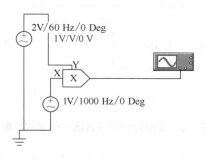

图 F-23　双边带调制仿真电路

(2) 按图 F-23 所示设置 u_1、u_2 的参数，打开仿真开关，从示波器上可以观察到双边带信号波形，如图 F-24 所示。

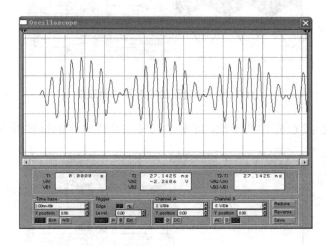

图 F-24　调制信号与双边带信号波形

4. 二极管包络检波器的仿真

二极管包络检波器的仿真步骤如下。

(1) 利用 EWB 绘制出如图 F-25 所示的二极管包络检波器的仿真实验电路。

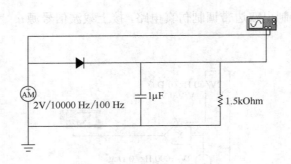

图 F-25　二极管包络检波器的仿真实验电路

（2）按图 F-25 所示设置信号及各元件的参数，打开仿真开关，从示波器上观察检波器输出波形以及与输入调幅波信号的关系，如图 F-26 所示。

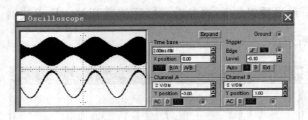

图 F-26　检波器的输入和输出波形

（3）适当增大 L 或 C 元件的参数，可观察到发生惰性失真的检波波形，如图 F-27 所示。

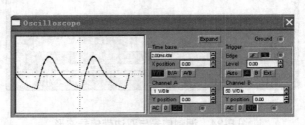

图 F-27　惰性失真的检波波形

（4）由图 F-28 所示的仿真实验电路，可观察具有底部切割失真的检波波形，具有底部切割失真的波形如图 F-29 所示。由图 F-30 所示的仿真实验电路，可观察底部切割失真的消失。消除底部切割失真后的检波波形如图 F-31 所示。

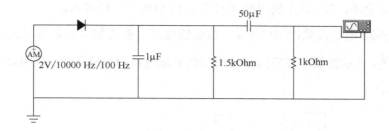

图 F-28 具有底部切割失真的仿真实验电路

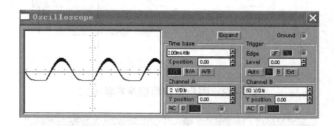

图 F-29 底部切割失真波形

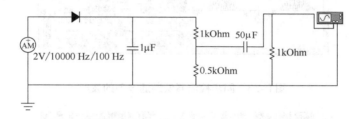

图 F-30 消除底部切割失真的仿真实验电路

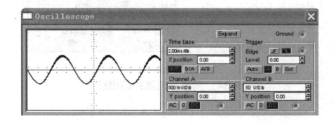

图 F-31 消除底部切割失真后的检波波形

5. 同步检波器的仿真

同步检波器的仿真步骤如下。

(1) 利用 EWB 绘制出双边带调制及其同步检波的仿真电路，如图 F-32 所示。其中 IC_1

组成双边带调制电路，IC_2 以及低通滤波器 R_1、C_1 组成同步检波器。

(2) 按图 F-32 所示设置调制信号 u、载波信号 u_c、参考信号 u_r 以及各元件的参数，打开仿真电源开关，从示波器上观察同步检波器低通滤波前的波形及输出信号波形，如图 F-33 和图 F-34 所示。

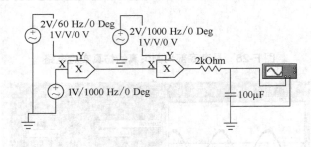

图 F-32　同步检波器仿真实验电路

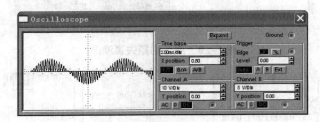

图 F-33　同步检波器低通滤波前的波形

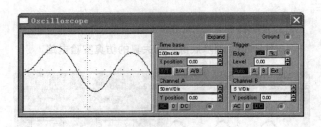

图 F-34　同步检波器的输出波形

常用符号表

1. 基本符号

I,i	电流
U,u	电压
P,p	功率
R,r	电阻
G,g	电导
X,x	电抗
B,b	电纳
$Z(j\omega)=R+jx$	阻抗
$Y(j\omega)=G+jB$	导纳
L	电感
C	电容
M	互感
T	热力学温度,脉冲重复周期
t	时间
τ	脉冲宽度,冲放电时间常数
F,f	频率
Ω,ω	角频率
φ	相位
BW	带宽,频谱宽度
Q	品质因数
A_u	电压增益
G_P	功率增益
VT	晶体管
VD	二极管

2. 电压、电流

$U(I)$　　电压(电流)
　　　　　下标大写表示直流电压
　　　　　下标小写表示正弦电压有效值，振幅值

$u(i)$　　电压(电流)瞬时值
　　　　　下标大写表示包含直流的瞬时值
　　　　　下标小写表示交流电压的瞬时值

u_i　　输入电压

u_o　　输出电压

u_c　　载波电压瞬时值，集电极交变电压瞬时值

u_Ω　　调制信号电压瞬时值

U_C　　控制电压

U_f　　反馈电压有效值

3. 功率、效率

P_i　　输入功率

P_o　　输出功率

P_c　　载波功率

P_C　　集电极损耗功率

P_D　　直流功率

η　　效率

4. 阻抗、导纳、频率

R_i　　输入电阻

R_o　　输出电阻

R_S　　信号源内阻

R_L　　负载电阻

r　　回路损耗电阻

ω_0　　回路谐振角频率，已调波中心角频率

ω_c　　载波角频率

Ω		调制角频率
f_0		回路谐振频率，已调波中心频率
f_c		载波频率
F		调制频率

5. 器件参数

C_j		PN 结电容
U_j		导通电压
I_{CM}		集电极最大允许电流
P_{CM}		集电极最大允许损耗功率
V_{CES}		集电极饱和压降
V_{CEO}		基极开路时 C-E 结反向击穿电压
V_{BEO}		集电极开路时 B-E 结反向击穿电压
g		跨导

6. 其他符号

ξ		集电极电压利用系数，广义失谐
θ		导通角
$\alpha(\theta)$		余弦脉冲分解系数
$g_1(\theta)$		集电极电流利用系数
γ		非线性失真系数，变容二极管特性指数
K		相乘器相乘因子，传输系数
g_c		晶体管转移特性斜率
g_{cr}		临界饱和线斜率
M_a		调幅系数
M_f		调频系数
M_p		调相系数
$K(t)$		开关函数
S_f		调频灵敏度
S_p		调相灵敏度
p		接入系数

参 考 文 献

[1] 钟苏,刘守义. 高频电子技术[M]. 西安:西安电子科技大学出版社,2007.
[2] 黄亚平. 高频电子技术[M]. 北京:机械工业出版社,2009.
[3] 张建国. 高频电子技术[M]. 北京:北京理工大学出版社,2008.
[4] 方庆山. 高频电子技术[M]. 合肥:安徽科学技术出版社,2009.
[5] 高金玉. 高频电子技术[M]. 西安:西安电子科技大学出版社,2009.
[6] 周绍平. 高频电子技术[M]. 大连:大连理工大学出版社,2008.
[7] 谢俊国,丁向荣. 高频电子技术[M]. 北京:中国劳动社会保障出版社,2007.
[8] 毛学军. 高频电子技术[M]. 北京:北京邮电大学出版社,2008.
[9] 徐正惠. 高频电子技术[M]. 北京:科学出版社,2008.
[10] 张义芳,冯健华. 高频电子线路[M]. 哈尔滨:哈尔滨工业大学出版社,1993.
[11] 沈振元,聂志泉,赵雪荷. 通信系统原理[M]. 西安:西安电子科技大学出版社,1995.
[12] 武秀玲,沈伟慈. 高频电子线路[M]. 西安:西安电子科技大学出版社,1995.
[13] 杜武林. 高频电路原理与分析[M]. 西安:西安电子科技大学出版社,1994.
[14] 张肃文,陆兆熊. 高频电子线路[M]. 3版. 北京:高等教育出版社,1993.
[15] 张欲敏. 通信电路[M]. 北京:北京航空航天大学出版社,1990.
[16] 张凤言. 模拟乘(除)法器——分析、参数与应用[M]. 北京:科学出版社,1990.
[17] 万心平,等. 集成锁相环路——原理、特性、应用[M]. 北京:人民邮电出版社,1990.
[18] 俞家琦. 高频电子线路[M]. 3版. 西安:西安电子科技大学出版社,1998.
[19] 曾兴雯. 高频电子线路[M]. 北京:高等教育出版社,2004.
[20] 王卫,傅佑麟. 高频电子线路[M]. 北京:电子工业出版社,2004.